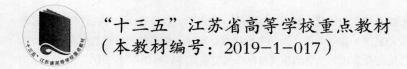

"十三五"江苏省高等学校重点教材
（本教材编号：2019-1-017）

航空航天材料概论

梁文萍　缪　强　编著

西北工业大学出版社

西安

【内容简介】本书系统介绍了先进复合材料、铝合金、铝锂合金以及钛合金等高性能轻质材料的性能与应用；从航空发动机结构和航天器类别的要求出发，阐述了相关航天材料的研究现状及发展趋势；专门论述了形状记忆合金作为热驱动功能材料在航空航天等领域的广泛应用。

本书可作为高等学校航空航天材料相关专业课程的教材，也可供对航空航天事业及航空航天材料感兴趣的人士阅读、参考。

图书在版编目（CIP）数据

航空航天材料概论/梁文萍，缪强编著. —西安：西北工业大学出版社，2021.9
ISBN 978-7-5612-7435-4

Ⅰ．①航…　Ⅱ．①梁…　②缪…　Ⅲ．①航空材料-高等学校-教材　②航天材料-高等学校-教材　Ⅳ．①V25

中国版本图书馆CIP数据核字（2021）第164070号

HANGKONG HANGTIAN CAILIAO GAILUN

航 空 航 天 材 料 概 论

责任编辑：王玉玲	策划编辑：华一瑾	
责任校对：胡莉巾	装帧设计：李　飞	
出版发行：西北工业大学出版社		
通信地址：西安市友谊西路127号	邮编：710072	
电　　话：（029）88491757，88493844		
网　　址：www.nwpup.com		
印刷者：陕西向阳印务有限公司		
开　　本：787 mm×1 092 mm	1/16	
印　　张：14.25		
字　　数：338千字		
版　　次：2021年9月第1版	2021年9月第1次印刷	
定　　价：65.00元		

如有印装问题请与出版社联系调换

序

　　航空航天工业是国家的基础和支柱产业，其发展水平体现国家的实力和竞争力。"一代材料，一代航空航天器"已成为国际共识。发展"大型客机""先进发动机"以及相关先进航空航天器体现国家意志，被列入国家相关重大计划中。《航空航天材料概论》一书全面介绍了航空航天用材料及其应用，其章节组织不拘一格，颇有新意。

　　第1章至第4章系统介绍了先进复合材料、铝合金、铝锂合金以及钛合金等高性能轻质材料的制备与应用，突出其"轻"和"强"的特征。先进复合材料包括连续纤维增强树脂基、金属基、金属间化合物基、陶瓷基和碳基复合材料。该复合材料具有比强度高、比模量高、可设计性强、抗蠕变/疲劳性能好、耐腐蚀、尺寸稳定性好和便于整体成型等优点，可显著减重和提高服役温度，已被大量用于航空器或航天器中。如连续碳纤维增强树脂基复合材料在飞机上的应用比例，已成为衡量大型民机先进性的重要指标。铝合金具有低密度、高比强度、高塑性、耐蚀、可导热和导电等优点，还具有低成本和优良的加工性，是飞机机体的主要结构材料。铝锂合金与铝合金相比，密度更低，比强度和比刚度更高，还具有良好的抗疲劳和耐蚀性能，以及卓越的超塑性成型性，其成型和维修比复合材料方便，且成本远低于复合材料，被认为是未来航空航天工业领域中理想的轻质高强度结构材料之一。钛合金具有比强度高、耐腐蚀和可焊接等优点，是航空航天工业领域最有应用前景的轻质高温结构材料之一。

　　第5章和第6章从航空发动机结构和航天器类别要求出发，介绍了相关材料、应用部位及其发展趋势。航空发动机是飞机的心脏，随着飞机飞行速度、航程和飞行高度的提高，要求发动机压力比、涡轮前进口温度和转速大幅提高，发展更耐高温、高比强度和比模量的轻质结构材料势在必行，各类高温复合材料备受关注。将对高温合金、金属间化合物和陶瓷基复合材料等的介绍均放在第5章，更有助于读者理解航空发动机材料研发之艰难，"一代材料，一代航空发动机"之重要。新型航天器发展日新月异、种类繁多，如运载火箭、导弹、火箭发动机、卫星、空间站、载人飞船、太空探测器和可重复使用航天飞行器等。该书针对相关航天器产品用结构材料的典型应用环境，提出必须满足轻质、高比强度、高比模量、抗超低温和抗超高温氧化腐蚀或烧蚀等极端环境等要求。航天用功能材料种类繁多，其材料品质直接影响航天器的成败，先进航天结构与功能材料是推动和支撑航天产品更新换代和新型航天器发展的基础。

第7章专门介绍了形状记忆合金作为热驱动功能材料及其在航空航天装备、汽车工程、医疗器械和机器人等领域的广泛应用，该书编著者期望在"中国制造2025"及"互联网+"背景下，进一步推动该材料的发展与应用。

该书编著者将材料与应用紧密结合，将教学经验与科研实践相结合，将最新科研动态融入书中，内容丰富、翔实，不仅反映了学科发展的前沿动态，还对学生拓宽视野、优化知识结构、提高综合素质和增强实践能力大有裨益。

作为材料类、机械类和航空航天类专业本科生的专业基础教材，这本书解决了该专业长期缺乏航空航天材料类教材的问题；对于航空航天材料的研究与应用、生产与实践具有积极的推动作用。同时，它的出版对从事航空航天器研究与生产的工程技术人员和高校相关专业的师生也有一定的参考价值。

张立同[①]

2021年4月于西安

---

① 张立同（1938—），女，航空航天材料专家，中国工程院院士。

前　言

　　《航空航天材料概论》是《先进材料在航空航天中的应用》（2016年，西北工业大学出版社）的修订版，是"十三五"江苏省高等学校重点教材（教材编号：2019-1-017，新形态教材），同时也是2020国家首批一流本科课程"航空航天材料概论"的配套教材，立足于反映学科发展前沿、加强学科交叉与融合，旨在帮助学生拓展视野、优化知识结构、提高综合素质和实践能力。自2016年出版《先进材料在航空航天中的应用》以来，该教材由于内容新颖、结构脉络清晰、图文并茂、重点突出、通俗易懂、便于教与学，一直深受广大读者的欢迎。随着"航空航天材料概论"课程进行教学方法及教学模式改革，上线中国大学慕课爱课程平台，重构了课程体系，增加补充了新知识、案例及最新科研进展，需要对教材进行更新和修订，使其更加符合课程内容和改革要求，做到课程教材一体化设计。本教材以二维码的形式融入电子资源，以视频的方式作为拓展资料丰富教材内容，共计20个短视频。新形态教材可激发学生浓厚兴趣，为学生自主学习提供有力支撑。

　　《航空航天材料概论》全面介绍航空航天材料及其应用，笔者根据多年讲授"工程材料学""工程材料及热加工基础""有色金属合金"等课程的经验，结合做大型客机关键技术项目、国家自然科学基金项目、航空科学基金项目等科研的实践，对航空航天所用先进材料，如复合材料、铝合金、铝锂合金、钛合金、航空发动机材料、航天材料，以及形状记忆合金等，进行系统阐述，并结合各种先进材料在国内外的最新发展及应用状况，以在最先进及典型机型上的应用实例介绍材料的性能特点，具有创新性和实用价值，也可以此提高教材的可读性。"航空航天材料概论"课程是面向高等院校所有专业对材料感兴趣的同学、面向社会所有热爱材料学和对航空航天事业感兴趣的人士而开设的跨门类、跨学科类、跨专业类的学科拓展课程。其目的是推进"互联网+"时代课程教学模式和考核方式的改革，强化科教协同，促进高水平科研支撑高质量教学，提高教学水平和育人质量，颇有新意。

　　《航空航天材料概论》强化课程思政，反映国内外航空航天材料科学研究和教学研究的先进成果，紧扣各种先进材料在航空航天上的应用，凸显国防特色，实现课程教材一体化建设。

　　本教材增加的主要内容有复合材料成型技术及其特点、第三代复合材料应用实例、TiAl合金在航空发动机上的应用、航空发动机制造难点实例、热障涂层的发展现状及未来趋势、世界航天史简介、航天功能材料相关实例、形状记忆合金性能特点及机理解释等。其他部分只是在《先进材料在航空航天中的应用》基础上作了局部的改动与调整，基本保持了以前的结构与风格。

本教材包含7章内容，分别为复合材料及其在航空领域中的应用、铝合金及其在航空领域中的应用、铝锂合金及其在航空领域中的应用、钛合金及其在航空领域中的应用、航空发动机材料及其应用、航天材料及其应用、形状记忆合金及其应用等。

本教材由南京航空航天大学梁文萍教授、缪强教授编著。其中，第1章和第2章、第5~7章由梁文萍教授编著，第3章和第4章由缪强教授编著。全书由梁文萍教授统稿。

在教材编著过程中，南京航空航天大学航空学院余雄庆教授、能源与动力学院孙志刚教授、机电学院郭宇教授，以及材料学院张平则教授、王显峰副教授和刘劲松副教授提出了很好的意见和建议，在此表示衷心的感谢。同时感谢博士研究生杨振刚、丁铮、左士伟、林浩、易锦伟、亓艳、马海瑞和刘睿翔，硕士生虞礼嘉、黄朝军、马汉春和刘阳阳等，他们收集整理大量材料，为本教材的修订付出了辛勤劳动。衷心感谢中国商用飞机有限责任公司上海飞机设计研究院、国家自然科学基金委员会工程材料学部为本教材提供的科研项目支持。编者本教材参考了大量文献资料，在此谨向所有参考文献的作者表示诚挚谢意。

由于水平有限，难免存在疏漏与不足，恳请广大读者批评指正。

编著者
2021年3月

目　录

第1章 复合材料及其在航空领域中的应用

《国家中长期科学和技术发展规划纲要（2006—2020年）》和《中华人民共和国国民经济和社会发展第十一个五年规划纲要》把大型飞机项目确定为国家重大科技专项。大型客机的立项有利于推动我国航空制造业的技术升级，其中材料是航空制造业的基础，这一点尤其体现在复合材料上。大型客机作为一种商品，追求的主要目标是在保证运输能力的前提下提高飞机的安全性、经济性、舒适性和环保性，以增强市场的竞争力。怎样才能满足这些性能要求？其重要手段之一是采用大量先进复合材料。采用先进复合材料可以减轻飞机结构和机载设备的质量，提高飞机结构和设备的寿命与可靠性，从而降低飞机的油耗、价格和维护费用等。先进复合材料（Advanced Composites Material，ACM）是指可用于加工主承力结构和次承力结构，具有比强度高、比模量高、可设计性强、抗疲劳断裂性能好、耐腐蚀、尺寸稳定性好以及方便整体成型等优点的复合材料。它被大量地应用于航空航天等领域，是制造飞机结构件的理想材料，可获得减轻20%～30%质量的显著效果。目前复合材料已成为研制大型民用飞机的一个制高点，为了在激烈的民机市场竞争中获胜，以波音和空客为代表的民用航空公司在复合材料的用量上展开了竞争。

从国外民机复合材料的用量和发展趋势来看，复合材料已成为当前国外客机的主要结构材料，近些年国外客机上复合材料的用量大幅提升，A380复合材料的用量已达25%，而B787复合材料的用量更是高达50%。复合材料在客机结构上的应用已发展到用于制造机翼、机身等主承力结构。复合材料在国外客机上的大规模应用使得飞机的质量大大减小，如A380仅中央翼盒采用复合材料就较使用金属减重1.5 t，减重达17%，从而大大提高了飞机的性能，这是由复合材料所具有的优异的性能特点决定的。

1.1 复合材料的特点

1.1.1 复合材料概念

1.复合材料的定义

复合材料的发展主要分为四个时期。第一个时期为20世纪以前，这个阶段虽然人们对复合材料尚未有很深的认识，但是却了解到不同的材料混合后可以得到更加优越的性能，例如用稻草或麦秸来增强黏土（见图1.1）和钢筋混凝土。稻草或麦秸增强黏土中稻草或麦秸作为增强纤维，提高了黏土的强度。第二个时期为20世纪初到50年代，主要代表材料为玻璃纤维增强塑料（俗称玻璃钢）。第三个时期为20世纪50年代到70年代，发展了碳纤维、石墨纤维和硼纤维作为增强相。图1.2所示为现代工业制备的碳纤维复合材料，相比于最原始的泥砖，其性能更加优越。第四个时期为20世纪70年代至今，发展了芳纶纤维和碳化硅纤维作为增强相。

图1.1　稻草或麦秸增强黏土　　　　　　图1.2　碳纤维复合材料层合板

　　所谓复合材料，是指把两种或两种以上宏观上不同的材料合理地进行复合而制得的一类材料，目的是通过复合效应来获得单一材料所不具备的各种特性。根据国际标准化组织（International Organization for Standardization，ISO）为复合材料所下的定义，复合材料是由两种或两种以上物理和化学性质不同的物质组合而成的一种多相固体材料。复合材料的组分材料虽然保持相对独立，但其性能却不是组分材料性能的简单加和，而是有着重要的改进。在复合材料中，通常有一相为连续相，称为基体（matrix）；另一相为分散相，称为增强材料（reinforcement）。分散相是以独立的形态分布在整个连续相中的，两相之间存在着相界面（interface）。分散相可以是增强纤维（fiber），也可以是颗粒状或弥散的填料。复合材料既可以保持原材料的某些特点，又能发挥组合后的新特征，它可以根据需要进行设计，从而最合理地达到所要求的性能，即具有可设计性。

2.复合材料的结构

　　复合材料为增强材料（F）＋基体（M）＋界面（I）三相结构，其性质、配置方式、相互作用及相对含量决定着复合材料的性能。增强相的形式如图1.3所示，有纤维（fiber，包括连续纤维和短纤维）、颗粒（particulate）、晶须（whisker）、织物（fabric）。在树脂基复合材料中，三种组成相均发挥了其独特的作用：纤维——增强作用，承载，增强增

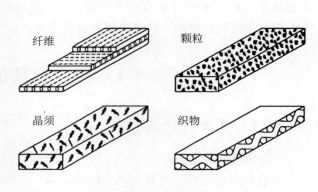

图1.3　增强相的形式

韧；基体——通过界面将应力传递到纤维，成型，保护纤维；界面——良好的界面黏结使基体更好地发挥作用，调节界面结合状态以提高复合材料的韧性。

目前在结构上应用的纤维增强树脂基复合材料是由纤维、基体和界面三个结构单元构成的。高模量、高强度的增强纤维是承载主体，对沿纤维方向的强度和模量起决定作用；树脂基体提供对纤维的支持和保护，同时对横向（垂直纤维方向）的强度和模量起决定作用，层合结构的层间性能也主要由基体性能确定；界面将纤维和基体黏结在一起，并实现纤维与基体间的载荷传递，从而构成了沿纤维方向具有高强度、高模量的新型材料。人们所见到的复合材料，其典型实例是纤维增强复合材料，其性能表现为轻质、高强度。

（1）纤维的选择。目前常用的增强纤维有碳纤维（如T300，HMS，AS4，IM7，T800）、玻璃纤维（S玻璃、E玻璃）、芳纶（如Kevlar–49等）和硼纤维。其中碳纤维占主导地位，这是由于玻璃纤维密度比较大，硼纤维价格相对较高，芳纶纤维具有较低的拉伸弹性模量。玻璃纤维可以透过无线电波，是天线罩和隐身应用的理想材料。芳纶纤维产品主要用于制作防弹背心等。硼纤维的应用比较广泛，但目前还没有应用于机身结构中。

1）对于兼有强度、刚度要求的结构，应选用碳纤维或硼纤维。若要求高刚度，可选用高模量碳纤维。硼纤维由于价格高、密度较大、直径粗，其应用范围受到很大限制。

2）结构要求有高的抗冲击性能和断裂韧性时可选用玻璃纤维或杜邦公司的Kevlar纤维。若同时还要求高的比强度、比模量时，可在碳纤维复合材料中加入少量玻璃纤维或Kevlar纤维，构成混杂复合材料，以一种纤维的优点来弥补另一种纤维的缺点。

3）雷达罩结构要求具有良好的透波性时，应选用玻璃纤维或Kevlar纤维，不能使用具有半导体性质的碳纤维。

碳纤维作为复合材料中的重要组分材料，分宇航级和工业级，其中宇航级是重要的战略物资。其发展特点总的来说是高性能化和多元化。高强度是碳纤维不断追求的目标之一，以国际上最大的PAN基碳纤维供应商日本东丽（Toray）为例，自1971年T300（强度为3 535 MPa）进入市场以来，碳纤维的拉伸强度得到很大提高，经过了T700、T800到T1000三个阶段，T1000的拉伸强度已达6 370 MPa，T800是目前民机复合材料生产的主流纤维。碳纤维根据不同的使用要求，发展成为相应的产品，如东丽碳纤维目前分为以下三大类：

1）高拉伸强度纤维，具有相对较低的杨氏模量（200～280 GPa）；

2）中模纤维，杨氏模量约为300 GPa；

3）高模纤维，杨氏模量超过350 GPa。

碳纤维另一个重要发展特点是产品大丝束化。大丝束是碳纤维产品多元化的一个重要方面，主要目的是加快纤维铺放速率，从而提高复合材料的生产效率，降低制造成本。这方面的研究内容主要是制取廉价原丝技术（包括大丝束化、化学改性、用其他纤维材料取代聚丙烯腈纤维）、等离子预氧化技术、微波碳化和石墨化技术等。碳纤维按用途大致可分为24 K（1 K的含义为一条碳纤维丝束含1 000根单丝）以下的宇航级小丝束碳纤维和48 K以上的工业级大丝束碳纤维。目前小丝束碳纤维基本为日本Toray

（东丽）、Tenax（东邦）与 Mitsubishi Rayon（三菱人造丝）所垄断。大丝束碳纤维主要生产国是美国、德国与日本，产量大约是小丝束碳纤维的33%左右，最大丝束发展到480 K。工业级大丝束碳纤维可有效降低复合材料成本，但随之带来的是树脂浸润不够充分和均匀性方面的问题。

（2）基体的选择。基体是复合材料另一个主要组分材料，包括金属基体、陶瓷基体和树脂基体，主流是树脂基体。目前作为轻质高效结构材料应用的高性能树脂基体主要有三大类，即：150℃以下长期使用的环氧树脂基体，150~220℃长期使用的双马来酰亚胺树脂基体，250℃以上使用的聚酰亚胺树脂基体。

环氧基体用量最多，具有综合性能优异、工艺性好、价格低等诸多优点，在马赫数小于 1.5 的军机和民机上得到广泛应用。双马基体主要用在马赫数不小于 1.5 的高性能战斗机上。聚酰亚胺基体主要用于发动机叶片和冷端部件。环氧基体由于固化后的分子交联密度高、内应力大，存在质脆、耐疲劳性差和抗冲击韧性差等缺点。对于航空结构复合材料，环氧树脂的增韧改性一直是重要的研究课题，双马基体也有类似问题。几十年来，增韧改性技术取得长足发展，包括橡胶弹性体增韧、热致液晶聚合物增韧、热塑性树脂互穿网络增韧以及纳米粒子增韧等，新的品种不断得到开发，使用经验在不断积累，环氧复合材料在技术上已趋于成熟。

增强纤维选定之后，树脂基体就成了复合材料性能、成本的决定因素。因此，高性能、低成本、可回收再用和环境友好型的树脂基体，将是复合材料技术未来发展的长期研究课题。

树脂基体的分类如图1.4所示。

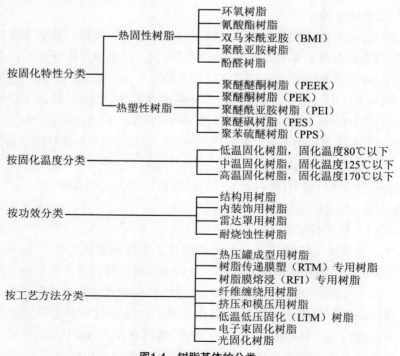

图1.4 树脂基体的分类

1）按固化特性可分为热固性树脂和热塑性树脂；

2）按固化温度可分为低温固化树脂（80℃以下）、中温固化树脂（80℃以上125℃以下）和高温固化树脂（170℃以上）；

3）按功效可分为结构用树脂、内装饰用树脂、雷达罩用树脂和耐烧蚀性树脂；

4）按工艺方法可分为热压罐成型用树脂、树脂传递模塑（Resin Transfer Moulding，RTM）专用树脂、树脂膜熔浸（Resin Film Infusion，RFI）专用树脂、纤维缠绕用树脂、挤压和模压用树脂、低温低压固化（Low Temperature Molding，LTM）树脂、电子束固化树脂和光固化树脂。

先进树脂基复合材料（High Performance Fiber & High Performance Matrix Resin）是指碳纤维、高模量有机纤维（如Kevlar纤维）增强的环氧、聚酰亚胺等高性能树脂基体的复合材料。目前环氧树脂体系是先进复合材料应用最广泛的基体体系，它适用于碳、Kevlar、玻璃、硼等纤维，也适用于混杂复合材料。通常它的长期使用温度在170℃以下，需耐高温时可采用双马来酰亚胺或聚酰亚胺树脂，可耐200～300℃高温。以上均为热固性树脂。热塑性树脂具有较高的使用温度，如聚醚醚酮的使用温度可达250℃，同时具有较好的层间断裂韧性和冲击后压缩强度（Compression After Impact，CAI），但其成型温度高，到目前为止加工方法尚未得到充分发展。

通常根据结构最高工作温度选择基体，而基体对复合材料在湿/热条件下的性能、抗冲击性能（以CAI为代表）和层间强度等影响较大，应给予重点考虑。国外树脂基复合材料仍以结构复合材料为主，发展的重点为耐高温、高韧性、耐腐蚀和低成本的热固性树脂基和热塑性树脂基复合材料。在提高复合材料的韧性方面，二维或三维自动编织技术将获得更为广泛的应用；在降低成本和提高工艺水平方面，将进一步扩大缠绕、RTM工艺、编织预成型等近无余量的成型应用。

3. 碳纤维危机

在碳纤维发展过程中，出现了一个小插曲。由于复合材料产业的发展对碳纤维（Carbon Fiber，CF）的需求急剧增加，2005—2009年世界爆发了一次碳纤维危机。危机中CF供应短缺，价格骤涨，引起了一系列连锁反应。如T700 12 K产品涨到700～800 元/kg，T300 3 K产品竟涨到8 000 元/kg，涨幅完全到了离谱的程度。此现象自2009年已出现明显的缓解，这是各大厂家急速扩大产能的结果。进入2010年已是产大于销，供大于求，自此持续了5年的CF危机宣告结束，价格也有了理性回归，如T700 12 K产品的价格为200 元/kg（税后），国产的则可低到120～150 元/kg。对于我国来说，危机的来源主要是CF不能自给自足，碳纤维这一重要的国防战略物资如果长期依赖进口，受制于人，飞机结构的复合材料化就会沦为空谈。我国的碳纤维研发起步并不晚，20世纪60年代初中国科学院长春应用化学研究所李仍元先生就已开始了研发，并在吉林的辽源修建了生产基地。因航空航天应用的急需，张爱萍于1975年11月在广州主持召开著名的"7511"会议，会后正式将CF的研发和生产纳入国家科技攻关计划在全国启动。然而，多年来的攻关并未突破原丝等关键技术，产品始终走不出质次价高的怪圈，无法满足国内军、民用的需求，致使我国95%的CF长期依赖进口，在这重要的战略物资上受制

于人，长期制约我国军、民用复合材料产业的发展。在国家最高领导的直接关怀和重视下，在举国的努力拼搏攻关下，近年来我国的CF研发取得了以下突破性进展：

1）基本突破了T1000量级产品的研发瓶颈，军工产品的应用可以不再受制于人。

2）建成了几个年产千吨的生产线，进入了规模量产阶段。

3）正在向T1100量级的产品研发进军，不久可望有成。

扫描二维码，观看"碳纤维危机"讲解视频

1.1.2 复合材料的分类

1.按性能分类

（1）普通复合材料。普通复合材料包括普通玻璃纤维、合成纤维或天然纤维增强的普通聚合物复合材料，如玻璃钢、钢筋混凝土等。

（2）先进复合材料。先进复合材料（Advanced Composites Material，ACM）主要指连续纤维增强（韧）的树脂、金属、陶瓷及碳等各类基体的复合材料，具有耐高温、低密度、高比强、高比模、抗环境和高可靠性等突出的性能特点。先进复合材料体系可分为三种类型：聚合物基复合材料（Polymer Matrix Composites，PMC）、金属基复合材料（Metallic Matrix Composites，MMC）、陶瓷基复合材料（Ceramic Matrix Composites，CMC）。

1）聚合物基复合材料。聚合物基复合材料是以有机聚合物为基体制成的复合材料，主要为热固性树脂（thermosets）和热塑性树脂（thermoplastics）。热固性树脂包括环氧树脂（epoxies）、聚酰亚胺树脂（polyimides）和双马来酰亚胺树脂（bismaleimides）。

2）金属基复合材料。金属基复合材料是以金属为基体制成的复合材料，如铝基复合材料、钛基复合材料等。

3）陶瓷基复合材料。无机非金属基复合材料是以陶瓷材料为基体制成的复合材料。

先进复合材料的分类如图1.5所示。

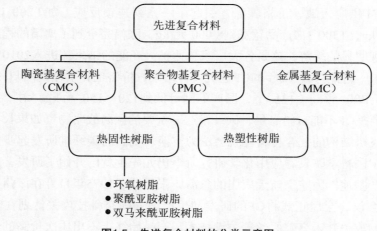

图1.5 先进复合材料的分类示意图

2.按基体材料分类

按基体材料的不同，复合材料可分为聚合物复合材料、金属基复合材料、陶瓷基复合材料、碳/碳复合材料和水泥基复合材料等。

3.按用途分类

按复合材料的用途不同，复合材料可分为结构复合材料、功能复合材料和结构/功能一体化复合材料等。

采用特殊的增强相和基体的复合材料，具有功能可设计性，体现了材料/结构/功能一体化的特点。随着航空航天技术的发展，针对不同需求，出现了在性能上与一般低性能的常用树脂基复合材料有所不同的高性能树脂基先进复合材料。

高性能树脂基体具有特殊的化学结构和成型特性，通常在高温下具有尺寸稳定性好、热氧化性强、吸湿性低、耐磨性和耐辐射性优异的综合力学性能。以高性能树脂为基体的复合材料可在高温氧化、腐蚀等恶劣环境下作为结构材料长期使用。

4.按增强剂分类

按照复合材料所使用的增强剂不同，复合材料可分为颗粒增强复合材料、晶须增强复合材料、短纤维增强复合材料、连续纤维增强复合材料、混杂纤维增强复合材料和三向编织复合材料。

1.1.3 复合材料的基本性能

1.复合材料的优点

（1）高比强度和高比模量。比强度即强度与密度的比值（$MPa \cdot g^{-1} \cdot cm^3$），比模量即模量与密度的比值（$GPa \cdot g^{-1} \cdot cm^3$）。复合材料具有质量轻、强度高、模量大等特点，即用最小质量获得最大的强度或模量，可达到结构材料减重的目的。

复合材料，特别是聚合物基复合材料，其强度、刚度和成本等方面的优点使其特别适用于飞机结构，是飞机结构主要关注的新材料。金属基和陶瓷基复合材料是比聚合物基复合材料更早发展起来的复合材料。金属基复合材料具有优异的高温性能，可用作高温部件，但制备很困难；陶瓷基复合材料虽然耐高温、抗磨损，但脆性大、断裂韧性低，因此在大多数情况下不适合于结构性应用。

目前发展最快、应用最为广泛的是树脂基复合材料，它具有比强度和比模量（比刚度）高、可设计性强、抗疲劳性能好、耐腐蚀性能好、便于大面积整体成型，以及利用各向异性通过铺层设计可以获得较为理想的结构性能等优异特性，在航空领域得到越来越广泛的应用。与传统的钢、铝合金结构材料相比，树脂基复合材料的密度约为钢的1/5，为铝合金的1/2，其比强度和比模量高于钢和铝合金，见表1.1。这样在强度和刚度要求相同的情况下，用树脂基复合材料可以明显减轻结构质量，提高飞机性能和降低燃油消耗，因此迅速发展成为继铝、钢、钛之后的又一类航空结构材料，广泛用于航空航天等高科技领域。

表1.1　不同材料的比强度和比模量

材　料	纤维体积含量/（%）	密度/（g·cm⁻³）	比模量/（MPa·m·kg⁻¹）	比强度/（MPa·m·kg⁻¹）
芳纶纤维/环氧树脂	60	1.4	29	0.46
碳纤维/环氧树脂	58	1.54	54	0.25
低碳钢	—	7.8	27	< 0.11
铝合金	—	2.7	27	0.15

（2）良好的高温性能。目前聚合物基复合材料的耐高温上限为350℃；金属基复合材料按不同的基体性能，其使用温度在350～1 100℃范围内变动；陶瓷基复合材料的使用温度可达1 400℃；碳/碳复合材料的使用温度最高可达2 800℃。

（3）良好的尺寸稳定性。增强体加入基体材料中，不仅可以提高材料的强度和刚度，而且可以使其热膨胀系数明显下降。通过改变复合材料中增强体的含量，可以调整复合材料的热膨胀系数。

（4）耐疲劳性能好，破损安全性高。具体表现在：①疲劳破坏有预兆；②疲劳极限/静极限强度的比值高。

（5）良好的蠕变、冲击和断裂韧性。陶瓷基复合材料的脆性得到明显改善。

（6）具有多种功能特性。①优异的电绝缘性和高频介电性能；②良好的摩擦性能；③优良的耐腐蚀性；④特殊的光学、电学和磁学特性。

（7）良好的加工工艺性。①可根据制品的使用条件、性能要求选择原材料（纤维、树脂）；②可根据制品的形状、大小、数量选择加工成型方法；③材料、结构的制备在同一工艺过程完成，即可整体成型，减少装配零件的数量，节省工时、材料，减轻质量。

树脂基复合材料对于结构形状复杂的大型制件也能实现一次成型，从而使部件中零件的数目明显减少，避免了过多的连接，显著降低了应力集中，减少了制造工序和加工量，大量节省了原材料。树脂基复合材料以其独特的优点，在许多工业领域中得到了应用。

（8）各向异性和性能可设计性。复合材料的力学、物理性能除了由纤维、基体的种类和纤维含量决定外，还与纤维的排列方向、铺层顺序等有关。可根据工程结构的载荷分布及使用条件不同，选择相应的材料及铺层设计来满足既定的要求，做到安全可靠、经济合理。

复合材料层合板设计即铺层设计——确定铺层要素。层合板设计的主要任务是根据层合板所受的外加载荷和已选用的组分材料的铺层性能来确定层合板的三个铺层要素：铺层角度、铺层顺序和层数（层数比）。

1）铺层角度确定。为了最大限度地利用纤维轴向的高性能，应该用0°层承受轴向载荷；45°层承受剪切载荷，即将剪切载荷分解为拉、压分量来布置纤维承载；90°铺层用来承受横向载荷。根据需要确定设计哪几种铺向角。若需设计成准各向同性板，也可采用0°，30°，60°构成的层合板，铺层角度如图1.6所示。

　　2）铺层顺序的确定。除特殊要求外，应采用正交各向异性的对称铺层，避免耦合引起翘曲；同角度的铺层，沿层合板方向应尽量均匀分布，不宜过于集中，若超过4层，易在两种定向铺层组的层间出现分层；层合板的面内刚度只与层数比和铺向角度有关，与铺叠顺序无关。但当层压结构的性能还与弯曲刚度有关时（例如层压结构梁），则弯曲刚度与铺叠顺序有关。

　　3）铺层层数的确定。各定向铺层的层数应通过计算或计算图表确定。一般先求出层数比，再根据所需总层数求得各种铺向角层组的层数。

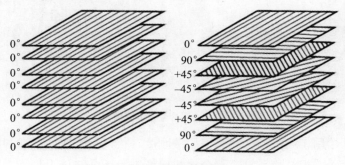

图1.6　铺层角度示意图

2.复合材料的缺点

　　复合材料虽然具有以上诸多优点，但也存在一些缺点，主要包括以下几方面：①成型工艺成本仍然较高；②仍缺乏高性能复合材料大批量生产技术；③材料本身不能循环回收利用；④针对各向异性的设计方法较少；⑤材料的破坏模式规律性不明显；⑥生产能力受原材料制约（如纤维等）。

1.1.4　复合材料结构制造工艺特点

　　不同材料，制造工艺特点各有不同。尤其是复合材料，它性能上的优异特点使其制造工艺与金属材料有较大差异。

　　金属飞机结构一般是用大量紧固件机械将蒙皮、桁条、肋、框、梁、墙等零组件连接装配而成的。金属材料零组件，通常采用机械加工、压延、锻造、铸造等工艺方法制造，这是由金属材料的可切削性、可锻性、可延展性和可熔性等固有特性决定的。

　　金属材料如铝合金，1930年开始用于飞机结构，用了大约10年的时间，才形成用机械连接梁、桁条、框、肋、蒙皮构成的半硬壳薄壁结构。此后，逐步发展形成了多种有特色的结构形式，如加筋（硬壳）蒙皮构架结构、框架补强开口结构、张力场梁结构、夹层结构、波纹腹板梁和整体壁板结构等。铝合金在飞机结构上的应用至今已有90年的历史，目前仍然是飞机设计首选的结构材料。图1.7所示为铝合金制备的整体壁板。

　　钛合金继铝合金之后，于1954年开始在飞机结构上应用。钛合金适合采用超塑性成型、扩散焊接和铸造等工艺加工，供料一般为大型的锻锭或铸锭。大型整体钛合金梁、隔框、壁板和连接主接头是目前主要的钛合金结构件形式。F-22飞机中机身承载隔框是目前最大的热等静压铸钛合金件。钛合金与碳纤维复合材料接触无电偶腐蚀，因此适合与复合材料结构共同使用。

图1.7　铝合金整体壁板

　　复合材料开始用于飞机结构时，采用按刚度等代设计方法，以准各向同性层合板代替铝合金板，从而减轻结构质量。复合材料以纤维为承载与传力主体，采用固化成型制造工艺，同时，采纳了适用的金属结构形式。

　　复合材料结构一般采用模具热压固化成型，要求制造工艺技术精确，控制实现结构设计所确定的纤维方向，且应尽量减少切断纤维的机械加工。目前通常采用浸渍基体树脂的增强纤维预浸料逐层铺贴在模具上，再完成热压工艺，基体树脂在模具内进行化学反应，结构件成型与材料形成同时完成。共固化、二次胶接、预成型件/树脂传递模塑（RTM）成型或树脂膜熔浸（RFI）成型等工艺技术可使复合材料大型构件整体成型，从而明显减少机械加工和装配工作量，大幅度降低装配费

扫描二维码，观看视频了解飞机材料的变化历程

用，还可改善构件使用性能。图1.8所示为世界上首架采用复合材料设计的两栖LSA类别飞机。

图1.8　世界上首架采用复合材料设计的两栖LSA类别飞机

复合材料结构件热压固化成型工艺方法要求结构设计与结构制造工艺两者更加密切配合，以控制复合材料结构的热应力和热变形。结构成型与材料形成同时完成的特点，要求对成型工艺过程严格监控，并建立配套的缺陷/损伤检测方法和质量控制标准。

1.1.5　复合材料结构损伤特性

1.复合材料结构损伤形式

（1）损伤。虽然复合材料用于飞机结构有许多优点，但是复合材料也存在固有的缺点。对于纤维增强树脂基的脆性复合材料，在过载情况下，应力重新分配的能力差，甚至在较小的冲击载荷作用下，也可能造成内部的分层损伤，这种损伤会降低结构强度和刚度，压缩强度的降低更加明显。在受冲击的复合材料零件表面，损伤不明显甚至完全看不见，但零件内部已产生分层损伤。

（2）缺陷。复合材料制备和零件成型同时完成，因而材料制备过程中的缺陷不可避免地带到了制件中，包括由于工艺过程控制不好、混入脱模剂和零件装配不协调等造成的空隙、分层及脱胶等。

复合材料在使用过程中由于使用不当，如冲击、超载和挤压等，或受环境条件影响，如雨蚀、砂蚀、热冲击、雷击和溶剂等，也会形成分层、脱胶、表面氧化、坑蚀、边缘损伤、表面鼓泡等缺陷和损伤。

2.复合材料结构修理特点

复合材料的损伤形式与金属材料显著不同，因此不能简单地将传统的金属结构修理方法直接应用于复合材料结构修理，必须根据其损伤特点发展新的修理方法，特别要重视铺层设计和修理设计。采用不恰当的方法修理复合材料结构，往往得不到好的修复效果，甚至会出现修理后的结构比原损伤结构的强度更低的现象。

飞机上使用的复合材料部件出现缺陷和损伤后，首先必须根据损伤的部位和范围来确定修理方案，其一般过程为：① 确定损伤部位；② 确定损伤范围；③ 设计人员对损伤结构进行损伤容限和剩余强度分析。

工程技术人员按照已经规范化的文件，根据具体情况决定：不修理，继续使用；需要修理，可以由认可的维修单位进行修理，有必要则返回原制造单位修理或者报废。

飞机用复合材料结构制造中所采用的材料一般为玻璃纤维增强复合材料、碳纤维增强复合材料及芳纶纤维复合材料。这些材料用于蜂窝夹心结构及整体层合结构的制造。在进行永久修理时，修理材料一般必须按下列准则与原制造材料相配合：

1）只用碳纤维材料修理碳纤维增强复合材料结构；

2）只用玻璃纤维材料修理玻璃纤维或芳纶纤维增强复合材料结构。

应根据制件的结构、缺陷和损伤的类型与大小，采用相应的修理方法。最常用的方法包括树脂注射、树脂灌注和填充、机械连接贴补、胶接贴补和挖补等。

1.2 复合材料成型技术及其特点

由于复合材料具有优异的性能特点，所以在飞机结构上的应用越来越广泛，将对飞机的设计和制造带来革命性的变化。新的制造技术，如自动化制造技术、液态成型制造技术和整体化制造技术，将成为高效、低成本制造技术的主流。用于制造飞机结构部件的树脂基复合材料成型技术主要包括手糊成型技术、热压罐成型技术、模压成型技术、拉挤成型技术、纤维缠绕成型技术、自动铺放技术和RTM成型技术等。

1.2.1 手糊成型技术

手糊成型是最古老也是最常用的复合材料制造工艺。手糊成型工艺是采用手工作业把增强材料和树脂交替铺叠在模具上，然后固化成型为制品的工艺。制造工人将预浸坯料经浸布浸润后连续铺层，应用工具使零件成型。这种工艺很少受到制品形状及大小的制约，模具费用也较低，因此对于那些品种多、生产量小的大型制品，手糊成型是最适合的成型技术。图1.9所示为手工铺叠工艺流程示意图。

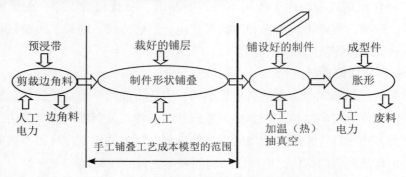

图1.9 手工铺叠工艺流程图

手工铺叠工艺是目前国内用得最多的成型工艺，图1.10所示为手工铺叠复合材料机翼的生产现场。对于手糊成型工艺，原材料的选择是决定产品质量的关键因素。主要原材料为增强材料、合成树脂、固化剂、促进剂、脱模剂、填料和色浆等。对于增强材料的选择，应根据产品的技术要求选择浸润性好、抗变形能力强的增强材料。手糊成型技术制备的产品有的时候还需要进一步的处理。最常见的为尺寸加工修整和缺陷加工修整。尺寸加工修整是按设计尺寸切去多余部分。对于尺寸精度要求高的产品，还要考虑产品的收缩和变形。缺陷加工修整指对穿孔、气泡和裂纹等产品所存在的缺陷进行修补。在这个过程中应该注意的是，要使产品的缺陷部分有一定的表面粗糙度，以保证后黏结的填充物与产品的接触界面结合良好。

手糊成型技术生产效率低、生产周期长，对于大批量产品不太适合，而且相对其他工艺生产环境差，加工过程中粉尘大、气味浓，须采取一定的劳动保护措施；由于其受操作人员技能水平及制作环境条件的影响较大，所以产品的质量稳定性差。因此，加强生产过程中的质量控制，提高产品的质量，也是手糊工艺中的重要问题。

图1.10　手工铺叠示意图

1.2.2　热压罐成型技术

热压罐成型技术是制造高质量复合材料制件的主要方法。其基本过程是，先将预浸料按尺寸裁剪、铺贴，然后将预浸料叠层和其他工艺辅助材料组合在一起置于热压罐中，在一定压力和温度下固化形成制件。热压罐成型技术的最大优点是，仅用一个模具就能得到形状复杂、尺寸较大、质量较好的制件。

热压罐成型技术较为成熟，已经制造出了大量的航空复合材料结构件和结构/功能一体化构件，同时也是国内应用最广的成型技术之一。国内外有许多飞机部件都是采用热压罐成型工艺制造的。图1.11所示为国内最大的热压罐，图1.12所示为国内采用热压罐整体成型的机翼壁板。

图1.11　国内最大的热压罐（Φ5 m×17 m）　　　图1.12　整体成型机翼壁板（长10.5 m）

这种工艺是将毛坯、蜂窝夹芯结构或者胶接结构用真空袋密封在模具上，置于热压罐中，使得复合材料构件在真空状态下，经过升温、加压、保温、降温和卸压的过程，成为所需要的形状和质量状态的成型工艺方法。图1.13所示是蜂窝夹芯板的结构，蜂窝夹芯板是由两块板和蜂窝芯构成的。构件的成型借助成型工装完成，工装给出了构件的几何边界，是制造复合材料构件用的主要装置。在成型过程中，在高温、高压作用下，由于热胀冷缩效应，基体树脂的化学反应收缩效应，以及复合材料与模具材料在热膨胀系数上的差异，最终形状与理想形状会不一致，所以工装结构与构件的最终成型质量有直接的关系。图1.14所示为热压罐成型装置结构示意图。

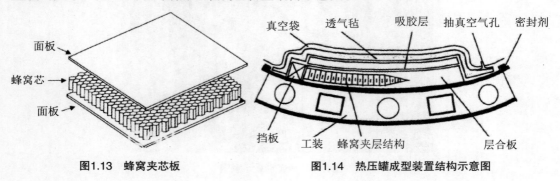

图1.13　蜂窝夹芯板　　　　　图1.14　热压罐成型装置结构示意图

1.2.3　模压成型技术

模压成型工艺是制造碳纤维复合材料最常见和重要的成型工艺之一，该工艺的优点在于成型装置简单，节约成本和能耗，能实现快速铺料并一次模压成型。预浸料/模压成型技术仍然是航空复合材料制造的主流技术，目前已由手工工艺发展为数字化和自动化制造工艺。图1.15为预浸料/模压成型技术发展示意图。

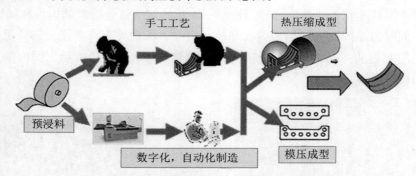

图1.15　预浸料/模压成型技术发展示意图

模压成型的模具由阴、阳模两部分组成，增强材料一般为短切纤维毡、连续纤维毡和织物。坯料模压工艺是将预浸料或预混料先做成制品的形状，然后放入模具中压制（通常为热压）成制品。模压成型技术适合于生产量大、尺寸精度要求高的制品。图1.16为模压成型示意图。

模压处理之前，首先需要将纤维预浸料进行处理，把一定量的树脂预

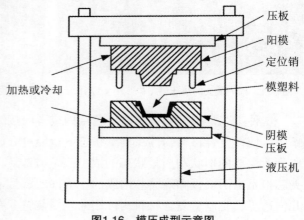

图1.16　模压成型示意图

润到增强碳纤维收卷制造成的碳纤维预浸料产品中。在碳纤维的预浸工艺过程中，树脂对纤维的充分浸润一直是备受关注的难点。目前碳纤维预浸料的预浸工艺主要为溶液预浸和胶膜预浸。图1.17和图1.18分别为溶液预浸和胶膜预浸工艺流程图。模压成型的具体流程是将碳纤维短切预浸料铺放到预热好的模具之中，利用成型设备（如热压罐、平板硫化机等），在适当的压力和温度下固化成型，冷却去除热应力后开模得到固化后样品，最后对制品进行去飞边、抛光等后处理工艺制造目标要求的制品。模压工艺参数如模压压力、温度和时间等，影响了碳纤维短切预浸料在模腔中的受热受压均匀性、树脂的流动性，对成型后材料的表面质量和力学性能等方面影响很大。

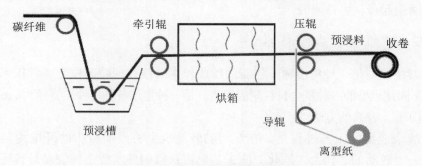

图1.17 溶液预浸流程示意图

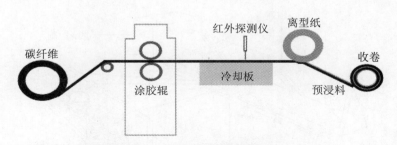

图1.18 胶膜预浸流程示意图

1.2.4 拉挤成型技术

拉挤成型是一种高效率生产连续、恒定截面复合型材的自动化工艺技术。其工艺特点是，将连续纤维浸渍树脂后，通过具有一定截面形状的模具成型并固化，成型工艺简单，效率高。拉挤成型技术主要工艺步骤包括纤维输送、纤维浸渍、成型与固化、夹持与拉拔和切割等，工艺原理如图1.19所示。

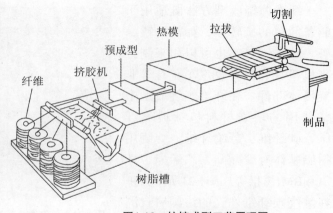

图1.19 拉挤成型工艺原理图

拉挤成型用纤维主要为玻璃纤维粗纱，树脂主要为不饱和聚酸酯树脂，用于连续生产纤维复合材料型材。采用拉挤法制备制件时，增强纤维沿轴向平行排列，能有效提高其强度。采用纤维毡增强材料可制备各向同性制件，采用编织带可提高制件的横向强度。拉挤成型技术的关键是对固化的控制，固化反应放热峰如果出现太早，制件易开裂、翘曲；如果出现太迟，制件固化不完全，易分层。拉挤速度取决于型材形状和加热方式，一般在1.5~60 m/h之间。

日本JAMCO公司最早采用预浸料自动拉挤制造复合材料筋、肋、梁型材，美国ATK公司近年也推出自己的预浸料拉挤型材技术，并已经用于A380和B787等机型。国内相关工作刚刚起步，亟待研究。

1.2.5 纤维缠绕成型技术

纤维缠绕成型是一种将浸渍了树脂的纱或丝束缠绕在回转芯模上，常压下在室温或较高温度下固化成型的一种复合材料制造工艺，是一种生产各种尺寸（直径为6 mm~6 m）回转体的简单、有效的方法。

纤维缠绕成型的工艺过程是，在专门的缠绕机上将浸渍树脂的纤维均匀、有规律地缠绕在一个转动的芯模上，固化、除去芯模后获得制件。湿法缠绕是最普通的缠绕方法，工艺原理如图1.20所示。

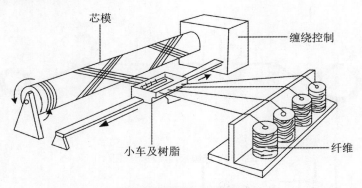

图1.20　湿法缠绕工艺原理图

纤维缠绕成型方法既适用于制备简单的旋转体，如筒、罐、管、球和锥等，也可以用来制备飞机机身、机翼及汽车车身等非旋转体部件。在纤维缠绕成型中常使用的增强材料包括玻璃纤维、碳纤维、芳纶纤维，缠绕用树脂基体有聚酸酯、乙烯酯、环氧和BMI树脂等。图1.21所示为正在缠绕碳纤维外壳的法国M51洲

图1.21　正在缠绕碳纤维外壳的法国M51洲际导弹二级发动机

际导弹二级发动机。

纤维缠绕的主要优点是节省原材料、制造成本低，以及制件具有高度重复性，最大缺点是制件固化后需除去芯模，以及不适用于带凹曲表面制件的制造。

纤维缠绕机的发展经历了机械式、程序控制到计算机控制纤维缠绕机三个阶段。计算机控制纤维缠绕机的出现带来了缠绕技术的革命，缠绕CAD/CAM技术使复杂的缠绕轨迹计算成为可能，并在计算机控制纤维缠绕机上直接实现。缠绕轴数的增加不仅使复杂的运动得以完成，并且大大提高了线形精度，从而大大提高缠绕制品的性能。纤维缠绕技术已成为应用最广泛的复合材料自动化成型技术，与自动铺放技术包括自动铺带技术和自动铺丝技术（也称为丝束铺放或纤维铺放）一起，构成先进复合材料的自动化连续成型技术。

1.2.6 自动铺放技术

自动铺放技术是制造大型复合材料构件的重要方法，用自动铺带制造翼面蒙皮/壁板、自动铺丝制造机身已经成为发达国家航空制造标准。A380中25%的复合材料中有将近40%采用自动铺放（后机身、中央翼、尾翼等），B787中50%的复合材料中有80%采用自动铺放技术制造（所有翼面和全部机身）。

国内现有碳纤维复合材料预浸料体系主要针对手工铺叠工艺，不能满足自动化制造的工艺性要求。

1.2.7 树脂传递模塑成型技术

树脂传递模塑（RTM）成型技术是一种适宜多品种、中批量和高质量复合材料制品生产的成型技术。其基本原理是，在设计好的模具中放置预成型增强体，闭合模具后，将所需的树脂注入模具，在树脂充分浸润增强材料后，加热固化，然后脱模获得产品。图1.22为RTM成型原理示意图。

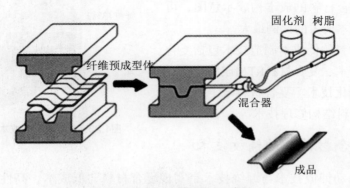

图1.22 RTM成型原理示意图

RTM技术有以下优点：能够制造高质量、高精度、低孔隙率、高纤维含量的复杂复合材料构件；无需胶衣树脂也可获得光滑的双表面，产品从设计到投产时间短，生产效率高；RTM模具和产品可采用CAD进行设计，模具制造容易，材料选择面广；RTM成型的构件与管件易于实现局部增强及制造局部加厚的构件，带芯材的复合材料能一次成型；RTM成型过程中挥发成分少，有利于劳动保护和环境保护。

RTM技术发展已超过50年，初期由于增强材料、树脂和工艺水平的限制，RTM仅应用在简单低纤维含量零件的成型上，如小型船只外壳。20世纪80年代初，RTM成型工艺得到重视，许多企业、高校和科研院所开始对RTM工艺进行研究以及制品生产。20世纪90年代，美国启动了AFS、ACT、CAI等大型的飞机复合材料研究计划，RTM工艺发展速度大大提高。RTM成型工艺技术已经以很快的速度得到了发展，在RTM成型工艺基本成型过程的基础上，如今已经衍生出了一些特殊的RTM成型工艺技术。这些技术主要有真空辅助树脂传递模塑（VARTM）、树脂熔浸成型（RFI）和压缩树脂传递模塑（CRTM）。

1.3　先进复合材料的低成本制造技术

先进树脂基复合材料以其优异的综合性能在航空航天等高新技术领域得到了大量的应用。先进树脂基复合材料在飞机上的应用可实现飞机结构减重25%～30%的效果。此外，通过深层次开发复合材料结构与功能的可设计性潜力，复合材料的应用可进一步提高飞机的综合性能。因此有人预言，21世纪飞机上的大部分结构将采用复合材料，甚至出现全复合材料飞机。

到目前为止，复合材料的使用量仍处于较低水平，其主要原因是，复合材料构件的成本还远远高于铝合金构件，高成本阻碍了先进树脂基复合材料在航空航天领域的更广泛应用及在其他领域的扩大应用。因此，先进树脂基复合材料要提高应用效能、扩大应用领域，首先要解决的问题是低成本化。

先进树脂基复合材料的成本组成主要包括原材料成本、设计制造成本以及使用维护成本。图1.23为复合材料的成本构成示意图，可以看出，制造成本所占的比例最大。

先进复合材料的低成本制造技术包括复合材料自动铺放技术、复合材料RTM成型技术、复合材料低温固化技术、复合材料电子束固化技术以及复合材料结构修理技术等。

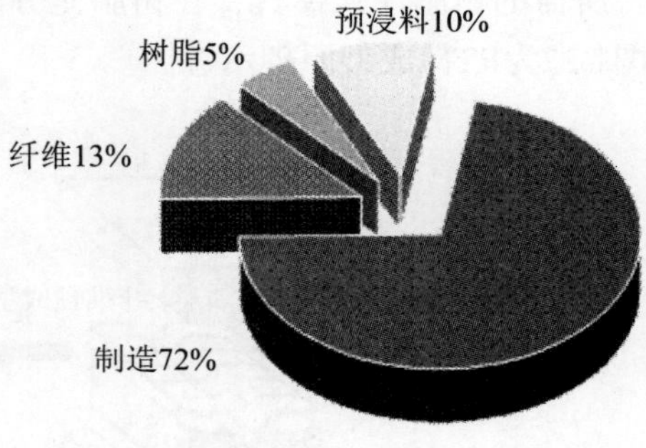

图1.23　复合材料的成本构成示意图

1.3.1　复合材料自动铺放技术

复合材料自动铺放技术与缠绕技术是实现复合材料"低成本、高性能"的重要手段之一。自动铺放技术的优点是低成本、自动化、数字化、高精度、高效率和高性能。其中自动铺带速度为72 lb/h[a]，自动铺丝速度为50 lb/h，可节省工时50%～60%，效率提

a　1 lb=453.59 g

高40%以上，废料率降低80%以上，成本降低50%以上。自动铺放技术在航空航天高性能复合材料结构制造中的应用极为广泛，具有相当重要的地位，近年发展起来的自动铺丝（Automated Fiber Placement，AFP）和自动铺带（Automated Tape-Laying，ATL）技术得到广泛的应用，成为现代先进大型飞机复合材料部件制造的重要技术。这两种技术的优点在于，能制造大型整体部件，大量节约工时，降低制造成本，同时大大减少废料率。B787应用复合材料达到50%，很大程度上得益于自动铺放技术。B787所有翼面蒙皮都采用自动铺带技术制造，机身全部采用自动铺丝技术整体制造。

　　国内制造复合材料多数为手工铺放，部分单位掌握自动下料和激光投影铺放工艺，在自动铺带技术、数字化制造方面开展了应用研究，研制了适合自动铺带的预浸料，以及自动铺带原理样机，并对自动铺丝技术也开展了探索性研究工作。

　　当前，国外中小型制件制作及利用织物预浸料时普遍采用计算机辅助的数字化人工铺放，图1.24为其流程图。自动铺带技术适用于大型壁板类复合材料结构制造，自动铺丝技术适用于大型回旋体类结构制造。

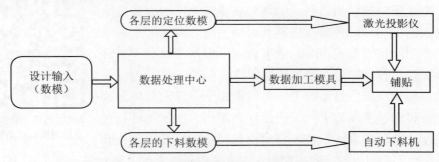

图1.24　计算机辅助数字化人工铺放流程图

1.自动铺带技术

　　自动铺带（Automated Tape-Laying，ATL）技术，是针对机翼、壁板构件等大尺寸、中小曲率的部件开发的一种复合材料自动化制造技术。国外在20世纪70年代中期开始研制自动铺带机，1983年第一台商用铺带机进入生产领域，F16中80%的蒙皮件用其生产。随着飞机复合材料用量的增加，自动铺带技术的应用越来越广泛，铺带技术也日益完备，生产效率不断提高。目前几乎所有航空大型复合材料壁板类构件均采用自动铺带技术。经过这么多年的发展，铺带技术已经有了很大的变化。最开始铺带头为独立的，宽度为75 mm、150 mm或300 mm，之后发展成既可独立也可相互组合的75 mm、150 mm和300 mm铺带头，目前铺带机铺带头已经可以进行25 mm×8，25 mm×16，25 mm×24等组合，也就是宽丝铺带。

　　由图1.25可以看出，A380飞机的中央翼盒、平尾、垂尾等部件的制造均采用自动铺带技术，同时也采用其他的复合材料先进制造技术，例如后压力框采用RFI工艺制造、襟翼导轨面板采用RTM工艺制造。

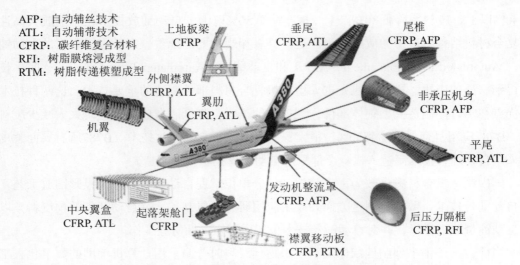

AFP：自动铺丝技术
ATL：自动铺带技术
CFRP：碳纤维复合材料
RFI：树脂膜熔浸成型
RTM：树脂传递模塑成型

上地板梁
CFRP

垂尾
CFRP, ATL

尾椎
CFRP, AFP

外侧襟翼
CFRP, ATL

翼肋
CFRP, ATL

机翼

非承压机身
CFRP, AFP

平尾
CFRP, ATL

中央翼盒
CFRP, ATL

起落架舱门
CFRP

发动机整流罩
CFRP, AFP

后压力隔框
CFRP, RFI

襟翼移动板
CFRP, RTM

图1.25　A380部件复合材料先进制造技术分布图

自动铺带技术以带有隔离衬纸的单向预浸带为原料，在铺带头中完成预定形状的切割，加热后在压辊的作用下直接铺叠在模具表面。当预浸带铺放到模具表面上时，由铺带头将衬纸去除。当预浸带铺放完毕时，铺带头可以根据需要从不同角度切断预浸带。自动铺带主要采用热固性树脂预浸带，也可采用热塑性树脂预浸带。自动铺带主要过程如下：首先是伺服放料，将预浸料输送至压辊下；其次是红外加热，使预浸料具有一定的黏度；然后铺放、压实，将预浸料铺贴到模具表面；最后切断，按照工件边界进行超声切割。工艺关键是铺带头，具有扇形端，随零件外形走动，均匀施压。图1.26所示为自动铺带机。

扫描二维码，观看视频了解
自动铺带机自动铺放过程

图1.26　自动铺带机

自动铺带技术的应用可以明显提高复合材料的生产效率，降低制造成本，发达国家都已采用自动铺带技术制造航空复合材料构件。图1.27所示为B777民用飞机用自动铺带技术制造的全复合材料尾翼蒙皮。图1.28所示为A400M用自动铺带技术制造的复合材料机翼。

图1.27　B777飞机尾翼蒙皮　　　　　　图1.28　A400M机翼（23 m×4 m，约3 t）

2.自动铺丝技术

自动铺丝（Automated Fiber Placement，AFP）技术，全称自动丝束铺放成型技术，20世纪80年代中后期进行开发研制，旨在克服缠绕技术在周期性、稳定性和非架空方面及自动铺带必须沿"自然路径"进行的限制，用于复合材料机身制造，核心技术是多丝束铺放头的设计研制和相应材料体系开发。1990年，第一台生产用纤维铺放机交付使用，波音直升机公司是第一个用纤维铺放机生产飞机的公司。

自动铺丝机所采用的铺放原料是（1/8）in（1 in=2.54 cm），（1/4）in，（1/2）in或1 in宽的预浸丝束，目前铺放丝束数量最多的设备可以实现32根丝束的同时铺放，铺放宽度的调整可以通过程序控制送丝根数来实现，因此相比铺带技术有更好的适应性。在设备工作过程中，每根丝束的输送、切断都是单独完成的，丝束在送丝装置的帮助下集束成"带"并到达铺丝头压辊处，利用压辊施加的压力将其加热压实，铺放到表面。

自动铺丝技术不同于缠绕和自动铺带，它可实现连续变角度铺放，适用于大曲率复杂构件成型且具有接近自动铺带的效率；高度自动化，落纱铺层方向准确，可实现复合材料构件快捷制造，迅速形成批量生产；生产速度快、产品质量稳定、可靠性高，可以真正实现低成本、高性能。

图1.29所示是用ATL技术制造的A-350XWB复合材料机翼蒙皮。图1.30所示为法国coriolis铺丝头，目前为国内使用最广泛的铺丝头。

图1.29　用ATL技术制造的A-350XWB复合材料机翼蒙皮　　　图1.30　coriolis型铺丝头

用自动铺丝技术制造的V-22飞机整体结构后机身如图1.31所示，比原来减少34%的紧固件和53%的装配量，废料率降低了90%。使用自动铺丝技术制造机身，还可减轻质量，节省材料，减少部件数目，缩短工艺流程和工装时间。B787机身段采用AFP制造，如图1.32所示。由于没有铆钉和蒙皮接点，不需要框架，所以整个飞机有了更多空间，并且机身整体成型，质量大大降低，与铝合金相比质量减小40%以上。

图1.31　V-22后机身

（a）

（b）

（c）

图1.32　机身段AFP制造

（a）机身头段（Φ 6.2 m×12.8 m）；（b）机身中段（44段 Φ 5.8 m×8.5 m，46段 Φ 5.8 m×10 m）；

（c）机身后段（47段 Φ 5.8 m×7 m，48段 Φ 4.3 m×4.6 m）

自动铺丝技术研究的最新趋势是与热塑性复合材料直接固结技术、电子束固化技术相结合，替代热压罐成型技术。电子束固化与自动铺丝技术结合是最新发展方向，这是由于电子束固化可以大大降低制造时间、材料和能源消耗。

1.3.2　复合材料RTM成型技术

液态复合成型（Liquid Composties Molding，LCM）已作为成熟的工程技术应用于新一代大型飞机。LCM可分为树脂传递模塑（RTM）和树脂膜熔浸（RFI）两种制备技术。由于LCM技术具有成本低、周期短、质量高、工作环境好和有利于结构整体化等优点，所以原来在减重方面就占优势的树脂基复合材料如虎添翼，显著增强了与金属材料的竞争力。比如A380中央翼盒的5个工字梁用RTM制成，并率先采用RFI技术制造复合材料襟翼滑轨梁；B787机身的很多地板横梁用RFI技术制造，其起落架撑杆则用RTM技术制造。图1.33所示为飞机中央翼盒。

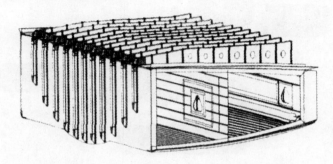

图1.33　飞机中央翼盒

1.树脂传递模塑（RTM）成型

RTM技术的突出特点是将树脂浸润、固化成型过程与纤维结构设计和制造分开，使得设计者可以进行独特的材料设计裁剪来满足精确而复杂的技术要求。此外，RTM技术为闭合模具和工艺设计，容易整体制造较大尺寸、形状复杂、带加强筋、夹芯和镶件的结构。图1.34所示为RTM工艺过程，其中每一步都相互关联并最终决定制品的质量。

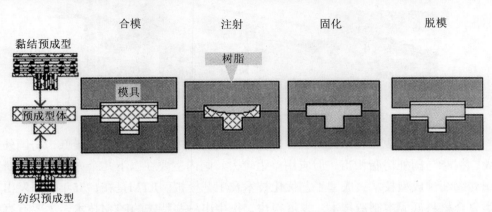

图1.34　RTM成型技术的工艺流程

预成型体的结构设计不仅决定制件的力学性能，而且决定树脂在预成型体中的渗透率和树脂注射时充模的压力和时间，进而影响树脂体系的选择。与此同时，树脂注射过程势必影响预成型体的稳定性（注射过程中增强纤维可能被冲乱）、纤维束浸润及空气排除等因素之间微妙的平衡关系。模具设计不仅要保证制品的几何特性，而且要考虑注射过程中树脂流动、树脂固化和制品脱模等工艺因素。只有把各个工艺步骤作为一个整体来统一考虑，才能最终获得高质量的制品和最好的经济性。

F–22中大量应用RTM技术，典型的RTM结构是机翼主承力正弦波梁，如图1.35所示。采用RTM技术使F–22上结构制品的公差控制在0.5%之内，废品率低于5%，比相同的金属制品减重40%而且便宜10%，采用RTM技术后比原设计节省开支2.5亿美元。F–22上占非蒙皮复合材料结构质量约45%的360件承载结构都是采用RTM技术制造的。空客A330–300 /340–500/600扰流板接头也采用RTM技术成型，如图1.36所示。

图1.35　F–22大量应用RTM技术

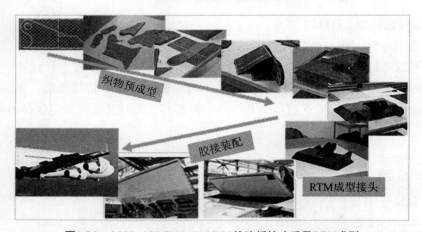

图1.36　A330–300 /340–500/600扰流板接头采用RTM成型

国内开展液体成型技术的研究工作相对较晚，技术成熟度较热压罐低，与国外差距不大，树脂与国外树脂相当，但应用差距较大。国内主要在以下几个方面进行了研究：编织和缝纫预成型技术、成型工艺优化技术及工艺模拟。RTM是在1985年后开发出来的一类复合材料低成本制造技术，发展很快，衍生出一些特殊的RTM技术，主要有真空辅助RTM、压缩RTM、树脂膜熔浸成型和真空辅助树脂渗透等。

2.真空辅助树脂渗透

真空辅助树脂渗透（Vacuum Assisted Resin Infusion，VARI）是在真空状态下排除纤维增强体中的气体，完成树脂的流动、渗透，实现对增强体的浸渍，最后固化成型。采用VARI制造复合材料构件时无需预浸料和热压罐，可大幅度降低成本，非常适宜大型构件的低成本制造。图1.37为VARI技术原理示意图。A400M后货舱门用VARI技术制造，如图1.38所示。

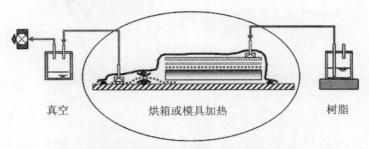

真空　　　　　　　烘箱或模具加热　　　　　　　树脂

图1.37　VARI制造技术原理示意图

图1.38　A400M后货舱门采用VARI技术制造

3.树脂膜熔浸成型

先进的RFI工艺是一种树脂融渗和纤维预制体相结合的一种树脂浸渍技术。由于只采用传统的真空袋压制成型方法，免去了RTM工艺所需的树脂计量注射设备及双面模具的加工，在制造出性能优异的制品同时大大降低了制品的成本，因此RFI工艺以其诸多优点在航空、船舶制造领域率先发展起来。20世纪80年代末，降低自重和节约成本成为复合材料制造业越来越重视的问题，其中最具代表性的是美国NASA的先进复合材料技术研究计划（ACT计划）。该计划的核心之一是通过工艺/材料/设计的综合，实现复合材料的高减重和低成本。20世纪90年代初期，麦克当那·道格拉斯（McDonnell Douglas）航空公司开发出RFI工艺，用于制造商业运输机的机翼结构。1997年，ACT计划基本结束，得出的结论是，成本上最有效且结构上实际可行的纺织物应用方式是碳纤维织物的缝合与RFI成型工艺的结合。

RFI工艺过程如图1.39所示，它与RTM技术相比有许多优点：RFI技术不需要专用设备，不需RTM那样复杂的模具，不需专用的树脂基体，同时将RTM的树脂横向流动变成了纵向（沿厚度方向）流动，缩短了树脂流动浸润纤维的路径，使纤维更容易被树脂浸润。与预浸料/热压罐成型技术相比，RFI不需制备预浸料，可以缩短制造周期，提高材料利用率，进而降低复合材料的成本。A380机身球框采用RFI制造，如图1.40所示。

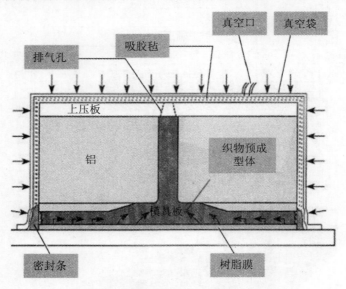

图1.39　RFI工艺示意图

图1.40　A380机身球框采用RFI制造

1.3.3　复合材料低温固化技术

复合材料的低温固化技术通常指固化温度小于100℃，可以在自由状态下进行高温后处理的复合材料及相关制造技术。树脂基复合材料构件的低温固化技术，可以大大降低主要由昂贵的模具、高能耗设备和高性能工艺辅料等带来的高费用。此外，低温固化复合材料构件的尺寸精度高，固化残余应力低，适合于制备大型和复杂的复合材料构件。低温固化中、高温使用树脂基复合材料不仅可用于制备航空航天复合材料构件，也可用于复合材料工装材料以及复合材料构件的修补等。复合材料低温固化技术是低成本技术的重要组成部分。

低温固化，即不仅要降低固化温度，同时还要降低固化压力，以便不采用传统的热压罐成型而采用烘箱（或烘房、空气炉等）/真空袋固化技术。低温固化中真空袋固化技术主要有以下优点：①设备投资低；②模具材料来源广泛，成本低廉；③适合于生产大尺寸和形状复杂的复合材料构件；④操作简便；⑤制品设计自由度高；⑥工艺辅料费用显著降低。目前，低温固化高温使用的树脂基复合材料技术发展很快，其性能已达到很高水平，并开始应用于航空航天复合材料承力构件和复合材料工装等。

低温固化复合材料从20世纪80年代开始得到了推广应用，最初主要应用于复合材料工装和汽车领域；20世纪90年代早期，低温固化复合材料开始应用于航空结构件。1996年，NASA和麦道公司采用LTM10低温固化复合材料制造了X–36无人战斗机蒙皮。1998年，AWV采用LTM45低温固化复合材料研制了X–34的机翼，机翼长度为8.5 m左右，构件面积超过20 m²，质量仅为680 kg。2009年6月，美国空军研究实验室和洛马公司联合完成了先进复合材料货运飞机（Advanced Composite Cargo Aircraft，ACCA）的首次验证飞行。ACCA是基于道尼尔328 J飞机并经过升级改造而来的，其主要变化包括采用先进低温固化复合材料制造机身尾段和垂尾。道尼尔328 J原本有3 000个金属零件和30 000个紧固件，洛马公司在ACCA上减少了近90%，只用了300个金属零件和不到4 000个紧固件。国内低温固化复合材料同样得到一定的应用，目前已经用于制造大型飞机复合材料腹鳍、歼击机S形蒙皮、卫星百叶窗反射镜、直升机和无人机构件等。和采用中温固化复合材料相比，低温固化复合材料腹鳍制造成本降低26%，低温固化无人机复合材料副翼制造成本降低42%。

1.3.4　复合材料电子束固化技术

树脂基复合材料电子束固化技术是20世纪90年代发展起来的一种低成本制造技术。它利用高能电子束引发复合材料树脂基体发生交联反应，制造高交联密度的热固性树脂基复合材料。复合材料电子束固化技术有以下独特的优点。

1）可以室温或者低温固化。由于能够进行低温固化，所以可以降低固化收缩率，减少固化残余应力，提高复合材料制件的尺寸精度；可以采用低成本的模具材料，如泡沫、石膏和木材等，显著降低模具成本。

2）固化速度快。固化速度是热压罐成型的若干倍，成型周期短。

3）适合于制造大型复合材料构件。由于电子束固化工艺不需要其他工艺设备，只要电子加速器的屏蔽室容许，即可用电子束固化技术制造大型复合材料构件。

4）可选择区域固化。电子束可以在构件上选择需要固化的区域进行固化，而不必对整个构件进行固化处理，因此非常适合用于复合材料的修理。

5）便于实现连续化操作。电子束固化技术可以和RTM、缠绕、纤维自动铺放和拉挤等成型工艺结合使用，进一步降低复合材料的制造成本。

电子束固化沉积的原理就在于可以通过使用电子辐射照射让聚合物发生降解、合成或性质改变的反应。固化沉积时，采用电子加速器为电子运动提供足够的能量后，电子束照射到树脂体系中，高能的电子会冲击C—H键，为分子活动提供足够的能量，破坏原有热平衡后，使一部分键断裂并释放大量的氢原子和处于活跃状态的碳分子，形成和离子、电子以及自由基相同属性的活性中间体。此时，当两相邻分子位置相近时，活跃状态下的碳原子就会释放活化能，从而形成化学键，化学键会促使两个分子之间产生交联反应，从而最终固化。聚合物发生反应的程度和材料本身的属性、促进剂、固化剂以及稳定剂等因素都有关系，通过电子束照射，复合材料会发生复杂的化学反应，最终固化。

目前，国外电子束固化复合材料已达到工程应用阶段，开始在航空航天领域中应用。国内已研制开发了电子束固化环氧树脂。

1.3.5　复合材料结构修理技术

胶结挖补修理是纤维增强热固性塑料制件修理的一种重要方法，它适于修理有严格外形表面要求的制件、最大连接效率的制件、必须避免载荷集中及偏心的制件，以及采用贴补会引起厚度超出型线的厚壁制件。

国外从20世纪70年代开始对复合材料修补技术进行研究，目前已实现修补材料系列化，品种齐全，修补工艺成熟。用于修补的复合材料体系主要是双组分低黏度环氧树脂体系和预浸料，前者是在湿铺贴修补中浸渍干纤维织物，后者主要用于制造预固化补片或在真空条件下进行外场热胶接修补。

1.4　复合材料在航空领域中的应用

近年来，复合材料在航空航天中的应用向"多元化""多种经营"方向发展，民用规模远大于军用规模，"军转民"已成普遍的趋势和潮流。先进复合材料在航空航天领域中的应用以国防军工系统应用为主。在航空中的主要应用为军机、民机、直升机、无人机和发动机等；在航天中的主要应用为导弹、火箭、人造卫星和宇宙飞船等；在其他方面的应用为舰船、兵工、电子和陆军等。

复合材料由于具有高的比强度、比刚度且抗疲劳性能好，所以在航空航天中的用量越来越大，可以说，复合材料是航空航天结构材料的未来。目前复合材料在航空航天领域中已经有大量的应用，军机用量可达30%～50%，民机亦达50%以上，如B787达50%，A350达52%，直升机达50%～80%，无人机达90%，特种飞机可以为全复合材料飞机，航空发动机用复合材料亦可达15%～20%。未来，复合材料在航空航天领域的作用将会越来越突出，应用范围会越来越广，用量会越来越扩大，需求会越来越强烈。复合材料可以充分满足飞机进一步发展的需求。飞机未来的发展趋势为轻量化、高可靠、长寿命、高效能以及高隐身，而复合材料具有比强度高、可设计、抗疲劳、耐腐蚀以及结构功能等性能优点。高比强度和可设计的优势可以满足轻量化的需求；可设计、抗疲劳和耐腐蚀的优势可以满足高可靠的需求；抗疲劳和耐腐蚀的优势可以满足长寿命的需求；高比强度、可设计的优势可以满足高效能的需求；可设计和结构功能的优势可以满足高隐身的需求。因此复合材料最能够满足飞机未来发展的需要。

如今，飞机的先进性已经和复合材料的发展息息相关。图1.41所示为飞机结构复合材料化的发展趋势，每一代新飞机的出现都有更高的复合材料使用量。从20世纪70年代到2000年左右，国外军机（包括F–22、F–35和B2）的复合材料用量逐年增加。F–35战斗机复合材料的用量超过了35%。F/A–18超级大黄蜂、V22、B2轰炸机和Tiger的复合材料用量急剧上升，Tiger复合材料用量高达80%。国外民机在2000年之前复合材料用量逐年增加，但趋势较为平缓，在2000年后，复合材料用量骤增，主要表现在从A380的25%急剧增加到B787的50%。这是国外军机和民机复合材料用量的发展趋势，国内的情况又如何呢？我们看到国内的复合材料应用是20世纪80年代中期开始的，以歼8和强5为代表，2000年之前用量都低于5%，2000年后复合材料用量较大幅度增加，从歼11B用量为10%到2010年的歼20用量达到20%。

总的来说，无论国内、国外，无论军机、民机，复合材料的应用都是呈上升趋势。国外军、民机复合材料的用量均高于国内复合材料的用量。

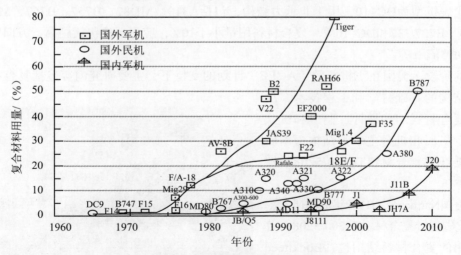

图1.41 飞机复合材料化态势图

1.4.1 国外复合材料在航空领域中的应用

复合材料在飞机上的应用经历了非承力构件—次承力构件（尾翼级）—主承力构件（机身、机翼等）的发展过程，已成为飞机结构的主要材料。图1.42所示为国外民机复合材料的用量和趋势。

由图1.42可以看出，从开始使用复合材料的20世纪70年代到20世纪末，其用量在15%范围内，且增长幅度不是太大；直到2005年以后，以A380、B787为代表，复合材料在机体中的用量发生了显著变化，A380复合材料用量超过20%，B787甚至达到50%。

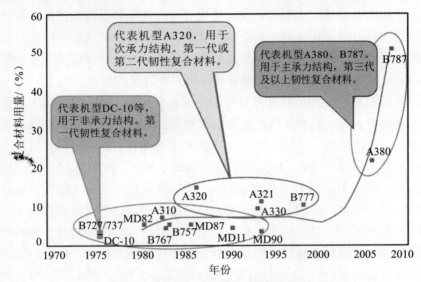

图1.42　国外民机复合材料用量和趋势

这一变化过程主要包括以下三个阶段。

1.第一代脆性复合材料（1976—1986年）

代表机型为DC-10，用于非承力结构，包括A310、MD82、B757、B767、MD11、MD90、B727/737和DC-10等。复合材料用量小于10%，应用部位包括副翼、方向舵、扰流板和整流罩等。

本阶段，美国在飞机能效（ACEE）计划的支持下，主要研究内容包括复合材料和飞机结构的基础科学和工程技术；次承力复合材料结构设计、制造和试验验证；机翼和机身主承力结构探索研究；碳纤维复合材料T-300/5208的性能等。

美国Narmco公司1972年成功研发了第一代碳纤维复合材料T-300/5208，首先应用的复合材料结构包括Lockheed L-1011副翼、Douglas DC-10方向舵、B727机翼扰流板。Douglas DC-10方向舵完成飞行考核，装机13架次，并推广应用于其他机型。图1.43所示为DC-10复合材料方向舵的实物照片。

图1.43　DC-10复合材料方向舵

至此,第一代T–300/5208脆性复合材料获得成功应用。但主承力结构的复合材料应用未取得实质性进展,存在的主要问题包括复合材料的冲击损伤及其高昂成本。

2.第一代或第二代韧性复合材料（1986—2000年）

代表机型A320,用于次承力结构,包括A320、A321、A330、B777。复合材料用量为10%～15%,应用部位包括副翼、方向舵、扰流板、整流罩、平尾、地板、雷达罩、前起落架舱门、发动机吊架和内外襟翼等。图1.44所示为A320机型的复合材料应用部位示意图。

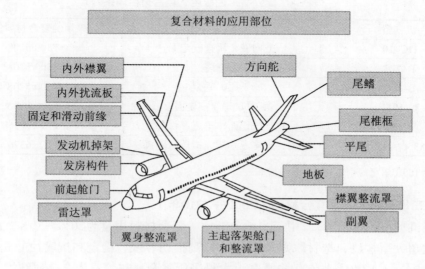

图1.44 A320复合材料应用示意图

A320飞机用碳纤维/环氧复合材料体系包括以下两种。

1）中温（125℃）固化:日本东丽Toray T300B/913（湿态长期工作温度为–55℃～80℃）,Toho HTA（12K）/913等。

2）高温（177℃）固化:T300B/5208（NARMCO）,第一代脆性;AS4/3501–6（Hexcel）,第一代脆性;T300B/914（Hexcel）,第一代韧性;T400/HTA（12K）/6376（Hexcel）,第二代韧性;AS4/8552（Hexcel）,第三代韧性;HTA（12K）/977–2（Cytec）,第三代韧性。

在这个阶段解决了第一代脆性复合材料韧性差的问题。第一代或第二代韧性复合材料获得应用,第三代韧性复合材料得到发展,扩大了复合材料在飞机上的应用。

A320飞机主要部件复合材料用量达到飞机结构质量的15%,使机体结构减重850kg。A320采用了CAD/CAM技术、复材结构制造技术、钛合金钣金件和热成型技术等先进制造技术,促进了钛合金和复合材料的应用。复合材料结构件多以复合材料面板和蜂窝芯夹层结构形式制造。起落架舱门、襟翼整流包皮、副翼、内外扰流板等采用碳纤维复合材料制造。机翼翼稍、升降舵、雷达罩、飞行操纵面、前客舱内壁板及襟翼前后缘由玻璃纤维复合材料制造;雷达罩边缘使用复合材料T300 3KPW/E765制造;机翼–机身整流包皮采用芳纶纤维复合材料制造。另外,水平尾翼、垂直尾翼、发动机短舱整流罩、刹车装置也采用复合材料制造。垂直尾翼壁板为整体结构碳纤维复合材料制件,壁板内侧长桁和翼肋由250个单元模芯组成。碳/碳复合材料刹车装置使A320减重约300 kg。

A330/340飞机主要部件选用的材料,机翼整体加强共固化外襟翼蒙皮、中央翼盒、扰流板、减速板、垂直和水平尾翼(作为燃油箱)、水平安定面主要结构和辅助结构及所有整流罩采用复合材料。

国外客机上应用的复合材料体系见表1.2。

表1.2　国外客机上应用的复合材料体系

机　型	部　件	采用的复合材料体系
DC–10	方向舵、垂直安定面	T300/5208
B–727	升降舵	T300/5208
B–737	平尾、垂尾	T300/5208
L–1011	副翼、垂直安定面	T300/E715
A320	垂直安定面、平尾、襟翼	T300/913C
A330/A340	外翼、平尾、垂尾、襟翼、副翼等	HTA/6376

注:5208为180℃固化的中等韧性环氧树脂。

3.第三代及以上韧性复合材料(2000—2010年)

代表机型A380、B787,用于主承力结构,复合材料用量为20%~50%。A380飞机是新一代超大型客机,选材原则采用高强度/高损伤容限、稳定和抗腐蚀的先进材料来减轻结构质量。A380率先在中央翼盒上大量采用复合材料(原为全金属结构)。A380中央翼盒质量为8.8 t,其中复合材料5.3 t,减重1.5 t。A380飞机机体结构选材铝合金占质量的61%;复合材料占25%(22%为CFRP,用量达32 t;3%为首次用于民机的玻璃纤维增强铝合金GLARE);钛和钢占10%;其他占4%。随着纤维自动铺放、自动铺带、树脂膜渗透和树脂转移成型等先进制造技术的采用,使得设计大尺寸的复合材料部件成为可能,降低了装配成本。A380复合材料应用部位包括机翼、平尾、垂尾、机身尾段和尾椎、垂尾梁、梁、肋、接头、球框等。A380飞机各部位采用的主要复合材料体系见表1.3。A380主承力结构主要采用的碳纤维增强体系为IM7、AS4。

表1.3　A380飞机用复合材料体系

应用部位	选用材料
机翼、平尾、垂尾	IM7/M21(Hexcel),第三代韧性
机身尾段和尾椎	IM7/AS4/8552(Hexcel),第三代韧性
垂尾梁	IM7/977–2(Cytec),第三代韧性
梁、肋、接头等	IM7/RTM6(Hexcel),RTM工艺成型
球框	NCF HTA/M36(Hexcel),RFI工艺成型

在B787"梦幻"飞机上,复合材料几乎覆盖了飞机的表面,包括机翼、机身和尾翼

等机体主要结构。使用复合材料整体机身段，进一步发展为全复合材料翼盒直至全复合材料机翼，占全机结构质量50%以上。使用部位包括机翼、机身等主承力结构，平尾、垂尾、内饰、地板梁，部分舱门和整流罩等。选材大致情况为复合材料50%、铝合金20%、钛合金15%、钢10%、其他5%，如图1.45所示。

碳纤维铺层
碳纤维夹心
其他复合材料
铝合金
钛合金

其他 5%
钢 10%
钛合金 15%
铝合金 20%
复合材料 50%

图1.45　B787复合材料应用部位

A380和B787承力结构的选材情况见表1.4。

表1.4　A380和B787承力结构的选材

机　型	A380	B787
主承力结构	中央翼盒、外翼盒、垂尾、平尾翼盒、地板梁、发动机挂架、客舱门、大窗框等	机身蒙皮、机身框、中央翼盒、外翼盒、垂尾、平尾翼盒、地板梁、发动机挂架、客舱门、窗框等
主承力结构主要选用材料	IM7/977–2、IM7/M21、AS4/8552	T800S/3900–2，AS4/977–3 主要规范：BMS8–276
次承力结构	垂尾、平尾、中央主起落架舱门、襟翼上下壁板、腹鳍、翼稍小翼、前缘、吊挂及发动机短舱、雷达罩等	垂尾、平尾、中央主起落架舱门、襟翼上下壁板、腹鳍、翼稍小翼、前缘、吊挂及发动机短舱、雷达罩等
次承力结构主要选用材料	AS4或HTA单向带及碳布/ 8552	T300单向带及碳布/F593，Cycom970 主要规范：BMS8–256

　　本阶段，第三代及以上韧性复合材料获得应用，同时采用了先进的复合材料成型技术和制造工艺，如A380飞机采用了RTM、RFI成型技术，B787采用了自动铺层技术等，使得复合材料在飞机上的用量大幅提升。

　　空客公司由于受到波音公司复合材料高用量的竞争压力，计划在A350飞机上将复合材料的用量提高到52%，以形成与B787飞机的抗衡，如图1.46所示。复合材料在飞机上的用量及其性能水平已成为飞机先进性的重要标志之一。

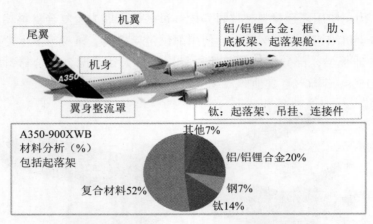

图1.46 A350复合材料应用情况

A350是空客公司面向21世纪市场的250座级中型中远程客机。其结构设计方案已数次修改，选材也作了相应变更：铝合金用量从34%（含铝锂合金23%）降到20%；钛合金用量从9%上升到14%；钢用量从14%降到7%；复合材料用量从40%上升到52%。

扫描二维码，观看视频了解更多复合材料在现代航空器中的应用

1.4.2 国内复合材料在航空领域中的应用

国内复合材料的研究有近40年的历程，也取得了较大的成果和进步，达到了一定的规模和水平，主要用于军机。与国外相比，我国民机复合材料的应用研究起步较晚，由于国内碳纤维复合材料主要依赖进口，而碳纤维进口受到限制，且价格较高，所以碳纤维复合材料生产制造的成本很高，限制了先进复合材料在飞机结构的进一步应用，主要表现在以下三点。第一，原材料年产量低，价格贵。我国大量使用的碳纤维，其年产量还不能满足国内工程应用的需求，同时国内产品的价格也高于国外。第二，缺少高强度的原材料，目前国内只有相当于国外T300的通用级碳纤维，而用于大型客机主承力结构的高强中模量碳纤维（如T800）尚没有开发出来。复合材料的强度大小主要取决于纤维的强度。美国及欧洲国家的先进航空企业大量使用复合材料的基础是强度高、价格相对较低的碳纤维。波音公司在B787上使用的T800碳纤维，强度较T300高50%～60%。我国碳纤维正处于研制与工程化阶段，尚未形成稳定的自主保障能力。第三，工程应用方面的工艺技术还不成熟。制造成本的降低需要工艺方面的突破来实现。RTM与RFI这两种制备技术具有成本低、周期短、质量高及有利于结构整体化等优点，我国在这方面的研究取得了不少进展，但在工程应用方面还不成熟。

我国在1970年即进行了复合材料在歼-8和强-5的尾翼、前机身应用的研究，1978年首次将碳-玻/环氧复合材料用于强-5型飞机的进气道侧壁。北京航空材料研究所和北京航空工艺研究所1984年研制成功飞机结构受力构件用的高性能环氧树脂复合材料T-300/4211体系，其交联密度大，弹性模量较高，耐热性好，突出优点是有良好的工艺性，预浸料可在室温下存放。T-300/4211复合材料可在120℃以下使用，已用于几种型号飞机的垂直安定面、飞机进气道外侧壁板等。1995年研制成功歼–8Ⅱ带整体油箱的复合材料机翼，至今已安全飞行20多年，此后进入正式应用。2001年我国首件飞机复合材料水平尾翼在航空603所完成设计，除实现减重24%外，气动特性也得到较大改善，标志着我国复合材料结构设计水平跃上了一个新台阶。我国新设计的军机上都采用了复合材料，10号战机应用比例为6%，11号战机应用比例为9%，一般用量不超过10%，见表1.5。国内客机复合材料主要用于次承力结构，如垂尾、翼稍小翼、襟翼、方向舵等，主要材料为T300单向带及碳布/Cycom 970，规范相当于BMS 8–256。

表1.5　国内飞机复合材料的应用现状

机　型	首飞时间	复合材料用量/（%）	应用部位
强–5	1985年	1～2	垂尾、前机身（首次）
J–8Ⅰ	1985年	1	垂尾（首次）
J–8Ⅲ	1993年	2	垂尾、前机身
J–8Ⅱ	1995年	5	机翼主承力结构验证
J–10	1997年	6	垂尾、鸭翼、襟副翼
X11X	—	9.6	机翼、平尾、垂尾、减速板
新舟60	—	1	腹鳍、垂尾前缘、雷达罩、平尾翼尖等
ARJ21	2008年	2.8	翼稍小翼、襟翼子翼、方向舵
Y12F	—	7～10	副翼、方向舵、升降舵、各种整流罩

图1.47所示为教–15，其垂尾使用的是复合材料。L–15教练机是中国航空工业洪都航空工业集团公司按照国际标准设计研发的一种单座双发超声速高级教练机。L–15教练机与中国现役歼教–7教练机相比，具有整体气动性能好、机动性能高、推重比大、使用寿命长、结构设计合理、制造技术先进以及任务使用弹性大和发展潜力高的优势。

图1.47　教–15垂尾

最新研制成功的我国第四代战机J–20上复合材料的应用有了突破，用量达20%左右，目标用量会增至29%左右，可超过美国F–22水平。目前国内公开报道使用国产复合材料最高等级的是歼–20战斗机的T700级碳纤维。在直–9、直–10直升机上，复合材料可用于座舱罩、旋翼、侧端板、水平尾翼、涵道、尾梁、整流罩、舱门和机头罩等部位，用量在35%以上。相比于固定翼飞机，复合材料在直升机上用量会更大一些，新研制的专用武装直升机目标用量会达到50%左右。

图1.48所示为我国自主研发的支线客机ARJ21，座级是90座，目前已经交付成都航空运营。目前国内ARJ21支线客机，2008年首飞，复合材料的用量只有2.2%。造成这一结果的原因很多，主要是由于国内碳纤维复合材料主要依赖进口，但碳纤维进口受到限制，且价格较高，造成碳纤维复合材料生产制造成本很高，限制了先进复合材料在飞机结构的进一步应用。

图1.48　ARJ21支线客机

飞机结构复合材料化已成必然趋势，大型客机结构的主体材料采用复合材料已是不争的事实，这将从根本上改变飞机结构设计和制造的传统，也将改变航空工业供应链的重组进程，能否适应这一重大变革，势必影响国内航空制造业的兴衰成败。我国在该领域落后较多，数据不全，工程应用不足，缺乏必要的技术储备和支撑。作为国家重大专项的大型客机项目，不仅要研制出大型客机，还要取得商业上的成功，使复合材料用量在10%～25%，以提高复合材料在民机上的应用，应用部位由次承力结构发展到主承力结构，如机翼、尾翼、后压力框和机身尾段等。大型客机复合材料用到尾翼级，加上地板梁等，用量可达10%左右；用到机翼级部件，用量可达25%。目前，大型客机为了在安全性、经济性、舒适性和环保性上达到要求，必须采用大量先进复合材料。

图1.49所示是我国生产的C919大型客机。C是China的首字母，也是中国商飞英文缩写COMAC的首字母，前一个9取"天长地久"之意，后面的19代表该客机的最大载客量为190人。目前，C919飞机的后机身后段、平尾、垂尾、升降舵、方向舵、襟翼、副翼、小翼和扰流板等部位均使用了碳纤维复合材料，使飞机的质量减小，此外，由于应用了大量的复合材料，相较于国外同类型飞机80 dB的机舱噪声，C919机舱内噪声可望降到60 dB以下。除了在材料方面大量采用复合材料，也采用了很多新的技术。比如，超临界机翼可以提高机翼的临界马赫数；驾驶舱采用两块玻璃，驾驶员视野更广，同时减少飞机头部的气动阻力等。图1.50所示为C919要达到的各项性能指标。

图1.49　C919大型客机

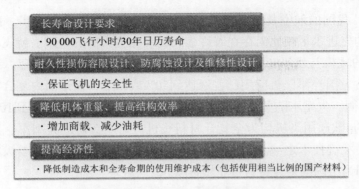

长寿命设计要求
· 90 000飞行小时/30年日历寿命

耐久性损伤容限设计、防腐蚀设计及维修性设计
· 保证飞机的安全性

降低机体重量、提高结构效率
· 增加商载、减少油耗

提高经济性
· 降低制造成本和全寿命期的使用维护成本（包括使用相当比例的国产材料）

图1.50　C919大型客机性能指标

对于大飞机，其复合材料的用量是有要求的。首先是复合材料计划用量在10%～25%。大型客机复合材料用到尾翼级，加上地板梁等，用量可达10%左右；用到机翼级部件，用量可达25%。应用部位由次承力结构发展到主承力结构，如机翼、尾翼、后压力框和机身尾段等。大型客机C919复合材料结构占机体结构质量的百分比从目前空客A320的15%扩大到25%。在目前空客A320的基础上增加碳纤维增强复合材料应用部位，包括后部气密球面框、中央翼、外翼盒段和客舱地板横梁等。通过扩大复合材料用量，大型客机C919可比目前空客A320质量减轻2.5%～3%。

图1.51所示为C929大飞机概念图。继C919研制成功后，中国与俄罗斯合作成立中俄国际商用飞机有限责任公司，计划研制中国首款大型客机C929。我们习惯把C919称为"国产大飞机"，但C919还只是单通道飞机，在如今飞机越造越大，尤其是A380那样的巨无霸问世后，严格意义上，一般双通道、载客300人左右的飞机才被称为"大客机"。C929将是真正意义上的"大客机"。C929中俄远程宽体客机采用双通道客舱布局，基本航程为12 000 km，座级280座。C929还将采用更为先进的气动设计、大量应用复合材料、装配新一代大涵道比涡扇发动机等提高飞机综合性能指标。从目前透露的数据信息和展出的模型看，C929对标的机型应该是波音787飞机。大型客机C929初步计划复合材料结构占机体结构质量的百分比从C919的12%提高到50%以上。C929中主要使用的是碳纤维树脂基复合材料。

图1.51　C929大型客机概念图

　　40多年来，我国的航空复合材料产业取得了相当大的成果和进步，应予以充分肯定，但与国外的先进水平相比尚存在着许多问题和相当大的的差距。就飞机结构应用而言，我们应用的规模与水平、设计的方法与观念、材料的基础和配套、制造的工艺和设备均严重落后。国外军民机应用已普遍达到50%或以上，但是国内复合材料用量只在10%~20%间徘徊。大型水陆两栖飞机"蛟龙600"复合材料用量则不到10%；珠海通用飞机公司引进的4款通用飞机均为全复合材料飞机。对于在研的大型军、民飞机，复合材料的应用是最关键技术之一。国内复合材料发展任重而道远，还需要大家继续努力，奋发图强，一同为祖国的复合材料事业做贡献。

第2章　铝合金及其在航空领域中的应用

随着我国国民经济的快速持续发展，铝及铝合金得到了极为广泛的应用。伴随着航空业的快速发展，以及国产大飞机项目的积极推进，航空级铝合金的需求也日益旺盛。航空航天领域由此成为铝合金材料尤其是高端铝压延材的重要应用市场。因此，深入了解铝合金成分、热处理工艺等对合金的组织和性能的影响，正确选用合金材料以及研发新型铝合金，对今后制造高、精、尖的航空级铝合金制件都具有十分重要的意义。

2.1　铝合金概述

2.1.1　铝合金的分类及合金化原理

纯铝比较软，富有延展性，易于塑造成型。通过在纯铝中添加各种合金元素，可以制出满足各种性能、功能和用途需求的铝合金。如图2.1所示，根据铝合金中加入合金的成分和含量，可将铝合金分为变形铝合金和铸造铝合金。而变形铝合金又可以分为可热处理强化型合金材料和非热处理强化型合金材料两大类。在变形铝合金中，合金元素含量比较低，一般不超过极限溶解度D点成分。当温度加热至固溶线DF以上得到均匀的单相α固溶体，适于进行锻造、轧制等。在铸造铝合金中，成分在D点以右，存在共晶组织，流动性好，适宜铸造。铸造铝合金与变形铝合金的主要差别

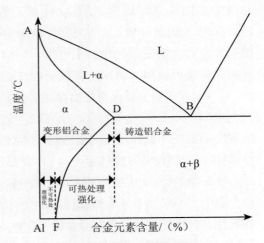

图2.1　铝合金分类示意图

在于，铸造铝合金中合金化元素硅的最大含量超过多数变形铝合金中的硅含量，一般都超过极限溶解度D点。铸造铝合金除了含有强化元素之外，还必须含有足够的共晶型元素，以使合金有相当的流动性，易于填充铸造时铸件的收缩缝。所谓不可热处理强化的铝合金，即合金元素溶解度小于F点的合金，固溶体成分不随温度而变化，它们不能通过热处理方法进行强化。而可热处理强化的铝合金，其合金元素溶解度成分在F～D之

间，固溶体成分随温度变化，可通过热处理方法强化。

纯铝虽然具有良好的导电导热性、耐蚀性和塑性加工性能，但是仍然不能满足大多数场合的需求。为此，人们会在纯铝中添加各种合金元素来改善其组织和性能，以生产出满足各种用途的铝合金。

（1）镁（Mg）元素对铝合金的影响。Mg是铝合金中重要的合金元素之一，它在铝中的最大固溶度（质量分数）为17.4%，变形铝合金的Mg含量（质量分数）为2%～9%。通常情况下，Mg在铝合金中的溶解度随温度下降而迅速减小，在大部分工业用变形铝合金中，Mg含量（质量分数）小于6%，而Si含量也较低，这类铝合金是不能热处理强化的，但是其焊接性良好，抗蚀性也好，并有中等强度。镁与铝、铜、锌、硅等可形成Mg_5Al_8、S（Al_2CuMg）和T（$Al_2Mg_2Zn_3$）、η（$MgZn_2$）、Mg_2Si等时效强化相。镁对铝合金的强化是明显的，每增加1%（质量分数）镁，抗拉强度大约升高34 MPa。

（2）锌（Zn）元素对铝合金的影响。Zn也是铝合金中重要的合金元素之一。当Zn单独加入铝中时，变形条件下对合金强度的提高十分有限，同时存在应力腐蚀开裂倾向，因而限制了它的应用。但是，调整Zn和Mg的质量比例，可提高抗拉强度和增大应力腐蚀开裂抗力。因此在超硬铝合金中，Zn和Mg的质量比控制在2.7左右时，应力腐蚀开裂抗力最大。如果在Al-Zn-Mg基础上加入其他元素，例如Cu元素，形成Al-Zn-Mg-Cu合金，其强化效果在所有铝合金中最大，也是航天、航空工业、电力工业上的重要铝合金材料。锌可与铝、镁等形成$MgZn_2$、$Al_2Mg_2Zn_3$等沉淀强化相。

（3）铜（Cu）元素对铝合金的影响。Cu也是重要合金元素，具有一定的固溶强化效果。此外，时效析出的$CuAl_2$相，有着明显的时效强化效果。Al-Cu系合金含铜2%～10%（质量分数），其中含铜4%～6%（质量分数）时强化效果最佳，所以大部分硬铝合金的含铜量都处于这个范围。铝铜合金中可以含有少量的硅、镁、锰、铁、镍等元素，从而形成Al-Cu-Mg+其他、Al-Cu-Mn+其他、Al-Cu-Ni+其他等铝合金系。

（4）硅（Si）元素对铝合金的影响。Si元素是电解铝中的主要杂质。然而，作为铝合金中的最重要的合金元素，Si在固溶体中的最大溶解度（质量分数）为1.65%，尽管溶解度随温度降低而减小，但是这类铝合金一般不能进行热处理强化。Al-Si系合金铸造性最佳。Si与Mg可形成Mg_2Si相，有中等时效强化效果，并伴有停放效应。

（5）钪（Sc）元素对铝合金的影响。Sc作为一种过渡族元素以及稀土元素加到铝及铝合金中，不仅能够显著细化铸态合金的晶粒，提高再结晶温度，从而提高铝合金的强度和韧性，而且能显著改善铝合金的可焊性、耐热性、抗蚀性和热稳定性，同时还具有抗中子辐照损伤的作用。因此，铝钪合金被认为是新一代航天航空、舰船、兵器用高性能铝合金结构材料。然而，由于其含量非常少，在地壳中仅有0.000 5%，所以价格非常昂贵。

（6）锂（Li）元素对铝合金的影响。Li是密度最小的金属元素，其密度仅为铝的1/5。因此，在铝合金中加入锂，将显著降低合金的密度。另外，铝-锂合金在淬火和时效时可析出大量的亚稳定相，使合金强度升高。一般认为，铝中每加入1%（质量分数）Li，弹性模量提高6%，密度降低3%。Al-Li合金是铝合金中密度最低和刚度最高的合金系。另外，由于Al-Li合金的质量轻、弹性模量高，比强度、比刚度均高于传统铝合金，因而备受航空、航天、国防工业的青睐。

（7）镍（Ni）元素对铝合金的影响。Ni也是铝合金的合金元素之一，一般与Fe按1：1加入，可形成耐热性好的Al_9FeNi相，降低合金热膨胀系数，提高纯铝的强度，降低塑性，促进点腐蚀。

（8）钛（Ti）元素对铝合金的影响。Ti是铝合金中常用的添加元素，也是最重要的铸造细化剂，一般与硼同用，形成TiB_2相。加入焊条合金，可改善焊缝组织和防止裂纹。

（9）锆（Zr）元素对铝合金的影响。Zr也是铝合金的常用添加剂，一般在铝合金中的加入量为0.1%～0.3%。锆元素也能细化铸态晶粒，减少铸造和焊接裂纹的倾向性，提高铸锭和焊接接头的塑性。锆与铝形成$ZrAl_3$化合物，可阻碍再结晶过程，细化再结晶晶粒，但是效果不如钛元素。

（10）铁（Fe）元素对铝合金的影响。Fe是电解铝的第一位杂质，一般应严格限制铁含量，通常含铁的粗大针状化合物对合金性能有害。另外，Fe是耐热铝合金的元素之一。例如Al–Cu–Mg–Ni–Fe锻造合金，因具有耐热性好、热状态下塑性高、高温下强度高、持久强度和蠕变抗力时间长等优点，而被广泛用于航空发动机及其他高温下工作的零件，是目前世界各国超声速飞机都使用的耐热铝合金材料。

（11）银（Ag）元素对铝合金的影响。Ag在铝中的固溶度（质量分数）为55%。微量银可改善Al–Zn–Mg、Al–Cu、Al–Cu–Li合金的性能。

（12）锰（Mn）元素对铝合金的影响。Mn是常见杂质元素之一，能够降低电导率。Mn也作为合金元素，Al–Mn+其他系合金具有良好的抗蚀性。细小弥散的含锰金属间化合物可阻碍再结晶和晶粒长大，可使含铁针状化合物稍圆，而铸造时形成的含锰粗大化合物有损合金性能。

（13）锡（Sn）元素对铝合金的影响。Sn是铝基轴承合金的主加元素，形成Al–Sn系合金。微量Sn可提高Al–Cu系合金的强度和抗腐蚀性，改善Al–Cu、Al–Zn系铸造合金的切削性，降低纯铝抗蚀性，增大高Mg量的铝合金的热裂倾向。

2.1.2　铝合金的热处理

铝合金的热处理是指按某一热处理规范，控制加热温度、保温时间和冷却速度，改变合金的组织。其主要目的是提高铝合金的力学性能、增强耐腐蚀性能、改善合金的加工性能，以及获得尺寸的稳定性。铝合金的热处理工艺可以分为退火处理、固溶与时效强化处理。

1.退火处理

将铝合金件加热到较高的温度，保温一定的时间后随炉冷却到室温的工艺称为退火。在退火过程中固溶体发生分解，第二相质点发生聚集，可以达到消除铝合金的内应力、增大工件塑性的目的。在工业生产中铝合金工件常采用的退火类型有再结晶退火、低温退火和均匀化退火。

（1）再结晶退火是指将锻件加热到再结晶温度以上，保温一段时间，随后在空气中冷却下来的工艺，再结晶是一个形核长大的过程。该工序常安排在锻件冷精压工序之前或者冷锻工序之间，故又称为中间退火。目的是消除加工硬化，以利于继续冷加工变形。

（2）低温退火是为了消除内应力，适当增加塑性，通常在180～300℃保温后空冷。

（3）均匀化退火是为了消除铸锭或铸件的成分偏析及内应力，提高塑性，通常高温长时间保温后空冷。

2.固溶与时效强化处理

热处理可强化的合金一般含有较多能固溶于铝中的合金元素，如铜、镁、锌及硅等，它们的含量超过室温及在中等温度下的平衡固溶度极限，甚至可超过共晶温度的最大溶解度。图2.2所示为铝合金典型的二元相图。成分为C_0的合金，室温平衡组织为$\alpha+\beta$。α为基体固溶体，β为第二相。合金加热至T_1时，β相将溶入基体而得到单项的α固溶体。图中若温度降低至T_0以下，固溶体成为过饱和状态，超过平衡溶入量的溶质就以β相的形式析出，这种现象称为脱溶或沉淀。过饱和度增加，脱溶驱动力也增大。若成分为C_0的合金自T_1温度以足够大的速度冷却，溶质原子的

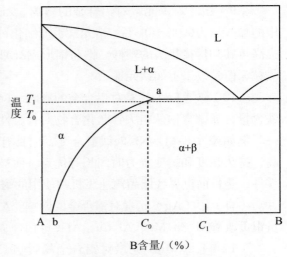

图2.2　铝合金典型二元相图

扩散和重新分配来不及进行，β相就不可能形核和长大，固溶体就不可能沉淀出β相，合金的室温组织即为C_0成分的α单相过饱和固溶体，这种处理就称为淬火。

固溶处理是将铝合金加热到固溶线以上保温后快冷，使第二相来不及析出，得到过饱和、不稳定的单一α固溶体。固溶处理可以提高铝合金工件的强度和塑性，改善合金的耐蚀性能。图中成分为C_1的合金，在低于共晶温度下的任何温度都含有β相。加热至T_1，合金的组织为过饱和α固溶体加β相。若自T_1淬火，α固溶体中过剩，β相来不及沉淀，合金室温的组织仍与高温时的相同，只是固溶体成为过饱和的了。

淬火获得的过饱和固溶体有自发分解（即脱溶）的倾向。脱溶是固溶处理的逆过程，析出物又称第二相。在脱溶过程中，合金的力学、物理及化学性能等都随之发生变化，这种现象称为时效。大多数铝合金在室温下就可发生脱溶过程，这种现象称为自然时效。自然时效可在淬火后立即开始，也可经过一定的孕育期才开始。不同合金自然时效的速度有很大区别，有的合金仅需数天，而有的合金则需数月甚至数年才能趋近于稳定态。若将淬火得到的基体为过饱和固溶体的合金在高于室温的温度下加热，则脱溶过程可能加速，这种操作称为人工时效。

3.铝–铜合金中的脱溶

以Al–Cu系合金为例介绍铝合金的实际脱溶过程。

（1）形成铜原子的富集区。该富集区也称为G.P.区，其晶体结构与基体α相同，但

产生了共格应变区，其强度和硬度均有所升高。G.P.区呈盘状，仅几个原子层厚，室温下直径约为5 nm，超过200℃就不再出现G.P.区。

（2）铜原子富集区会有序化。此时，G.P.区急剧长大，G.P.区铜原子有序化，形成θ″相。θ″相与基体仍然保持完全共格，具有正方点阵。它比G.P.区周围的畸变更大。因此，时效强化作用更大。

（3）形成过渡相θ′。θ″相转变成过渡相θ′，θ′是正方点阵，成分接近$CuAl_2$。此时点阵结构由完全共格转变为局部共格。其强度、硬度开始降低，合金此时处于过时效阶段。

（4）形成稳定的θ相。过渡相θ′完全脱溶，形成稳定相$CuAl_2$/θ与基体非共格，合金的强度、硬度进一步下降。整个脱溶过程可以写成以下步骤：

$$\alpha_0 \rightarrow \alpha_1 + G.P.区 \rightarrow \alpha_2 + \theta'' \rightarrow \alpha_3 + \theta' \rightarrow \alpha_4 + \theta$$

其中α_0是原始的过饱和固溶体，α_1是和G.P.区平衡的基体成分，α_2是和θ″相平衡的成分，平衡相为$CuAl_2$。以适当的固溶和时效处理，可以使具有脱溶过渡相的合金的力学性能得到很大改善，这就是人们对这类合金感兴趣的原因。

扫描二维码，观看视频讲解"Al-Cu系合金实际脱溶过程"

图2.3所示为Al-Cu合金在130℃时效后的硬度和时间关系曲线，这些合金在相图的α单项区固溶处理，淬火到室温并在130℃时效，曲线显示了G.P.区，θ″相，θ′相在显微组织中出现的时间范围。在刚淬火后，位错运动的主要阻力来自固溶强化，在这一阶段试样易于变形，硬度偏低。随着G.P.区的形成，由于位错运动通过共格区域时需要额外的应力，合金的硬度提高了。随着共格θ″脱溶物的形成硬度将继续提高，因为位错也被迫穿过高应变的基体区域。最后随着θ′形成，脱溶物间距变大，以致位错有可能在脱溶物之间弓弯，于是硬度开始降低，此时为过时效阶段。

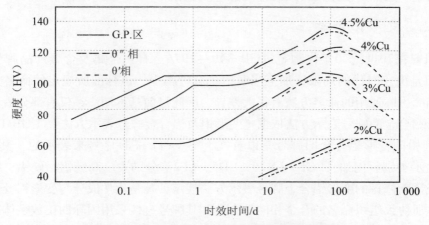

图2.3　Al-Cu合金在130℃时效后的硬度和时间关系

图2.4所示为时效工艺概况流程图，该图中的人工时效过程与上述步骤一一对应：G.P.区刚刚形成的时候为欠时效阶段，其硬度偏低，塑性高；θ″脱溶物的形成为峰值时

效阶段，此时强度和硬度达到峰值；最后θ′形成时为过时效阶段，此时强度和硬度有所下降，但抗蚀性良好。工业上还常用的另一种时效方式为分级时效，是指在合金固溶化处理之后，首先在某一温度保温一定时间后再升温（或降温）至另一温度进行人工时效的一种复合工艺。

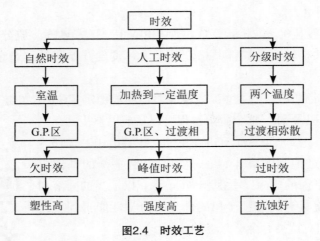

图2.4 时效工艺

4.能够进行淬火和时效处理的铝合金

能够进行淬火和时效处理的铝合金主要有以下几个合金系列：

（1）Al–Cu–Mg系硬铝合金，如2A11、2A12、2A06等；

（2）Al–Mg–Si系和Al–Mg–Si–Cu铝合金，如6A02、2A50、2A14等；

（3）Al–Zn–Mg–Cu系超硬铝合金，如7A04、7A09等；

（4）Al–Cu–Mg–Fe–Ni系耐热锻铝合金，如2A70、2A80、2A90等。

在这几个合金系列中，只有Al–Cu–Mg系硬铝合金在淬火及自然时效状态下使用，其他系合金一般都是在淬火及人工时效状态下使用。

2.1.3 变形铝合金

我国曾在20世纪70年代制定过GB 340—1976《有色金属及合金产品牌号表示方法》，但是由于时代的局限，加上当时铝合金种类少，该标准所规定的命名方法不科学，与当今国际通用的命名方法有很大差异，因此目前基本淘汰，仅有部分沿用。目前常用变形铝合金的牌号表示方法依据《变形铝及铝合金牌号表示方法》（GB/T 16474—1996）。中国变形铝合金旧牌号是以英文大写字母L+□+序号来表示的，其中L表示铝，□表示类别。例如，LG5、LY20、LD5、LF2等分别表示高纯铝、硬铝、锻铝和防锈铝。我国新修订的变形铝合金牌号表示方法规定，凡是化学成分与变形铝及铝合金国际牌号注册协议组织命名的合金相同的合金，其牌号直接采用国际四位数字体系牌号，未与国际四位数字体系牌号的变形铝合金接轨的，采用四位字符牌号命名，并按要求注册化学成分。四位字符体系牌号的第一、三、四位为阿拉伯数字，第二位为英文大写字母（C、I、L、N、O、P、Q、Z字母除外），如1A99、5A30、6B02、7A09等。铝合金的国际四位数牌号与汉语拼音牌号的对比见表2.1。

表2.1　铝合金的国际四位数牌号与汉语拼音牌号对比

四位数牌号	合金系	对应汉语拼音牌号
1×××系	纯铝	LG×、L×、LT××
2×××系	Al–Cu+其他	LY××、LD××
3×××系	Al–Mn+其他	LF××
4×××系	Al–Si+其他	LQ××、LT××
5×××系	Al–Mg+其他	LF××
6×××系	Al–Mg–Si+其他	LD××
7×××系	Al–Zn+其他	LC××
8×××系	Al+其他（如Li、Sn）	
9×××系	备用	

1.防锈铝合金

防锈铝合金是指在大气、水和油等介质中具有良好抗腐蚀性能的可压力加工的铝合金。在表2.1中，防锈铝合金对应四位字符牌号中的3×××系和5×××系，分别为铝锰合金和铝镁合金。Al–Mn系合金主要含锰、镁等合金元素，锰比纯铝具有更高的耐腐蚀性能和强度，并具有良好的可焊性和塑性。Al–Mg系合金由于镁的作用，密度比纯铝小，强度比Al–Mn合金高，并具有相当好的耐腐蚀性。因此，Mn和Mg的主要作用是提高抗蚀能力和塑性，并起固溶强化作用。防锈铝合金的时效硬度效果极弱，只能用冷变形硬化，但会使塑性显著下降。根据合金中所含的金属元素的种类和含量的不同，会有不同的性能。在通常情况下，防锈铝合金锻造退火后组织为单相固溶体。

常用的Al–Mn、Al–Mg系合金，用于制造油罐、油箱、管道、铆钉、飞机蒙皮骨架及承受中等载荷的零件。图2.5所示为防锈铝合金油罐车和防锈铝合金飞机蒙皮铆钉。

（a）　　　　　　　　　　　　　　　（b）

图2.5　防锈铝合金制品

（a）防锈铝合金油罐车；（b）防锈铝合金飞机蒙皮铆钉

2.硬铝合金

硬铝合金属热处理可强化铝合金，为Al–Cu–Mg系合金，并含少量Mn，牌号为2A××。其强化相为金属间化合物θ（$CuAl_2$）、S（$CuMgAl_2$），S相的强化效果最好。这里简单介绍硬铝合金的热处理特点。2A02、2A10、2A12铝合金的正常淬火温度和过烧温度见表2.2。在热处理过程中，要严格控制淬火温度，防止发生过烧。转移时间尽量短，应小于30 s，航空件应小于15 s。冷却速度要快，通常采用热水进行淬火，淬火后采用自然时效处理。

表2.2　硬铝合金热处理温度

牌　号	正常淬火温度/℃	过烧温度/℃
2A02	495～505	510～515
2A10	510～520	540
2A12	495～500	507

硬铝合金具有相对密度小、质量轻及强度高等优点，在航空及航天等领域应用非常广泛。常用硬铝合金LY11（2A11）、LY12（2A12）等，用于制造飞机螺旋桨、梁、铆钉等。图2.6所示为硬铝合金材质的飞机螺旋桨。

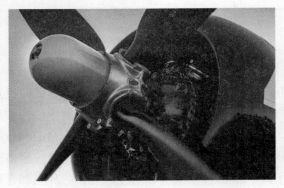

图2.6　硬铝合金材质的飞机螺旋桨

3.超硬铝合金

超硬铝合金指的是具有超高强度的Al–Zn–Cu–Mg系合金，是现有铝合金中强度最高的，故又有"超高强铝合金"之称，对应牌号以"7A+顺序号"表示。这类合金可热处理强化，固溶强化温度范围（460～475 ℃）比较宽，强度（600 MPa）很高，热处理强化效果明显，在人工时效状态下使用。合金在热状态和退火状态下，塑性加工性能良好，其强化相为$MgZn_2$和$Al_2Mg_3Zn_3$。常用的超硬铝合金有7A03、7A04等，可用于工作温度较低、受力较大的结构件，如飞机大梁、起落架、框架桁条、接头、蒙皮和高强度的受压件等。图2.7所示为飞机起落架结构。

图2.7　飞机起落架

4.锻铝合金

锻铝合金包括铝镁硅铜系和铝镁硅系变形铝合金，主要用作形状复杂的锻件，牌号用6A××或2A××表示。铜可以改善热加工性能，并形成强化相$Cu_4Mg_5Si_4Al$。锻铝合金大都在淬火、人工时效状态下使用。在淬火后应立即进行人工时效，否则强化效果降低。锻铝合金高温强度低，热塑性好，可锻造加工成型状复杂的锻件和模锻件，也可轧制成板材或其他型材。常用的锻铝合金有6A02、2A14等，主要用作航空仪表中形状复杂、强度要求高的锻件。

2.1.4　铸造铝合金

铸造铝合金即采用铸造工艺成型的一类铝合金，具有熔点低、流动性良好、传热快、化学性稳定、铸件表面缺陷少等特点。在铝合金中，铸造铝合金的应用最早，其发展已有一百多年的历史。在现代工业中，铸造铝合金广泛应用于航空航天、汽车制造及机械工业的各个领域。用铸造铝合金成型的铸件质量可以从几克到几百千克，尺寸由几厘米到几米；先进的铸造工艺可以成型非常复杂的几何形状，并能实现无余量精密成型，获得性能优异的铸造产品。

铸造铝合金的汉语拼音牌号表示为ZL□□□。其中第一位数字是合金系别：1是Al–Si系合金；2是Al–Cu系合金；3是Al–Mg系合金；4是Al–Zn系合金。第二、三位数字是合金的顺序号，例如ZL104、ZL117、ZL305、ZL401等。

1.Al–Si系铸造铝合金

Al–Si系铸造铝合金统称为铝硅明，Si是主要合金化元素，可以改善合金的流动性，降低热裂倾向，减少疏松和提高气密性，一般Si含量（质量分数）为4%～22%，其中ZL102（ZAlSi12）是含12%Si（质量分数）的铝硅二元合金，称为简单铝硅明。Al–Si合金具有良好的力学性能、物理性能、耐蚀性能等。图2.8所示为铝硅二元相图，共晶温度为577℃，共晶点的硅含量为12.7%，α相是硅溶于铝

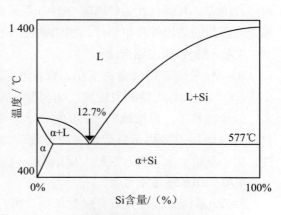

图2.8　铝硅二元相图

形成的固溶体，在共晶温度时硅的溶解度最大，可达到1.65%，而在室温时只有0.05%。由该二元相图可知，按铝合金中Si含量的多少，此类合金可以分为共晶铝硅合金（例如ZL102、ZL108和ZL109）、过共晶铝硅合金（例如ZL117和YL117）以及亚共晶铝硅合金（例如ZL114和ZL115等）。图2.9所示为ZL102铸态组织，在普通条件下，ZL102组织几乎全部为共晶体，由粗针状的硅和α固溶体组成，强度和塑性都较差。生产上通常采用钠盐变质剂进行变质处理，得到细小均匀的共晶体加一次α固溶体组

扫描二维码，观看视频讲解"Al–Si系铸造铝合金"

织，以提高性能。Al-Si系铸造铝合金主要用以制造致密度要求不高、形状复杂的铸件，如飞机、仪表、电动机壳体、汽缸体、风机叶片和发动机活塞等。

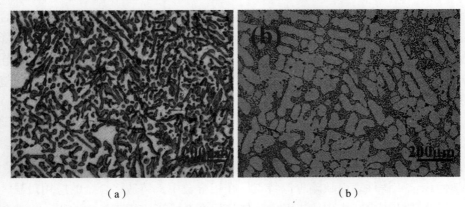

（a）　　　　　　　　　　　　　（b）

图2.9　ZL102铸态组织

（a）未变质处理的组织；（b）经过变质处理的组织

2.Al-Cu系铸造铝合金

Al-Cu系合金是铸造铝合金中强度最高的一类，除ZL207合金外，均为可热处理强化合金。Cu是该类合金的主要合金化元素，加入其他合金元素可使室温力学性能和高温力学性能大幅提高。Al-Cu系铸造铝合金耐热性好，强度较高，但密度大，铸造性能、耐蚀性能差，其强化相为$CuAl_2$。Al-Cu系铸造铝合金在航空产品中应用较广，主要用作承受大载荷的结构件和耐热件，例如燃机汽缸头、汽车活塞、航空发动机壳体等。

3.Al-Mg系铸造铝合金

Al-Mg系铸造铝合金密度小，强度和韧性较高，熔点低，热强度较低，工作温度小于200℃，具有优良的耐蚀性、切削性和抛光性，但是铸造性较差，结晶温度范围较宽，故流动性差，形成疏松结构的倾向大。Al-Mg系铸造铝合金不可热处理强化，但有自然时效倾向，多用于制造承受冲击载荷、在腐蚀性介质中工作的外形不太复杂的零件，例如制造水上飞机及舰艇上层结构。

4.Al-Zn系铸造铝合金

Al-Zn系铸造铝合金具有强度较高、可自然时效强化、价格低廉等特点，但是其密度大、耐蚀性差。Al-Zn系铸造铝合金应用广泛，常用牌号为ZL401、ZL402等，可用于航天火箭焊接氧化剂槽、超声速飞机蒙皮与结构零件、喷气发动机叶轮等。

2.2　铝合金发展概况

2.2.1　铝合金国内外的发展状况

1.国外铝合金的发展状况

众所周知，1903年12月17日莱特兄弟成功制造了世界上第一架飞机"飞行者一号"，其发动机曲柄箱体就采用了Al–Cu–Mn系铸造铝合金。1906年，在Al–Cu–Mn系合金中发现时效硬化现象，使铝合金作为飞机主体结构材料成为可能。此后，铝合金作为飞机机体的主要结构材料登上历史舞台。在第二次世界大战（以下简称"二战"）时期，应用较为广泛的美国沃特飞机开始采用铝合金作为蒙皮和其他零件。到了20世纪80年代初，F–22战机采用当时最先进的2124和7050高纯铝合金，用作机体内部的框架、加强肋、腹板、接头件以及蒙皮等结构。20世纪90年代以来，航空用铝合金的发展有了重大突破，研制成功了以7150、2524和7055为代表的新一代高性能铝合金，满足新型大飞机低成本、多用途的设计选材要求。1995年开始研制、2000年首飞的F–35战机采用这几种铝合金，总用量在30%以上。随着铝合金的发展，人们对航空铝合金的关注点也在不断地变化，起先是注重强度和断裂韧性的协同提高，然后关注点转到强度和耐腐蚀性能，以及高韧性和高损伤容限。目前，为了满足大飞机和超声速飞机等先进飞行器的发展，开始以具有超强淬透性、调控弥散相和较好的过饱和固溶体稳定性的先进铝合金为研发对象。

航空铝合金的发展既受飞机性能改进的需求牵引，也受材料自身技术发展的推动。国外铝合金的发展在飞机对结构材料的需求的牵引下，大致划分为下述5个阶段。

（1）第一阶段为静强度需求阶段（1906年至20世纪50年代末期）。沉淀硬化技术的发明催生了第一代静强度铝合金，典型铝合金为2024–T3、7075–T6和7178–T6。在航空工业初期，飞机设计对机体材料的要求只是高的静强度，目的在于减小结构质量，提高载重量和航程。在此期间，研制和开发了2014、2017、2024–T3合金。二战期间，为获得更高的机体材料强度，研制了高强Al–Zn–Mg–Cu系合金7075–T6，随后又研制了更高强度的7178–T6合金。这些合金在20世纪60年代以前广泛应用于民用及军用飞机上。

（2）第二阶段是抗腐蚀性能的需求阶段（20世纪60年代）。时效制度的发明产生了第二代耐蚀铝合金，典型铝合金为7075–T73、7075–T76，它解决了短横向应力腐蚀开裂的问题。由于飞机上开始使用厚大截面的结构，出现了机体结构的应力腐蚀问题，对机体材料的需求除满足静强度外，还需满足抗腐蚀性能。2024–T3、7075–T6合金在短横向都有应力腐蚀开裂倾向。7×××系铝合金的应力腐蚀问题由于7075–T73的研制成功而得到解决，但同时牺牲了约15%的静强度，随后又研制了满足抗腐蚀性能要求的7075–T76合金。20世纪60年代，7075–T73、7075–T76合金在飞机上获得广泛应用。

（3）第三阶段是综合性能需求阶段（20世纪60年代末至70年代末）。纯净化技术进步带动了第三代高纯的高强高韧铝合金发展，典型铝合金为7475、7050、2124、2224、2324等，解决了耐蚀性和韧性问题。

考虑到飞机失效、安全设计，人们对材料提出了高断裂韧度的要求，在这种需求牵引下，美国首先研制了7475合金。为进一步满足厚大截面结构强度和应力腐蚀性能的要求，Alcoa（美国铝业）公司研制了7050–T74合金。20世纪70年代后期，飞机设计提出了机体结构材料在具有高强度的同时应具有高的断裂韧度和优良的抗疲劳性能。Alcoa联合Boeing（波音）公司研制了7050改型合金7250–T6。随后，为满足腐蚀性能要求，又研制了7150–T61。2×××系铝合金方面，Alcoa研制了高强2324–T39厚板以及

2224–T3511挤压件，产品在拉伸后做小量的校直，以便符合标准的公差，从而获得高断裂韧度且强度不低于2024–T3。在此期间，俄罗斯也先后研制成功了一系列高纯铝合金，并在军用飞机上广泛应用。

（4）第四阶段为减重和可靠性的高需求阶段（20世纪80年代初至90年代初）。多级时效热处理技术带动了第四代超强高韧耐蚀铝合金的发展，典型铝合金为7150–T77、7055–T77、2524–T3。通过降低Fe、Si等杂质的含量，添加微合金化元素调控多相组织，在不牺牲合金强度的同时具有满足要求的断裂韧性、抗疲劳、抗腐蚀和耐损伤性能。同时通过降低Li含量，设计新的Al–Li合金体系，发展了2099、2199、2196、2098、2198、2097、2197等第三代高韧性Al–Li合金。

为了缓解能源危机及提高军机战斗力，对飞机设计提出了更为苛刻的减重要求，另外，钛合金、树脂基复合材料逐渐兴起，铝合金面临极大的挑战，这些都大大激发了非传统铝合金的研制及传统铝合金的潜力挖掘工作。非传统铝合金材料主要包括铝锂合金、快速凝固耐热铝合金及铝基复合材料等，这些材料目前离大规模应用还有一定距离。在传统铝合金方面，为满足飞机减重需求，主要从提高合金比强度方面出发。Alcoa首先研制成功了7150合金的T77热处理状态，该状态第一次在铝合金中实现了在满足腐蚀性能的同时不牺牲合金强度的目标。随后Alcoa又研制成功了超高强度的7055–T77合金及具有优良疲劳性能的2524–T3合金。这些高性能铝合金的出现极大地推动了航空铝合金的应用与发展，许多人们原来预测使用复合材料和钛合金的部位结果仍选用了高性能铝合金，这在B777、C–17、F–35等飞机上得到体现。

（5）第五阶段是降低制造成本的需求阶段（20世纪90年代至今）。整体结构成型技术推动了新一代高淬透性与可焊铝合金的发展，通过调整主合金元素比例，优化微合金元素，发展了高淬透性、超强、高韧、耐蚀7085合金，用于厚截面整体结构件制造。

由于制造成本占飞机机体结构成本的95%左右，因而降低制造成本成为机体材料研制的主要目标。基于这些发展，Alcoa公司提出"20–20计划"，即通过发展整体或可焊接结构及相关低密度可焊铝合金材料与成型技术，实现同时降低质量和成本20%。为了达到"20–20目标"，西方国家开展的主要工作有：以整体机加工件代替锻件或多零件装配而成的结构部件；开展机翼的高温时效成型和高强铝合金的快速超塑性成型研究；开展可焊接铝合金和铝合金焊接技术的研究；用优质铸件制造复杂构件以减轻结构质量和降低制造成本；开展低成本、高性能铝锂合金研究以及铝基复合材料研究等。

20世纪20年代至今欧美铝合金发展及应用情况见表2.3。2×××系列和7×××系列铝合金得到了快速发展，并且由早期的军用到如今在军用和民用领域都有广泛的应用。可以看出，在20世纪60年代以前，主要有2024、7075、7178等铝合金应用在军机上。20世纪70年代后期新型铝合金得到了迅速发展：在2024的基础上又成功研制出2124、2224、2524等新型铝合金；7150、7050等新型铝合金也得到了广泛的应用。也正是从这一阶段开始，大飞机不断涌现，例如波音B757、B777，空客A350、A380等，这是"一代材料，一代飞机"的真实写照。

表2.3　欧美铝合金发展及应用情况

发展年代		2×××系合金	7×××系合金	应用情况	
				军机	民机
20世纪20年代		2017-T4	—	Junker F-13	—
20世纪30年代		2024-T3	—	DC-3，B-24	—
20世纪40年代		2024-T3	7075-T6 7178-T6	B-29	—
20世纪50年代		2024-T3	7075-T6 7178-T6 7079-T6	B-52，F100，F4	波音707
20世纪60年代		2024-T3	7075-T73 7075-T76	F-15	波音737，波音747
20世纪 70年代	前期	2024-T3	7475合金	F-16	—
	中期	2024-T3	7075-T74 7010-T74	A6，F/A18， 幻影2000	空客A300
	后期	2224-T3511 2124-T851 2324-T39	7150-T6 7150-T61	—	波音757
20世纪80年代		2024-T3 2124-T851 2224-T3511	7075-T74 7075-T76	F-22	—
20世纪90年代 至今		2524-T3	7150-T77 7050-T77	C-17，F-35， A400M	波音777，空客A340、 A350、A380

2.国内铝合金的发展状况

新中国成立前中国几乎没有航空工业，仅在上海龙华等地有小规模工厂，修理从美国购买的军机和民机。中国航空铝合金的研制是从 20 世纪50年代起步的，基本属于跟踪型。1980年以前主要跟踪苏联，从1980年起主要跟踪美国的研究，目前处于以自主研发为主的新阶段。因此，根据国外航空铝合金的发展状况，中国航空铝合金发展历程可分为下述四个阶段。

（1）第一阶段为静强度需求阶段（1950—1979年）。从1956年开始试制苏联主要的航空用铝合金，以2×××系的A16合金与7×××系的B95合金为主线，试制成功了2A12（相当于A16）及7A04（相当于B95）铝合金。我国的东北轻合金有限责任公司、中铝西北铝加工分公司、西南铝业有限责任公司等从1957年陆续开始向航空工业批量提供以这两种合金为代表的各种传统铝合金，它们于1980年以前在歼5、歼6、歼7等飞机上得到大量应用。

（2）第二阶段为高抗腐蚀性能合金的需求阶段（1980—1986年）。为向航空工业提供抗应力腐蚀开裂能力高的铝合金材料，研制成功了7A09-T6铝合金，其板材如图2.10所示。7A09-T6铝合金各项工艺性能与抗腐蚀性能均优于7A04铝合金，可加工成各种半成品。后又试制成功T73及T74状态的材料，用作战机的主承力结构，全面替代7A04-T6 铝合金，在歼7、歼 8系列飞机中得到广泛应用，目前在飞机上仍有较多的应用。在此阶段还试制成功抗腐蚀性能高的7A33铝合金，其强度与2A12铝合金相当，不但无晶间腐蚀倾向，而且有高的抗应力腐蚀开裂与抗剥落腐蚀能力，在中国生产的水上飞机与两栖飞机中替代2A12铝合金用作蒙皮结构件。

（3）第三阶段为全面跟踪美国先进铝合金研发阶段（1987—1997年）。为满足飞机设计改型和研制新飞机对机体铝材综合性能及多品种、多规格、多热处理状态的需求，中国全面启动了对7075–T73、7075–T76、2024–T3、2024–T6等一系列铝合金材料的研究。20世纪80年代中期同时兴起了跟踪欧美非传统铝合金材料的研究，主要对象为铝锂合金、快速凝固铝合金及铝基复合材料，不过这些材料目前仍处于完善提高、试生产与试用考核阶段，距批量生产与大规模应用还需要一些时日。

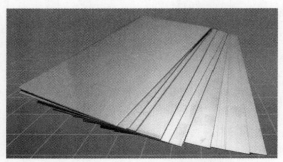

图2.10　铝合金7A09–T6板材

（4）第四阶段为自主研发阶段（1998年至今）。

2.2.2　国内铝合金的自主创新路径

随着铝合金材料在航空工业中的大量应用，以及航空器对结构件的要求越来越高，跟踪研究已跟不上新时代发展的步伐，自主创新铝合金材料迫在眉睫。目前，自主创新研究发展铝合金材料主要是围绕提高强度、刚度、耐热性、耐蚀性，延长使用期限，以及低成本制造成型技术等而展开的。

1.强度与刚度

针对提高强度、刚度方面，目前采取的主要措施包括：①提高合金化元素含量，但增加合金元素含量会给合金的熔炼、铸造、加工、成型等带来一系列困难，可能对合金的抗腐蚀性能、断裂韧度、疲劳性能等都有不利影响；②对合金进行微合金化，此举被认为是最可取的有效措施之一，如向Al–Mg系及Al–Zn–Mg–Cu系合金添加质量分数小于0.5%的Zr或Sc等元素，向Al–Li合金添加Zr、Sc、Zn、Ag等元素；③热处理，主要是开展多级、分步固溶、时效处理，在满足抗腐蚀性等要求前提下，尽量提高合金的强度性能；④采用新的制造技术，例如喷射沉积技术和粉末冶金法制备合金锭坯，后一工艺可以获得强度很高的合金，但是成本高，不易制备大构件；而喷射沉积法被认为是发展下一代高强铝合金较好的技术，能以相对低的制备成本生产大型锭坯，提高铝合金强度。

2.耐热性

随着民用客机飞行速度的提高，对铝合金结构件的耐热性提出了一定的要求。目前关于耐热性的研究主要集中在以下几方面：①向低合金化的2×××系合金添加少量的Fe和

Ni，如新近研发的 2650铝合金，可用于制造超声速飞机的蒙皮；②向传统 2×××合金添加微量特殊合金化元素，例如Ag，C415铝合金（科研人员在2519合金的基础上开发出来的Al–Cu–Mg–Ag系合金）是美国铝业公司研发的；③采用粉末冶金法、喷射沉积法制备耐热合金，此种方法有可能成为未来制备高温铝合金的主要工艺。

3.可靠性与长期服役性

为了使飞机有高的可靠性与尽可能长的使用期限，要求材料具有高的断裂韧度、抗疲劳强度与抗腐蚀性能，采取的主要措施有以下几种：①提高合金的纯净度；②严格控制合金成分，减少难熔相、过剩相数量；③改变现行热处理制度参数，开发新的热处理工艺；④多级时效提高铝合金抗腐蚀性能、强度、韧度、疲劳性能。除以上的方法外，还可以采用阳极氧化处理、涂漆、喷粉、贴膜等技术进行表面防护，提高铝合金的抗腐蚀性能。

4.减重

铝合金对飞机减重有两方面意义：一是减轻铝合金本身的绝对质量，二是提高铝合金的比强度。常用的减重措施包括：①提高合金的比强度，开发高强度合金，如美国的7075铝合金、苏联的B96铝合金，以及用喷射沉积法生产的一些高成分铝合金。②开发Al–Li合金，目前已研制成功一系列2×××系、5×××系、8×××系的Al–Li 合金，并在航空航天器制造中获得应用。中国天宫一号资源舱舱段的结构部分用Al–Li 合金材料代替传统材料，为舱段成功减重10%以上；C919大客机机身等直段部件采用的也是Al–Li合金。苏联研发的1420系列Al–Li合金的强度虽然不高，但是密度低，在制造承力件及非承力件方面获得广泛应用；采用粉末冶金法可制备密度很低的Al–Li合金，如Al905XL等。今后Al–Li合金的发展趋势是提高其比强度，降低生产成本，加强废料回收与利用。③采用蜂窝铝结构及泡沫铝构件，蜂窝铝结构在航空器制造中已获得成功应用，但铝箔制备的结构件生产成本较高，目前正在开发用泡沫铝取代蜂窝结构的研究工作。采用先进铝合金和铝–锂合金以及整体结构设计与先进成型技术是实现飞机结构减重的有效途径。

5.新型2×××和7×××铝合金的自主创新

2×××系铝合金主要分为2A11（LY11）、2A12（LY12）、2A16（LY16）、2A70（LD7）、2A14（LD10）等。该系铝合金中以2524合金为基础发展的新合金，通过微合金化、纯净化、形变热处理等，裂纹扩展速率比2524降低15%～20%，已完成蒙皮典型件制造与功能考核。以2519为基础发展的新合金，通过提高Cu含量、微合金化、强应变预变形热处理等，强度提高10%，抗应力腐蚀性能提高20%，耐热温度达到200℃。预期目标是使2×××高损伤容限铝合金强度达450 MPa，裂纹扩展速率有效降低。

7×××系铝合金主要包括7A04（LC4）、7A09（LC9）、7A10（LC10）等。以7055为基础发展的新合金，通过微合金化、高温预析出热处理调控组织性能。与7055相比，强度提高10%，抗剥落腐蚀级别提高。以7075为基础发展的新合金，通过降低Fe和Si含量及其比例、微合金化、双级均匀化、双级固溶热，强度和韧性达到7055的水平，目前已用于我国卫星、神舟飞船等领域。预期目标是使7×××超强铝合金强度由650 MPa提升到700 MPa，耐蚀性能提高。

2.2.3 国内外铝合金的性能比较

1.国内外铝合金的性能比较

我国自主生产的铝合金中，通过模仿跟踪国外先进水平的占多数，通过与跟踪目标的性能比较可以看出，我国跟踪生产的铝合金材料性能并不逊色于国外同类产品。我国具有第一代、第二代铝合金批量生产能力。

比较我国2A12（LY12）类铝合金的力学性能与美国2024类铝合金的相关参数，可知它们的抗拉强度、屈服强度和延伸率等力学性能都基本相当，见表2.4。我国生产的2024铝合金型材性能是满足美国材料与试验协会（ASTM）标准的。部分2024铝合金T81和T8511状态的性能参数见表2.5，这里T81状态的铝合金，是指固溶热处理后经过冷加工，然后进行人工时效的铝合金，而T8511铝合金是指经过上述处理后，又对产品进行了消除应力的处理。因此，经过去应力的处理，T8511状态的铝合金的力学性能得到了进一步的提高。同时我国生产的2024薄板性能也满足美国宇航材料标准（AMS）要求。部分2024铝合金薄板的性能参数见表2.6。表中T42和T62分别表示合金经过固溶热处理后，又分别经过自然时效和人工时效得到的稳定状态的铝合金。因此，这也明显证明了经过人工时效处理的铝合金要比自然时效的铝合金的性能更加优异。

表2.4 中国2A12（LY12）铝合金与美国2024铝合金力学性能参数

合金状态	厚度/mm	抗拉强度σ_b/MPa	屈服强度$\sigma_{0.2}$/MPa	延伸率δ/（%）
LY12–CZ	0.2～6.32	407～426	270～279	10～13
LY12–BCZ	0.3～10	441	289	10～13
LY12–CYZ	2.5～6.5	456	343	8
2024–T3	0.2～6.32	434～441	289	10～15
2024–T351	6.35～101.6	393～441	282～289	12～14
2024–T851	6.35～38.07	455～462	393～400	5

表2.5 2024铝合金型材T81和T8511状态的性能参数

合金状态	厚度/mm	抗拉强度σ_b/MPa	屈服强度$\sigma_{0.2}$/MPa	延伸率δ/（%）
T81	1.27～6.32	440	385	4
T8511	≥38.1	455	400	5

表2.6 2024铝合金薄板T42和T62状态的性能参数

合金状态	厚度/mm	方向	抗拉强度σ_b	屈服强度$\sigma_{0.2}$/MPa	延伸率δ/（%）
T42	0.5～1.57	L–T	390	233	15
	1.6～6.32	L–T	415	247	15
T62	0.5～1.57	L–T	415	323	5
	1.6～5.9	L–T	425	336	5

2.支撑我国航空工业发展的自主生产的铝材

我国自主生产的铝合金铸件应用在现代飞机结构件中的，有1 500～2 000种，根据飞机使用条件和部位的不同，主要可分为高强铝合金、耐热铝合金、耐腐蚀铝合金三类：高强铝合金主要用于飞机机身部件、发动机舱、座椅和操纵系统等；耐热铝合金零件主要用于靠近电动机的机舱、空气交换系统等；耐腐蚀铝合金具有足够高的性能指标，其强度、塑性、冲击韧性、疲劳性能和可焊性都很好，更主要的是其具有优异的耐蚀性，可用于水上飞机。

我国生产的第一、二代铝材支撑了我国航空工业的发展。我国第一、二代铝合金的应用情况见表2.7。第一、二代铝合金主要包括硬铝LY11（2A11），LY12（2A12），LY16（2A16）和锻铝LD7（2A70），超硬铝合金LC04（7A04），LC09（7A09）等。这里的主要状态C表示固溶处理，Z表示自然时效，S表示人工时效，Y表示冷变形处理。其主要品种有板材、棒材、管材和型材等。由于时代的原因，我国生产的第一、二代铝合金主要是应用在军用飞机上，包括歼-7、歼-8二代、歼-10、运-7、运-8和运-10等。

表2.7　我国第一、二代铝合金的应用情况

牌号	主要状态	主要品种规格/mm	应用飞机
2A11 LY11	CZ	板：0.1~12；棒：Φ9~80； 管：G8×1~110×15	歼-7E
2A12 LY12	CZ CZ	管：G6×1~165×22.5； 棒：Φ5~200； 型材：XC01~XC616；板：0.3~85	歼-8Ⅱ，歼-10，轰-6，运-7，运-8，运-10
2A16 LY16	CZ，CYZ CS，CYS	板：0.8~24； 型材：XC01-2~6339-6	歼-8Ⅱ，歼-10，歼轰-7，运-7
2A70 LD7	CS	棒：Φ18~180； 模锻件：1750×200×70	歼-8Ⅱ，歼-10，歼轰-7
7A04 LC04	CS CS	预拉伸板：~60； 棒：Φ5~200； 型材：XC111~XC513；锻件	轰-6，运-7，运-8，运-10
7A09 LC09	CS	板：~10； 棒：Φ5~250；锻件	歼-8Ⅱ，歼-10，歼轰-7

目前，我国已经实现了第三代高性能铝材的批量生产，生产的铝合金各方面性能见表2.8。典型铝合金为7050和7B04两种，其热处理状态是固溶热处理后进行过时效的状态，所谓过时效就是在人工时效时，强度在时效曲线上越过了最高峰点的时效处理。这里也可以看到，第三代的铝合金较第一、二代的铝合金的抗拉强度、屈服强度、延伸率和断裂韧性等力学性能得到了明显的提高，而且上述状态的铝合金在抗腐蚀方面也得到了很大的改善，后面我们还会详细介绍7050铝合金在民用客机上的典型应用。

围绕大飞机工程，正开展第三、四代高性能、大规格铝材制备关键技术的工程化研究。目前，为了制造国产大飞机，国内做了大量相关的研究，并取得大量的成果。如通过熔铸技术，可制备150 mm厚的7050特厚板，而40 t以上锻件正在突破大扁锭（620 mm×1600 mm×5 000 mm）和大圆锭（Φ500~Φ850 mm）成分均匀化和大锭成品率低的问题。通过塑性加工技术，正在突破大规格高性能铝材及构件（厚板120~200 mm，型材、锻件）加工技术，解决组织性能均匀化、残余应力最小化的问题。

表2.8　第三代铝合金性能

牌　号	热处理状态	σ_b MPa	$\sigma_{0.2}$ MPa	δ %	断裂韧性K_{IC} MPa·m$^{1/2}$			剥蚀等级	板厚 mm
					L–T	T–L	S–L		
7050	T7651	541	485	11.6				≤EB	50
	T74	525	470	—	34.1	27.8	—	—	厚板
7B04	T7351	519	449	12.7	—			—	厚板
	T7451	530	506	12.2	44	36		—	厚板
	T76511	—	500		34.7			—	25

2.3　典型牌号的铝合金在航空领域中的应用

先进铝合金不仅具有高比强度、高比模量、良好的断裂韧性和疲劳强度、较低的裂纹扩展速率，同时还具有优良的成型工艺性和良好的耐蚀性，因此常作为飞机和航空器的主要结构材料，在航空航天工业起着举足轻重的作用。

如前所述，变形铝合金的牌号用1×××～8×××系列表示，在所有系列中1×××系列属于含铝量最多的一个系列，纯度可以达到99.00%以上，属于工业纯铝。8×××系是以Fe为主要元素的铝合金，大部分应用为铝箔，目前尚无广泛应用，这里不做介绍。因此，本节逐次介绍2×××系列至7×××系列。

2.3.1　典型牌号2×××系铝合金在航空领域的用途

2×××系合金是以Cu为主要合金元素的铝合金，包括Al–Cu–Mg合金、Al–Cu–Mg–Fe–Ni合金、Al–Cu–Mn合金等，这些合金均属于可热处理强化合金，有强度高、耐热性能和加工性能好等特点，但其耐蚀性能相对较差。该系铝合金主要用来制作飞机大梁、空气螺旋桨、铆钉及蒙皮等，其典型牌号在航空领域中的用途见表2.9。

表2.9　2×××系合金典型牌号及其在航空领域中的应用

牌　号	航空领域应用
2014	应用于要求高强度与高硬度（包括高温）的场合，飞机重型、锻件、厚板和挤压材料，车轮与结构元件，多级火箭第一级燃料槽与航天器零件，卡车构架与悬挂系统零件
2017	2017是第一个获得工业应用的2×××系合金，目前的应用范围较窄，主要为铆钉、通用机械零件、结构与运输工具结构件，螺旋桨与配件
2024	飞机结构、铆钉、导弹构件、卡车轮毂、螺旋桨元件及其他结构件
2023	飞机结构
2048	航空航天器结构件与兵器结构零件
2124	航空航天器结构件
2218	飞机发动机和柴油发动机活塞，飞机发动机汽缸头，喷气发动机叶轮和压缩机环
2219	航天火箭焊接氧化剂槽，超声速飞机蒙皮与结构零件，工作温度为 - 270～300℃。焊接性好，断裂韧性高，T8（固溶处理后经冷加工，然后进行人工时效的状态）状态有很高的抗应力腐蚀开裂能力
2618	模锻件与自由锻件，活塞和航空发动机零件
2A01	工作温度不超过100℃的结构铆钉
牌　号	航空领域应用
2A02	工作温度200～300℃的涡轮喷气发动机的轴向压气机叶片

牌　号	航空领域应用
2A06	工作温度150～250℃的飞机结构及工作温度125～250℃的航空器结构铆钉
2A10	强度比2A01合金的高，用于制造工作温度不超过100℃的航空器结构铆钉
2A11	飞机的中等强度的结构件、螺旋桨叶片、交通运输工具与建筑结构件，航空器的中等强度的螺栓与铆钉
2A12	航空器蒙皮、隔框、翼肋、翼梁、铆钉等，建筑与交通运输工具结构件
2A16	工作温度250～300℃的航天航空器零件，在室温及高温下工作的焊接容器与气密座舱
2A17	工作温度225～250℃的航空器零件
2A50	形状复杂的中等强度零件
2A60	航空器发动机压气机轮、导风轮、风扇、叶轮等
2A70	飞机蒙皮，航空器发动机活塞、导风轮、轮盘等
2A80	航空发动机压气机叶片、叶轮、活塞、胀圈及其他工作温度高的零件
2A90	航空发动机活塞

2.3.2　典型牌号3×××系铝合金在航空领域的用途

3×××系合金是以Mn为主要合金元素的铝合金，属于不可热处理强化合金；塑性高，焊接性能好，是一种耐腐蚀性能良好的中等强度铝合金。其典型牌号在航空领域中的用途见表2.10。

表2.10　3×××系合金典型牌号及其在航空领域中的应用

牌　号	航空领域应用
3003	用于加工需要有良好的成型性能、抗蚀性高、可焊性好的零部件
3A21	飞机油箱、油路导管、铆钉线材等

2.3.3　典型牌号4×××系铝合金在航空领域的用途

4×××系合金是以Si为主要合金元素的铝合金，多数不能热处理强化。该合金熔点低，熔体流动性能好，容易补缩，并且不会使最终产品产生脆性。4×××系铝棒的代表为4A01，4×××系的铝板属于含硅量较高的系列，通常硅含量在4.5%～6.0%之间，属建筑用材料、机械零件材料、锻造用材、焊接材料，熔点低，耐蚀性好，具有耐热、耐磨的特性，其典型牌号在航空领域的应用见表2.11。

表2.11　4×××系合金典型牌号及其在航空领域中的应用

牌　号	航空领域应用
4032	耐热性、耐摩性良好，热膨胀系数小，用于活塞、汽缸头、锻件、活塞及耐热零件
4043	凝固收缩少，用硫酸阳极氧化处理呈灰色，用于熔接线、建筑嵌板

2.3.4　典型牌号5×××系铝合金在航空领域的用途

5×××系铝合金是以Mg为主要合金元素的铝合金，含镁量在3%～5%之间，又可以称为铝镁合金，属于不可热处理强化铝合金。该系合金密度小，属于中高强度铝合金，疲劳性能和焊接性能良好，耐海洋大气腐蚀性能好。在相同面积下铝镁合金的质量低于其他系列，在常规工业中应用也较为广泛。在我国，5×××系铝板属于较为成熟的铝板系列之一，其典型牌号在航空领域的应用见表2.12。

表2.12　5×××系合金典型牌号及其在航空领域中的应用

牌　号	航空领域应用
5052	有良好的成型加工性能、抗蚀性、疲劳强度与中等的静态强度，用于制造飞机油箱、油管等
5A02	用于飞机油箱与导管、焊丝、铆钉、船舶结构件
5A05	用于焊接结构件、飞机蒙皮骨架

2.3.5　典型牌号6×××系铝合金在航空领域的用途

6×××系铝合金是以Mg和Si为主要合金元素并以Mg_2Si为强化相的铝合金，属于可热处理强化铝合金。该系合金具有中等强度，耐蚀性高，无腐蚀破裂倾向，焊接性能良好，焊接区腐蚀性能不变，成型性和工艺性能良好，其典型牌号的应用如表2.13所示。

表2.13　6×××系合金典型牌号及其在航空领域中的应用

牌　号	航空领域应用
6066	锻件及焊接结构挤压材料
6070	重载焊接结构与汽车工业用的挤压材料与管材
6101	高强度棒材、电导体与散热器材等
6151	用于模锻曲轴零件、机器零件与生产轧制环，既要有良好的可锻性能、高强度，又要有良好抗蚀性能
6205	厚板、踏板与耐高冲击的挤压件
6351	挤压结构件，水、石油等的输送管道
6A02	飞机发动机零件，形状复杂的锻件与模锻件

2.3.6　典型牌号7×××系铝合金在航空领域的用途

7×××系铝合金是以Zn为主要合金元素的铝合金，属于可热处理强化铝合金。在7×××系铝合金加Mg，则为Al–Zn–Mg合金，具有良好的热变形性能，淬火范围很宽，在适当的热处理下能够得到强度较高、焊接性能良好的高强可焊铝合金。目前7×××系铝合金室温强度很高，高达500～700 MPa，这类合金除了强度高外，韧性储备也很高，又具有良好的工艺性能，是飞机工业中重要的结构材料，7×××系铝合金典型牌号在航空领域的用途如表2.14所示。

表2.14　7×××系合金典型牌号及其在航空领域中的应用

牌　号	航空领域应用
7005	挤压材料，用于制造既要求高强度又要求高断裂韧性的焊接结构，如交通运输车辆的桁架、杆件、容器；大型热交换器，以及焊接后不能进行固溶处理的部件
7039	冷冻容器、低温机械与贮存箱、消防压力器材、军用器材、装甲板、导弹装置
7049	用于锻造静态强度与7079–T6合金相同而又要求有高的抗应力腐蚀开裂能力的零件，如飞机与导弹零件——起落架液压缸和挤压件，零件的疲劳性能大致与7075–T6合金相当，而韧性稍高
7050	飞机结构件用中厚板、挤压件、自由锻件与模锻件
7075	用于制造飞机结构及其他要求强度高、抗腐蚀性能强的高应力结构件，模具制造
7175	锻造航空器用的高强度结构件
7178	要求抗压屈服强度高的零部件

牌 号	航空领域应用
7475	机身用的包铝的与未包铝的板材，机翼骨架、桁条等，其他既要有高的强度又要有高的断裂韧性的零部件
7A04	飞机蒙皮、螺钉以及受力构件，如大梁桁条、隔框、翼肋、起落架等

近年来由于复合材料和钛合金用量的增加，最新设计的飞机和航天器中铝合金的用量相对有所减少，但是高纯、高强、耐蚀的高性能铝合金用量却在增加。因此，在未来相当长的时间内，铝合金仍是航空航天领域的重要结构材料之一。

2.4 铝合金在民用客机上的应用实例

2.4.1 铝合金在B747、A300上的应用

从波音B707飞机发展到以波音B777和空客A380飞机为代表的新一代飞机，国外大型民机的主体结构材料发生了很大变化，但目前正在使用的民用客机中，还在大量使用铝合金，甚至占据主体地位。

2224、2524、7050、7055等铝合金已经成功运用在波音B777和空客A380飞机的机翼、蒙皮、桁架和座椅滑轨等结构处，满足结构所需的性能要求。目前最新的空客A350XWB飞机的地板梁、翼肋、起落架和舱门也是用铝合金制造的。

波音、麦道和空客公司不同时期大型客机的选材结构比例见表2.15，从B747、B757、B767到B777，钛合金用量从4%增加到7%，复合材料用量从1%增加到11%，铝合金用量从81%降低到70%，虽然略有减小，但是仍然占据主导地位。同样，从A300、A320、A340到A380，钛合金用量由4%增加到10%，复合材料用量由5%增加到22%，而铝合金用量最低降到61%，因此仍然是比例最大的。麦道公司的MD11的铝合金用量也高达76%。

表2.15 欧美民用客机选材结构比例

机 型	首飞时间	铝合金/（%）	钢铁/（%）	钛合金/（%）	复合材料/（%）	其他/（%）
B747	1969年	81	13	4	1	1
B757	1982年	78	12	6	3	1
B767	1981年	80	14	2	3	1
B777	1994年	70	11	7	11	1
DC10	1970年	78	14	5	1	2
MD11	1990年	76	9	5	8	2
A300	1972年	76	13	4	5	2
A320	1987年	76.5	13.5	4.5	5.5	—
A340	1991年	75	8	6	8	3
A380	2005年	61	5	10	22	2

对于不同型号的铝合金在民用客机不同部位的应用实例见表2.16，这里主要机型为波音、空客和麦道公司的客机。机身蒙皮以2024–T3为主，机身桁条以7075–T6为主；

机翼上下蒙皮分别以7075–T6和2024–T3、2324–T39为主；机翼上下桁条以7075–T6和2024–T3为主；尾翼部分包括垂直尾翼和水平尾翼，其蒙皮几乎全部采用了7075–T6铝合金。可见在不同时期的大型飞机上，铝合金都得到了大量应用，可以说铝合金稳坐飞机结构材料的"头把交椅"。

表2.16　铝合金在民用客机上的应用实例

机　型	机　身		机　翼			尾　翼	
	蒙皮	桁条	部位	蒙皮	桁条	垂直尾翼蒙皮	水平尾翼蒙皮
L–1011	2024–T3	7075–T6	上 下	7075–T6 7075–T76	7075–T6 7075–T6	7075–T6	7075–T6
DC–3–80	2024–T3	7075–T6	上 下	7075–T6 2024–T3	7075–T6 2024–T3	7075–T6	7075–T6
DC10	2024–T3	7075–T6	上 下	7075–T6 2024–T3	7075–T6 7178–T6	7075–T6	7075–T6
B737	2024–T3	7075–T6	上 下	7178–T6 2024–T3	7075–T6 2024–T3	7075–T6	7075–T6
B727	2024–T3	7075–T6	上 下	7075–T6 2024–T3	7075–T6 2024–T3	7075–T6	7075–T6
B747	2024–T6	7075–T6	上 下	7075–T6 2024–T3	7075–T6 2024–T3	7075–T6	7075–T6
B757	2024–T3	7075–T6	上 下	7075–T6 2324–T39	7150–T6 2224–T3	7075–T6	2024–T3 7075–T6
B767	2024–T3	7075–T6	上 下	7150–T6 2324–T39	7150–T6 2324–T39	7075–T6	7075–T6
A300	2024–T3	7075–T6	上 下	7075–T6 2024–T3	7075–T6 2024–T3	7075–T6	7075–T6

为了进一步形象地描述出铝合金在民用飞机不同部位的使用情况，以波音公司的B747飞机为例，介绍铝合金的应用情况，图2.11所示为B747客机的结构示意图。铝合金在B747客机上的应用情况见表2.17。

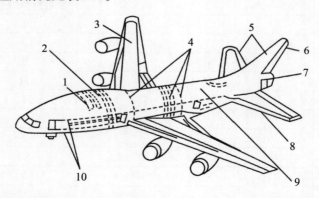

1—桁条；2—骨架；3—翼盒；4—主骨架；5—升降舵与主向舵；6—垂直安定面、蒙皮与桁条；
7—中发动机支架；8—水平安定面整体加强壁板；9—机身蒙皮；10—大梁

图2.11　B747客机的结构示意图

表2.17 铝合金在B747客机上的应用情况

序号	部件	铝合金应用情况
1	桁条	7075–T6，包铝的
2	骨架	7075–T6，7178 或包铝的7178
3	翼盒	上表面7075–T76，包铝的；下表面7075–T6；翼梁帽7075–T76
4	主骨架	7075–T6 锻件，包铝的7075–T6，7075–T6 挤压型材
5	升降舵与主向舵	包铝的2024–T3
6	垂直安定面、蒙皮与桁条	包铝的7075–T6
7	中发动机支架	Ti6A14V，包铝的2024–T3，包铝的2024–T81
8	水平安定面整体加强壁板	7075–T76，挤压的
9	机身蒙皮	包铝的2024–T3，包铝的7075–T76
10	大梁	7075–T6 挤压型材

欧洲空中客车公司生产的大型民用飞机在铝合金的应用上与波音公司生产的飞机有略微不同，为了能直观介绍其应用情况，以常见机型空客A300为例进行说明，铝合金的应用部位如图2.12所示。

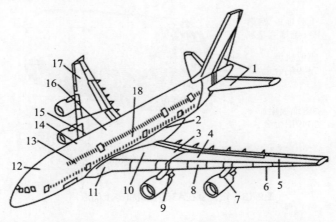

1—垂直稳定翼紧固件；2—地板梁；3—机翼齿轮肋及支撑配件；4—翼梁（厚板）；5—上翼蒙皮；
6—下翼蒙皮；7—发动机吊架紧固件；8—襟翼紧固件；9—发动机吊架支撑结构；10—翼梁（锻件）；
11—机翼、机身连接件；12—下机架及支撑锻件；13—座位轨道；14—机身蒙皮；15—机身连接件；
16—机身纵梁；17—翼肋（厚板）；18—翼盒紧固件

图2.12 空客A300客机上的铝合金部件示意图

2.4.2 铝合金在A380、B777上的应用

1.铝合金在A380上的应用

空客A380 是当今世界最大的客机、最高效的载人飞机，为三级客舱布局，上、下两层客舱共设506个坐席。据称制造该机铝材采购量约1 000 t，而铝制零部件的飞行质量约100 t，俗称"空中巨无霸"。在设计A380客机时，为了尽可能降低最大起飞质量，最大限度地使用了铝材，采购时铝材的质量占材料总采购量的78%，而实际起飞时铝材质量仍占66%。

美国铝业公司新型高强铝合金7085的问世为特大锻件在A380上的应用开辟了道路。已有高强铝合金的锻件或厚板的厚度均有一定限制，例如，7055限于38 mm，7150虽较理想，其厚度也不允许大于120 mm。为了能获得厚度更大的高强铝合金锻件或厚板，美国Alcoa公司开创了一个具有专利权的7085铝合金，由于淬透性好，其最大厚度可达300 mm。7085合金制成的A380飞机后翼梁是迄今为止最大的一个飞机模锻件，尺寸为6.4 m×1.9 m，重约3 900 kg。

美国铝业公司与飞机制造商合作制造的支线飞机的紧急出口舱门采用7085铝合金整体锻件，将零件数由147个减至40个，紧固件由1400个减至450个，使装配时间减少80%，生产占地面积减少60%，成本降低20%～25%，质量减轻20%。此外空客A380在生产制造过程中大量采用激光焊接代替铆接工艺，对降低结构自身质量也起到了很大作用。铝合金在机身中的应用如图2.13所示。拱顶与侧壁板采用防眩材料，上舱地板梁采用碳纤维增强材料，座位轨道和主舱地板梁采用了7349铝合金，各种门为铝合金铸造而成。表2.18是空客A380客机机翼各部件的选材情况（机翼结构见图2.14）。表2.19是A380铝合金用材清单。

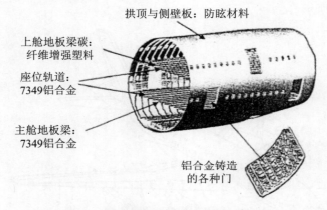

图2.13　铝合金在A380客机机身上的应用

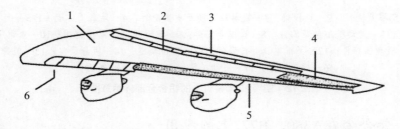

1—桁条；2—翼梁；3—阻流板、外折翼、副翼；4—外翼；5—固体导流缘；6—前翼

图2.14　空客A380客机机翼结构示意图

表2.18　空客A380客机机翼各部件的选材情况

序　号	部　件	选材情况
1	桁条	7055–T7×511
2	翼梁	7040–T76、7010/7050–T7651、C80A

序　号	部　件	选材情况
3	阻流板、外折翼、副翼	复合材料
4	外翼	黏结金属片
5	固体导流缘	耐热塑料
6	前翼	2024–HDT、IS249/262–T351

表2.19　A380铝合金用材清单

铝合金材料	状　态	规　格	应用部位
7055	T76，T79		
7449	T7951	厚板	翼肋
2024A	T351	厚板	
2050铝锂合金	T84	中厚板	下蒙皮加强部位
7010	T7651	厚板	机翼外端上蒙皮、加强翼肋
7040	T7451	厚板	机身主加强框、风挡骨架、加强桁条
7040	T7651	厚板	机翼主梁
7449	T79511	挤压件	
2196铝锂合金	T8511	挤压件	地板梁
2196铝锂合金	T8511	挤压件（小截面）	地板骨架、加强筋条
7349	T6511	挤压件（小截面）	座椅滑轨、中央翼桁条
7349	T76511	挤压件（小截面）	机身桁条
6056	T78	挤压件（小截面）	
6056	T78	薄板	前压力框
6156Cl	T6	薄板	机身壁板结构
7085	T7×51		

2.铝合金在B777上的应用

B777客机采用了高强、高韧、耐蚀铝合金。在飞机结构中，传统上习惯于在易于发生损伤的部位采用2024铝合金，在强度要求高的部位采用7075铝合金。据波音公司报道，自1943年以来，在7075和2024铝合金之后，约有20%的新型结构铝合金在波音飞机上获得广泛应用，如7050铝合金，其成分与7075铝合金相比有较大变动，增加了Zr、Cu含量，而Fe、Si杂质大量减少，使该合金的强度、断裂韧性和抗应力腐蚀性明显优于7075铝合金，特别是其淬火敏感性低，很适于制造厚截面锻件。2324是在2024铝合金的基础上加以改进的，其断裂韧性和抗应力腐蚀性能都明显提高。近些年又研制出一种强度更高，同时具备可接受的断裂韧性和抗腐蚀能力的新的7055–T77铝合金材料，用于新型民航客机波音B777。

由于机身材料的断裂韧性是关键，所以除了7×××系改型铝合金外，波音公司在B777机身上还采用了2×××–T3铝合金，称为C–188，它的特点是抗蚀性好，其成分及生产方法均属专利。将它与候选的2091–T3及8090–T81铝锂合金进行比较，长横向断裂韧性分别较之高1/6及3/4。在同等强度条件下，其韧性及抗裂纹扩展能力均较2024–T3铝合金提高20%，同时具备良好的抗蚀性。B777–200主要部件应用的材料如图2.15所示。

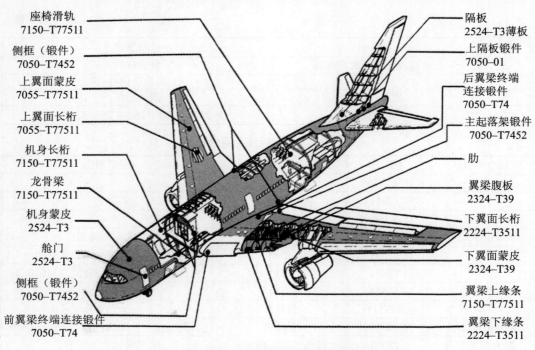

座椅滑轨
7150–T77511

侧框（锻件）
7050–T7452

上翼面蒙皮
7055–T77511

上翼面长桁
7055–T77511

机身长桁
7150–T77511

龙骨梁
7150–T77511

机身蒙皮
2524–T3

舱门
2524–T3

侧框（锻件）
7050–T7452

前翼梁终端连接锻件
7050–T74

隔板
2524–T3薄板

上隔板锻件
7050–01

后翼梁终端
连接锻件
7050–T74

主起落架锻件
7050–T7452

肋

翼梁腹板
2324–T39

下翼面长桁
2224–T3511

下翼面蒙皮
2324–T39

翼梁上缘条
7150–T77511

翼梁下缘条
2224–T3511

图2.15 波音777–200主要部件应用的材料

第3章 铝锂合金及其在航空领域中的应用

在航空航天领域，铝锂合金主要是为飞机和航空航天设备的减重而研制的。铝锂合金2198用于B350客机机身蒙皮，优点是质量轻、制造步骤少和具有多功能结构；铝锂合金2196用于货舱地板横梁，优点是质量轻、抗碰撞性能及耐腐蚀性能好；铝锂合金2196用于座位滑轨，优点是质量轻、耐腐蚀性好和使用寿命长；铝锂合金2050用于机翼翼肋，优点是质量轻、材料利用率高、耐蚀性能及抗疲劳性能好。铝锂合金用于整体式中心腹板，可获得更多的减重、更高的材料利用率、更快速及更低成本的制造。内部机身结构采用铝锂合金，可获得更多的减重，系统集成兼容性好，材料利用率高，保养维修费用少。铝锂合金2197用于机翼结构，优点是能降低保养维修费用，获得更多的减重、良好的空气动力学特性、更高的材料利用率。铝锂合金的发展给航空航天器带来了可观的减重，帮助其使用性能和服役寿命提升。

3.1 铝锂合金概述

3.1.1 铝锂合金简介

锂（Li）是元素周期表中最轻的金属元素，密度为0.534 g/cm^3。铝锂合金是以锂作为主要合金元素的新型铝合金，锂的含量一般在1.1%～2.8%。铝锂合金具有低密度、高屈服强度、高弹性模量等特点。研究表明，在铝中每加入1%（质量分数）的锂，可使合金的密度降低3%，并增加弹性模量约6%。与普通铝合金相比，在强度相当的情况下，密度降低约5%，弹性模量提高约10%。铝锂合金具有非常好的抗疲劳性能，如疲劳裂纹扩展速率低、断裂韧性高，同时具有良好的耐腐蚀性、超塑性、焊接性和优良的加工性能。

正因如此，铝锂合金成为一种综合性能好、开发潜力巨大的轻质合金，具有低密度、高比强度、高比刚度、良好的疲劳性能、耐腐蚀性能和卓越的超塑性成型性能，并且在淬火和人工时效后硬化效果优良，用其取代常规铝合金，可使构件质量减轻10%～15%，刚度提高15%～20%。铝锂合金的制备及制造工艺与普通铝合金没有原则上的差别，可沿用普通铝合金的技术和设备，用铝锂合金替代制造飞机使用的传统铝合金，不需对适航条例作大的修改。另外，铝锂合金的成型、维修等都比复合材料方便，成本也远远低于复合材料。因此，铝锂合金被认为是未来航空航天工业最理想的轻质高强结构材料之一。表3.1给出了具有代表性的两种铝锂合金与两种铝合金的成分表，其中2199和2099是铝锂合金，2524和2024是铝合金，可以看出，铝锂合金除了包含锂和锆元素外，其余元素都和铝合金相同，且含量相近。

表3.1　铝锂合金和铝合金成分对比

合　金	Li	Zr	Cu	Mg	Mn	Fe	Si	Zn	Ti	Cr
2199	1.4~1.8	0.05~0.12	2.3~2.9	0.05~0.4	0.1~0.05	≤0.07	≤0.05	0.2~0.9		
2099	1.6~2.0	0.05~0.12	2.4~3.0	0.1~0.5	0.1~0.5	≤0.07	≤0.05	0.4~10		
2524			4.0~4.5	1.2~1.6	0.4~0.7	≤0.12	≤0.06	≤0.15	≤0.10	≤0.05
2024			3.8~4.9	1.2~1.8	0.3~0.9	≤0.5	≤0.5	≤0.25	≤0.15	≤0.10

铝锂合金主要是为飞机和航空航天设备的减重而研制的，因此也主要应用于航空航天领域，还应用于军械和核反应堆用材、坦克穿甲弹、鱼雷和其他兵器结构件方面，此外在汽车、机器人等领域也有充分运用。从20世纪30年代开始，德、美、英、苏联对铝锂合金进行研制，但是真正具有商业价值的是1957年美国Alcoa公司研制成功的含锂1.1%的2020合金，用于制造海军TA–5C Vigitant飞机的机翼蒙皮和尾翼的水平安定面。目前主要使用的铝锂合金有2×××系（Al–Li–Cu–Zr）和8×××系（Al–Li–Cu–Mg–Zr）等10余种牌号，最大铸锭规格达到25 t以上，其轧制、挤压和锻造的加工技术已达到常规铝合金的水平。

铝锂合金和铝合金的性能比较见表3.2，其中2199和2099是铝锂合金，2524和7150是铝合金，可以看出，在成分相近的条件下，铝锂合金的密度明显降低，且具有更高的弹性模量和屈服强度。

表3.2　铝锂合金和铝合金性能对比

牌　号	状　态	抗拉强度/MPa	屈服强度/MPa	延伸率/（%）	断裂韧性 K_{IC}/（MPa·m$^{1/2}$）	弹性模量 E/GPa	密　度/（g·cm^{-3}）
2199	T8	410	345	10	116	78	2.64
2524	T3	420	311	15	112	71	2.77
2099	T83	538	476	7	30	82	2.63
7150	T77511	600	566	8	34	75	2.83

3.1.2　铝锂合金工艺方式

铝锂合金的研究已经进入实际应用阶段，其工艺方式主要有以下几种。

1.合金制备

（1）铸锭冶金法是铝锂合金的主要生产方法。我国西南铝业集团有限公司、美国的Alcoa、英国的Alcan和法国的Pechiney等都采用铸锭冶金法生产铝锂合金铸锭冶金法的优点是成本比较低，可生产大规格铸锭。

（2）粉末冶金法是一种可以制备复杂形状结晶型产品的生产技术，也是生产铝锂合金的非常重要方法。由于其冷却速度比较快，很大程度地提高了合金元素的溶解度，所以微观组织均匀细小，减少了偏析，从而改善了合金的塑性，提高了合金的强度。但该工艺存在流程较长、粉末易氧化、铸锭尺寸小、成本较高等问题。

2.合金化及微合金化

铝锂合金中通常加入的合金元素有Cu，Mg，Zr，Cd，Sc，Ce等，用来影响合金的析出行为和析出相的化学组分、类型、数量和形状、尺寸及分布，改善晶界特性，全面提高合金各项性能。在铝锂合金中添加Cu元素能引入沉积强化相T（Al_2CuLi），极大地增加合金的刚度，但Cu含量过高，会导致韧性下降，密度增大。目前在铝锂合金中一般掺铜量（质量比）为1.0%～4.5%。在铝锂合金中一般掺入镁0.2%～2.3%，可以促进T（Al_2CuLi）相的析出，抑制δ（Al_3Li）相的析出，因此添加Mg能够产生固溶强化，并且强化无析出带，使其有害作用减弱。当铝锂合金中同时加入Cu和Mg时，还可以形成S（Al_2CuMg）弥散相。S相优先在位错等缺陷的附近呈不均匀析出，使位错难以切过，只能绕过，从而降低了合金共面滑移的倾向，并且激发其产生交滑移，促进合金均匀变形从而改善韧性。如果Mg含量过高，则T相优先在晶界析出而使脆性剧增。在铝锂合金中添加Zr元素能形成β（Al_3Zr）相的弥散质点，一般在晶界或亚晶界析出，对晶界有钉轧的作用，能抑制合金的再结晶，并能细化晶粒，改善合金刚度。弥散质点还可以成为δ相成核的位置，δ相在其周围生长，形成牛眼状的结构，提高合金的强度。同时Zr还可以使合金的时效速率加快，但Zr元素含量过高，将使晶界上出现含Zr的粗大析出物，破坏了晶界性能并使合金体积、质量都增大。目前在铝锂合金中限制Zr的含量在0.08%～0.10%。

3.焊接技术与工艺

苏联用焊接工艺代替铆接工艺连接铝锂合金结构件，大大减轻了结构质量，提高了结构刚度，而且节约能源，节省装配时间。焊接技术成为铝锂合金在航空、航天工业中应用的关键。传统焊接方法都属于熔化焊接，至今已经采用的焊接工艺有电弧焊、激光焊、电阻焊、点焊、真空电子束焊、TIG焊、变极性等离子弧焊等。在实际生产中我国常采用真空电子束焊接，图3.1所示是真空电子束焊机实物图，其工艺是将被焊工件置于真空环境中进行焊接，焊缝较窄，深宽比大，焊接的应力和变形较小，在工业各领域得到了广泛应用。

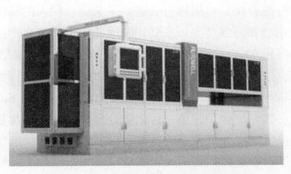

图3.1 铝锂合金真空电子束焊机实物图

4.热处理

热处理主要集中在形变热处理、分级时效两方面。有人研究了淬火后形变时效对新型高强度铝锂合金2197组织和性能的影响。结果表明，淬火后立即预变形引入位错和随后双级时效过程形成位错环将增加基体中T相和θ相数量，并使T相细化、分布更为均匀。淬火变形后双级时效（100℃，−8 h，45℃，−12 h）处理的合金的抗拉强度、屈服强度和伸长率分别是553.5 MPa、494.5 MPa和10.4%，形变时效处理一定程度上改善了合金的强塑性匹配。有学者采用微观相场的方法，通过建立微观相场动力学的模型，对铝锂合金单级时效、分级时效和回归再时效的工艺进行模拟，得到与实际很接近的结果，为热处理提供了新的研究手段。

3.2 国内外铝锂合金的发展状况

3.2.1 国外铝锂合金的发展状况

国外铝锂合金的发展大体上可划分为三个阶段。

第一阶段是初步发展阶段，时间为20世纪70年代以前。第一代铝锂合金设计思想是尝试在铝合金中加入锂元素，其断裂韧性差，未能获得广泛应用。虽然铝锂合金scleron早有历史，但直到1957年美国Alcoa公司研究成功2020铝锂合金，1961年苏联开发出BA−23铝锂合金，铝锂合金才真正引起人们的注意。美国将X2020合金应用在海军RA−5C军用预警飞机的机翼蒙皮和尾翼水平安定面，获得6%的减重效果。第一代铝锂合金具有明显的缺点，如塑性和韧性水平太低、缺口敏感性高、加工生产困难、价格昂贵等，不能满足航空材料力学性能要求，因此未能获得进一步的推广应用。

第二阶段是繁荣发展阶段，时间为20世纪70年代至80年代。第二代铝锂合金设计思想是等强度代换，含锂高，追求材料轻量化。其减重性能好、刚度好，各向异性倾向高，材料成本高，仅应用在军用飞机上。2091合金用于阵风战斗机，1420用于苏联多种军机。20世纪70年代世界爆发的能源危机迫切要求民机实现轻量化设计，降低飞机的耗油率和使用成本。另一方面，复合材料的兴起也给传统铝工业造成了潜在威胁，这促使人们对铝锂合金重新重视，铝锂合金的发展也进入了第二个阶段。在这一时期，共召开了六次国际铝锂合金专题会议，对铝锂合金进行了全面、深入的研究，相继研制成功了低密度型、中强耐损伤型和高强型等一系列比较成熟的铝锂合金产品，例如苏联研制成功的1420铝锂合金、美国Alcoa公司研制出的2090铝锂合金、英国Alcan公司的8090铝锂合金和8091铝锂合金等。20世纪70年代苏联将1420铝锂合金用于米格−29机身、油箱、座舱等，并将铆接结构改为焊接结构，减重24%，此外在Su−27，Su−30上也采用了第二代铝锂合金。对比第一代铝锂合金，第二代铝锂合金增加了锂的含量，使这些合金具有了密度低、弹性模量高等优点，其发展的主要目标就是直接替代航空航天飞行器中采用的传统铝合金2024，7075等。人们在应用中发现第二代铝锂合金同样存在以下明显的缺点：①各向异性严重，短横向强度较低；②塑韧性水平较低；③热暴露后会严重损失韧性；④大部分合金不可焊；⑤强度水平总体较低。这些缺点使第二代铝锂合金综合性能和价格难以与原有2×××系、7×××系铝合金竞争，除苏联的1420铝锂合金在米格–29、苏–27、苏–35等军机上获得较广泛应用之外，欧美开发的大部分第二代铝锂合金都未获得大量应用。

第三阶段是发展新型铝锂合金阶段，时间为20世纪90年代以后。第三代铝锂合金设计思想是应用环境差别设计、损伤容限设计，各向异性倾向小，含锂量低，成本低，工艺性能好，综合性能好，应用在军用和民用飞机上。第三代铝锂合金属于Al–Cu–Li系合金，第二代铝锂合金锂含量（质量分数）高（大于2%），其他元素含量低；而第三代铝锂合金降低了锂含量（质量分数）（小于2%），增加了Cu含量（质量分数）（一般大于3%）。另外，与第二代铝锂合金不同的是，第三代铝锂合金还添加了少量Mg、Mn、Zn、Ag、Zr等微合金化元素，使其性能不仅优于第二代，也明显优于航空航天部门使用的一些传统铝合金。第三代铝锂合金具有以下特点：密度小、模量高；良好的强度韧性平衡；耐损伤性能优良；各向异性小；热稳定性好；耐腐蚀；加工成型性好。其中尤以低各向异性铝锂合金和高强可焊铝锂合金最引人注目。由于综合性能提高，第三代铝锂合金在航空及航天工业上已经获得广泛应用。2197用于F–16、波音777。多种新合金制备技术成熟，开发出了具有一定特殊优势的新型铝锂合金，基本体系Al–Cu–Li–Zr系，两个合金体系为Al–Cu–Li–Mg–Ag–Zr系（以法铝为主）及Al–Cu–Li–（Mg）–Zn–Mn–Zr系（以美铝为主）。国外第三代铝锂合金产品概况见表3.3。

表3.3 国外第三代铝锂合金产品概况

制品形式	产品牌号和状态	应用部位	材料规范	供应商
厚板	2397–T8751	整体机加壁板、肋、梁	AMS4382	ALCOA
厚板	2099–T8E77	翼肋	DEVELOPMENT	ALCOA
挤压型材	2099–T83	机翼机身长桁地板梁、座椅滑轨	AMS4287	ALCOA
厚板	2199–8E79/T8E80	机翼下翼面蒙皮	DEVELOPMENT	ALCOA
薄板	2199–T8 prime	机身蒙皮	DEVELOPMENT	ALCOA
挤压型材	2196 – T8511	长桁、地板梁	AIMS	ALCAN
薄板	2098– T8	机身蒙皮	AMS4327	ALCAN
薄板	2098– T8	机身蒙皮	AMS4412	ALCAN
厚板	2050–T84	翼肋、梁	AMS4413	ALCAN
厚板	2297–T8	翼肋、梁	AIMS	ALCAN
厚板挤压型材	2195–T84	地板梁	DEVELOPMENT	ALCAN

第三代铝锂合金的发展和改进朝着超强、超韧性方向（综合性能改进）发展，美国在20世纪90年代开发的Weldalite2210型合金（高强可焊铝锂合金）的拉伸强度超过了760 MPa，几乎是2219合金的2倍，屈服强度达到740 MPa，是目前所有铝锂合金中强度最高的，并且有良好的断裂韧性（约为33.5 MPa·$m^{1/2}$）。近年美国研制成功的XT系列铝锂合金具有良好的抗应力腐蚀破裂能力，在同样强度水平下，其韧性大大优于普通的铝锂合金。

目前已开发出的新型合金主要有：高强度可焊的1460和Weldalite系列合金，低各向异性的AF/C489和AF/C458合金，高韧的2097铝锂合金和2197铝锂合金，高抗疲劳裂纹的C2155合金，以及经过特殊真空处理的XT系列合金等。在合金成分设计上，新型铝锂合金降低了锂的含量，增加了铜的含量，并且添加了一些新合金化元素银、锰、锌等；在性能水平上，新型的铝锂合金较以往铝锂合金有了很大幅度提高，其中特别是对高强可焊合金和低各向异性合金的研究最多，是第三代Al–Li合金的发展方向。国外三代主要铝锂合金的力学性能发展变化见表3.4。

表3.4　三代铝锂合金的力学性能比较

合金牌号	材料状态	抗拉强度 σ_b/ MPa	屈服强度 $\sigma_{0.2}$/ MPa	延伸率 δ/（%）	弹性模量 E/GPa	断裂韧性 K_{IC}/（MPa·m$^{1/2}$）
X2020	—	575	531	3	77.2	—
1420	模锻件TB1	440	280	10	76	40
2090	薄板T84	520	470	5	80	72
8090	薄板T651	540	490	7.0	81	33
1460	冷轧薄板横向	560	495	8.0	79	—
Weldalite049	挤压棒材T8	714	692	5.3	78.5	—
2095	挤压棒材T8	700	667	8.0		20
2195	7.8 mm板T6横向	592	551	12.1		—
Weldalite210	挤压棒材T8	751	733	7.5		—
2197	38 mm厚板T8横向	440	420	8.0		—
AF/C489	热轧厚板T8横向	538	468	1.5		33.6

3.2.2　国外铝锂合金的应用状况

20世纪50年代，美国研制成功含1%锂的X–2020铝锂合金，用于美国的舰载攻击机RA–5C（见图3.2）的机翼和水平尾翼蒙皮，比原有的合金减重6%。这种飞机生产了177架，服役近20年，于1969年停止生产。

美国在经过20世纪80年代的铝锂合金研究的高潮后，对铝锂合金的应用也进入实践阶段。通用动力公司用2090–T3合金制成的30根翼梁、3块搭接蒙皮和3个中间框架做"宇宙神"有效载荷舱的零件和装配件，和原来所用的2024–T3合金相比，减重8%。此外，麦道公司用2090–T81代替2014–T6合金制造了德尔塔运载火箭低温贮箱试验件，焊后结构质量减轻5%～15%。洛克西德·马丁公司利用8090合金铆接制造了阿特拉斯有效载荷舱，使结构减重182 kg。

20世纪90年代，美国"奋进号"航天飞机（见图3.3）外贮箱用Weldalite049（高强可焊铝锂合金）取代2219铝合金，使航天飞机的运载能力提高了3.4 t。同时C–17军用运输飞机将重达2 846 kg的2090–T83薄板、T86挤压件，用在飞机的隔框、地板、襟翼蒙皮、垂直尾翼上。2097铝锂合金比当前战斗机用的2124铝合金的疲劳强度高、密度小，已用于F–16战斗机的后隔框，由于部件使用寿命提高1倍，美国空军一次装机850架，节约成本2 100万美元。进入21世纪，美军研发设计了联合攻击战斗机F–35（见图3.4），它采用大量的复合材料、钛合金及高强度铝锂合金。

扫描二维码，了解美国铝锂合金的发展

图3.2 RA-5C舰载攻击机

图3.3 "奋进号"航天飞机

图3.4 F-35联合攻击战斗机

　　美军提出的研制目标，第一是高性能，第二是全寿命周期低成本。目前，2197及2097-T861铝锂合金已经用在F-35飞机上，寿命高出2124合金4倍以上，密度降低5%，质量减轻5%～10%，在某些应用（如翼梁及隔框）中，其疲劳性能与钛相当，而成本降低75%。图3.5所示就是由铝锂合金制成的用于F-35隔框的厚板。

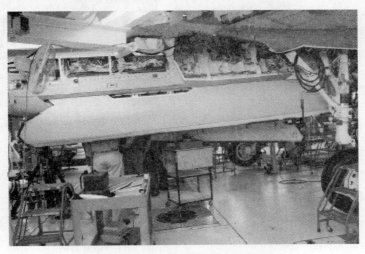

图3.5 铝锂合金厚板用于F-35隔框

作为第二代铝锂合金中的代表，中强、可焊的1420铝锂合金是苏联研究、使用最成熟的一种铝锂合金，该合金于20世纪70年代用于铆接的直升飞机和军舰（见图3.6）上。此外，还有使用1420铝锂合金制成的舷窗配架。20世纪80年代铝锂合金以焊接代替铆接结构用于米格–29超声速战斗机（见图3.7）机身、油箱、座舱，因该合金密度低，又不用密封、铆钉、螺纹等连接件，共可减轻质量24%。同样在20世纪80年代，以1460铝锂合金取代1201铝锂合金（相当于2219）用于制造俄罗斯大型运载火箭"能源号"（见图3.8）的低温贮箱，减重20%。迄今为止，在俄罗斯，铝锂合金已用于火箭、"暴风雪"号航天飞机，以及军用飞机米格–27、米格–29、米格–33、苏–27和安–70T。

图3.6　苏联直升飞机和军舰

图3.7　米格–29超声速战斗机　　　　　图3.8　"能源号"运载火箭

欧洲各国的铝锂合金研究及应用主要以与其他国家合作的方式进行，未形成自己独特的体系。其中，比较成功的应用是，英国和意大利采用8090板材、模锻件和Al–905XL模锻件制造了EH101直升飞机（见图3.9），使飞机减重200 kg。目前，除了美国、苏联和欧洲一些国家，其余国家的的铝锂合金都还处于研究或小规模生产阶段（铝锂合金在飞机机身等直段部段的应用如图3.10所示），并未付诸实际应用。

图3.9 EH101 直升飞机

图3.10 铝锂合金在飞机机身等直段部段的应用

3.2.3 国内铝锂合金的发展状况

从"七五"开始，我国的铝锂合金研究正式起步。由国家立项，中南大学、东北大学、西南铝加工厂和航天703所等联合开展了仿2091的中强铝锂合金的研究，并成功研制出中强铝锂合金（相当于2091），但水平较低。"八五"期间，国家加大对铝锂合金研究的投资力度，国内许多高校和研究院所大范围开展了铝锂合金研究，使我国铝锂合金基础研究的工作前进了一大步。经过科研工作者不懈的努力，顺利开发研制了1420铝锂合金和2090铝锂合金，生产出小规格板材、型材。

国家"九五"期间完成从俄罗斯引进的6 t级铝锂合金工业化熔铸生产线，并根据我国航空航天的发展规划及运载火箭箭体结构发展的要求，提出了"高强铝锂合金研究"国家科技攻关项目，于1997年正式启动。图3.11所示分别为当时从俄罗斯引进的6 t级铝锂合金工业化熔铸生产线，以及该条产线生产出的直径650 mm的合金圆锭、尺寸为310 mm×1280 mm×3 000 mm的扁锭。这些都是目前我国已经实际应用的铝锂合金产品，多数应用于战略战术导弹和军用战斗机中。

（a）　　　　　　　　　　　　（b）　　　　　　　　　　（c）

图3.11　国内铝锂合金的应用

（a）6 t级铝锂合金工业化熔铸生产线；（b）合金圆锭；（c）合金扁锭

西南铝业集团有限公司作为中国铝制品产业的先驱企业，从1999年开始进行工业规模的熔铸工艺实验。2000年5月，西南铝业集团有限公司分别在1 t、6 t半连续熔铸机组上开展了工业规模的熔铸工艺实验。经过反复的摸索试制和攻关，最终在工艺上取得了突破性的进展，试制出2195铝锂合金310～450 mm圆锭和300 mm×1200 mm扁锭，且铸锭的低倍、高倍组织检测和氢、钠主要杂质含量分析的结果均满足技术要求。紧接着又成功试制出2195铝锂合金360 mm×15 mm×1 200 mm大规格薄壁挤压管材和2 mm×700 mm×800 mm～5 mm×700 mm×800 mm的板材。这表明我国已经具备了2195铝锂合金大规模研制与开发能力，对于满足我国航空航天工业对先进结构材料的需求具有极其重要的意义。

我国铝锂合金研究开发基地已基本建立，其规模和水平已达到美、俄等国20世纪90年代初的水平。目前国内正在研究的第三代铝锂合金产品由2195合金发展到2196/2098/2198/2050合金，由2197合金发展到2099/2199合金，以及由2A97合金发展到2297/2397合金，分别在密度、常温力学性能、各向异性、断裂韧性、疲劳性能、应力腐蚀性能、热稳定性、缺口敏感性、焊接性能、加工性能等方面作出改善。

3.3　铝锂合金在民机上的应用实例

3.3.1　铝锂合金在A380上的应用

空客A380客机上使用了2099、2199、2196等铝锂合金，作为A380飞机的地板梁、横梁、座椅滑轨、座舱，以及应急舱地板结构、电子设备安装架及角形物，给飞机带来数百千克的减重，见表3.5。图3.12所示是A380飞机，其地板梁和座椅滑轨就是由铝锂合金打造，给飞机整体带来了很大的减重效果。与此同时，空客公司经过20多年的努力，利用激光焊接技术制造了大型客机用双

扫描二维码，了解铝锂合金在A380上的应用

光束"T"铝锂合金结构件，并成功应用于A380等客机机身壁板上。

表3.5 部分第三代铝锂合金的基本特征及在A380客机上的应用

合金牌号	密度/$(g \cdot cm^{-3})$	产品规格	屈服强度/MPa	基本特征	状态	应用
2195	2.71	厚板管材	580	高强、在低温高韧性、可焊接	T8	燃料储箱舱段
2098	2.70	中厚板薄板	530	高强、高韧性、抗疲劳	T8	军机机身
2198	2.70	中厚板薄板	510	高强、高韧性、耐损伤、抗疲劳	T8	机身蒙皮
2196	2.63	挤压件	530	低密度、高韧性	T8	加强筋板、地板梁、下翼桁条
2197	2.65	厚板 38～152 mm	420	高耐损伤、抗疲劳、耐腐蚀	T8	机身框、翼梁、舱段隔板
2099	2.63	挤压件	505	高强、耐腐蚀、耐损伤	T8	机身结构、下翼桁条、火箭舱段
2199	2.64	薄板中厚板	480	低密度、高耐蚀、抗疲劳裂纹生长	T8	机身蒙皮、下翼蒙皮
2050	2.70	厚板 12～127 mm	520	高弹性模量、高耐腐蚀	T8	机身框梁、翼桁、筋板

图3.12 空客A380客机

3.3.2 铝锂合金在A350上的应用

A350客机作为空中客车公司最新型的客机之一，在设计之初的选材上就考虑最大限度地发挥不同材料的性能特长，应用于最适合的部位。相对于机翼，机身容易与行李装载车、补给车、旅客过桥发生碰撞，对于碳纤维层合板结构，撞击所造成的损伤不容易觉察，而金属机身受到碰撞发生变形，容易确定损伤位置，并容易修复。机翼和尾翼选材着重考虑抗疲劳性能，选用碳纤维层合板结构，可以优化结构质量，确保飞机更少的维护成本、较高的飞机使用率以及低的燃料消耗。A350的最初结构用材比例是，铝锂合金占21%，复合材料占39%，钢材占14%，其他铝合金占11%，钛合金占9%，其他材料占6%。铝锂合金主要用于机身，包括机身蒙皮、桁条、机身框、肋板、地板梁、座椅滑轨等。和A330相比，A350减重8 t，其中铝锂合金减重2.5 t。同时，第三代铝锂合金的应用，不仅减轻了机体质量，还可以采用与现有的铝合金零件相同的技术和方法进行修理，使得铝锂合金具有十分广阔的应用前景。

通过几轮设计验证后，修改后的A350 XWB的最终用材比例为，复合材料52%，钛14%，钢7%，而铝合金/铝锂合金只占到20%。机身为混合结构，由铝锂合金/铝合金机身框、纵梁、肋板、地板梁、起落架舱等组成"导电网络"，一方面为飞机上的电子设备提供必要的回路，另一方面能有效防止复合材料不利于电气设备的雷击保护问题。金属机身框架还有利于吸收机身遭受撞击的能量。复合材料主要用于机翼、尾翼、机腹整流罩、机身蒙皮。

此外，驾驶舱主要采用铝锂合金。钛合金主要用于起落架、挂架、连接件。铝锂合金可用于机身结构件，采用的技术如图3.13和图3.14所示。A350机身使用铝锂合金可以带来600 kg的减重。图3.15所示为A350上铝锂合金铆接和激光焊接技术对比。

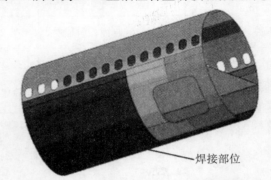

图3.13 激光焊接技术在大型客机前身应用部位示意图

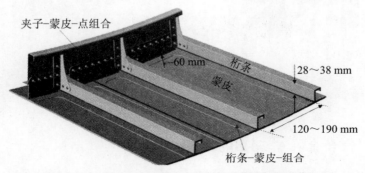

图3.14 A350XWB 采用激光焊接技术连接桁条和蒙皮

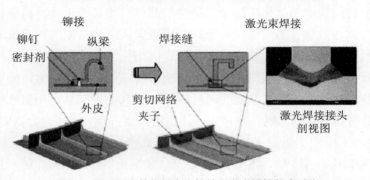

图3.15 A350上的铝锂合金铆接和激光焊接技术对比

第4章　钛合金及其在航空领域中的应用

钛是20世纪50年代发展起来的一种重要的高比强度、低密度、耐腐蚀性好的结构金属。80年代以来，耐蚀钛合金和高强钛合金得到进一步发展。钛合金主要用于制作飞机发动机压气机部件，以及火箭、导弹和高速飞机的结构件。目前，世界上许多国家都认识到钛合金材料的重要性，相继对其进行研究开发，并进行了实际应用。从全球角度来看，航空业对于钛市场起着决定性的作用。从历史角度来看，钛行业的轮回周期与航空业的冷暖密切相关。本章通过学习钛合金概述、钛合金国内外应用状况、航空用高性能钛合金的应用状况和钛合金在航空领域中的应用来全面了解钛合金及其应用。

4.1　钛合金概述

4.1.1　钛及钛合金的特性

钛和钛合金具有比强度高、耐腐蚀性好、可焊接性好等性能优点，因此它取代铝合金、镁合金和钢构件，成为航空航天领域中最有应用前景的轻质抗高温结构材料之一。在医疗行业，钛及钛合金由于无毒、质轻、具有优异的生物相容性等，在人体关节、股创伤用品、人工心脏瓣膜等方面也有广泛应用。在民用汽车行业，钛合金在提升汽车的综合性能、定位档次和乘坐舒适性等方面有其独特的优势。

钛合金的发现和使用历史可以追溯到两百多年以前。1791年，英国学者格雷戈尔在黑磁铁矿中发现了一种新的金属元素。1795年，德国学者克拉普罗特在研究金红石时也发现了该元素，并以希腊神Titans命名。1910年，美国科学家亨特使用钠还原$TiCl_4$制取了纯钛。1940年卢森堡科学家克罗尔用镁还原$TiCl_4$制得了纯钛，镁还原法和钠还原法已成为生产海绵钛的工业方法。

钛合金的广泛应用与钛元素的特点息息相关。钛元素位于元素周期表第四副族，原子序数为22。原子核由22个质子和20～32个中子组成，原子核半径$5×10^{-13}$ cm。金属钛常温下的密度为4.5 g/cm^3；熔点为1 668℃左右，沸点为3 260℃左右；导热性和导电性差，近似或略低于不锈钢；钛合金的比强度高于其他金属材料；纯钛和某些钛合金具有良好的低温性能，在液氢或液氮温度有足够的塑性；多数钛合金屈服强度比趋于0.70～0.95上限；然而在高温下，纯钛迅速软化，从20℃升至250℃时强度下降2/3，因此纯钛不宜制作高温承力构件。适当合金化后,其耐热性显著提高,高温钛合金长期使用温度已达600℃,可用于航空发动机的高压压气机部件、蒸汽透平机的转子及其他高温工作的部件。

钛合金在海水中的耐蚀性优于不锈钢,而且与人体有很好的生物相容性,因此钛合金作为一种高耐蚀性材料在石油化工、造船、食品及医疗等领域得到应用。图4.1所示为造价60亿的中海油第六代深水半潜式钻井平台"海洋石油981",其中的测井仪、平台承重架、压井管线和输出立管等部件都使用了钛合金。钛合金的机加工性质也较为突出。钛合金热导率低,仅是钢的1/4,因切削区散热慢,不利于热平衡,在切削加工过程中,散热和冷却效果很差。而且,钛合金零件加工后变形回弹大,造成切削刀具扭矩增大,刃口磨损快,耐用度降低。另外,钛合金化学活性高,在高温下加工易与刀具材料起反应,形成熔覆、扩散,造成粘刀、烧刀、断刀等现象。图4.2所示为钛合金的机加工示意图。

图4.1　中海油第六代深水半潜式钻井平台

"海洋石油981"

图4.2　钛合金的机加工

4.1.2　钛合金的合金化原理

通常,将钛的合金化元素分为α稳定元素、中性元素和β稳定元素三类。其中α稳定元素的添加可以提高α/β相变点,从而增加α相数量,比如Al元素;中性元素的添加对α/β相变点和α、β相数量影响不大,比如Zr元素;β稳定元素的添加可以降低α/β相变点,进而减少α相数量,比如Mo、V、Cr、Fe元素。此外,还有对钛的合金化没有太大益处的杂质元素,比如O、N、H、Si。

图4.3所示为钛与合金元素间的4种典型二元相图。其中,(a)图表示的是钛与合金元素在固态发生包析反应,形成一种或几种金属化合物。其中Ti-Al、Ti-Sn合金的α固溶体区较宽,它们对于研制热强钛合金具有重要意义。(b)图表示钛与合金元素形成的β相是连续固溶体,α相是有限固溶体。这类元素是β稳定元素,能降低相变温度,缩小α相区,扩大β相区。(c)图表示钛和合金元素发生共析反应,形成某些化合物,如Ti-Cr、Ti-Mn等。这类元素可以分成活性的和非活性的共析型β稳定元素。活性β稳定元素共析分解速度快,一般冷却条件下,在室温得不到β相,但却能赋予合金时效硬化能力。另一类非活性元素,共析转变速度极慢,通常的冷却条件下,β相来不及分解,在室温只能得到α+β组织。(d)图表示的是钛与合金元素形成的α和β都是连续固溶体,只

有Ti-Zr和Ti-Hf两种。钛和锆、铪是同族元素，它们的电子结构相似，点阵类型相同，原子半径相近。锆能强化α相，目前已得到应用。

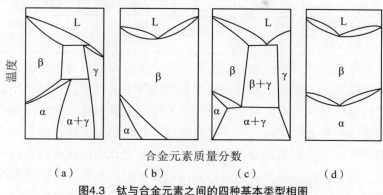

合金元素质量分数

（a）　　　　（b）　　　　（c）　　　　（d）

图4.3　钛与合金元素之间的四种基本类型相图

（a）α稳定元素；（b）同晶型β稳定元素；（c）共析型β稳定元素；（d）中性元素

因此，钛的合金化就是以合金元素的上述作用规律为指导原则，根据实际需要，合理地控制元素的种类和加入量，以得到预期的组织、性能和工艺特性。具体的几种典型元素对于钛的合金化的影响如下。

（1）铝元素。Al是钛的合金化中最重要的固溶强化元素。Al添加量的增大可以提高室温和高温强度、再结晶温度、弹性模量和比电阻等，但会降低塑性和韧性。超过溶解度极限，导致Ti_3Al相析出，引起脆化，降低热稳定性能。一般Al的添加量小于7.5%。

（2）铁元素。含Fe固溶体在1 085℃发生共析转变，生成TiFe相。TiFe相导致塑韧性大幅度降低，一般作为有害杂质；Fe是最强的β稳定元素，添加1%的Fe，α/β相变点下降约18℃；添加铁可以显著提高钛合金的淬透性，主要用于高强、高韧、高淬透性的β钛合金，但是在合金铸锭中易形成偏析，成为冶金缺陷，降低耐蚀性。铁价格较低，在发展低成本钛合金时是一个重要元素。

（3）锆元素。Zr与Ti无限固溶，起固溶强化作用，可以提高强度、耐热性、耐蚀性，细化晶粒，改善可焊性，对室温和低温塑性的不利影响小，是高强钛合金、耐蚀钛合金、高温钛合金和低温钛合金的一种常用元素。但是，其高温的强化效果不如Al，Sn，并且其资源有限，价格高，会增加吸氢性，需要控制使用量。

扫描二维码，观看拓展资料"其他几种元素对钛的合金化的影响"

4.1.3　钛合金的分类

钛合金按强度可分为高塑型钛合金、中强度型钛合金和高强度型钛合金；按用途可分为结构钛合金、功能钛合金和生物工程钛合金；按制备工艺可分为变形钛合金、铸造钛合金和粉末钛合金；按退火组织分类，可分为α钛合金、β钛合金、α+β钛合金。这三类钛合金的典型牌号及力学性能见表4.1。

表4.1 典型钛合金材料及其力学性能

牌　号	名义成分	类　型	热处理	σ_b/MPa	$\sigma_{0.2}$/MPa	δ/（%）
TA7	Ti–5Al–2.5Sn	α	退火	880～890	755～765	7.6
TB2	Ti–5Mo–5V–8Cr–3Al	β	退火	420～450	350～380	3.2
TC4	Ti–6Al–4V	α+β	退火	940～960	850～860	1.9

在飞机或发动机的设计中，主要根据零件的工作温度和应力水平选择合金牌号，同时结合零件的制造工艺方案考虑相应的成型和焊接等工艺性能。不同类型的钛合金的特点不同，使用的具体部位也有差别：α型合金不能热处理强化，只有中等水平的室温强度，但组织稳定，抗蠕变性能好，可在较高温度下长期稳定工作，是创新型耐热钛合金的基础，一般用作承力较大的钣金件和锻件；β型合金在固溶状态有良好的工艺塑性，便于加工成型，时效处理后可获得很高的强度性能，但对杂质元素敏感性高，组织不够稳定，耐热性较低，不宜在高温下使用，一般用作紧固件和飞机结构件；α+β型合金具有良好的热强性和冷成型性，综合性能好，并且可淬火和时效强化，一般用作涡轮发动机机身构件。

1. α型钛合金

α型钛合金是指退火状态的组织为单相的α固溶体或α固溶体加微量的金属间化合物的钛合金，牌号用"TA"表示。其主要添加合金元素是α稳定元素铝和中性元素锡，起固溶强化作用。钛–铝系合金的强度随着铝含量的增加而提高，但使用温度不能超过500℃；钛–铝系合金中加入少量锡，在不降低塑性的条件下，可提高合金的高温、低温强度。合金的杂质是O和N，对塑性不利，应予以限制。α型钛合金主要包括各种不同级别的工业纯钛和广泛应用的Ti5Al2.5Sn合金。工业纯钛具有最高的拉伸塑性，能够用各种方式进行焊接，使用温度最高可达250～300℃，主要用来制造飞机和发动机上各种受力不大的板材结构件，其中TA1的强度最低，塑性最好。Ti5Al2.5Sn（TA7）合金具有中等的室温抗拉强度（800～1 000 MPa）和良好的焊接性能，与工业纯钛相比，Ti5Al2.5Sn合金工艺塑性稍低、热强性更高，长时间工作温度可高达450℃。α型及近α型钛合金在航空工业中的应用情况见表4.2。

表4.2 α型及近α型钛合金在航空工业中的应用

合金牌号	应用部位
工业纯钛	民用飞机过道、洗漱间底部支撑结构、楼梯和托架、防冰和环控系统中管道、飞机发动机舱的内蒙皮、波纹板、防火墙等
TA7	前机匣壳体、封严圈壳体、板材也常热压成型作衬板、支架座和壁板等零件
TA11	航空发动机高压压气机盘、叶片和机匣等
TA12	航空发动机压气机盘、鼓筒和叶片等
TA13	机匣、排气收集器的加强带
TA15	400℃以下长时间工作的飞机、发动机零件和焊接承力零部件
TA18	燃油管路、蜂窝结构
TA19	压气机机匣和飞机蒙皮
Ti–6242S	发动机转动部件、发动机安装架、散热系统及导风罩
Ti–5Al–2.5V	涡轮泵中高压燃料的氢侧
Ti–8Al–1Mo–1V	军用发动机的风机叶片

合金牌号	应用部位
Ti1100	T55-712改型发动机的高压压气机轮盘和低压涡轮叶片
IMI834	波音777的大型发动机Trent700
IMI829	RB-211-535E 4引擎的压气机轮盘、刀片和垫圈，该引擎用于波音757
Ti-55	发动机高压压气机盘、鼓筒和叶片

2. β型钛合金

β型钛合金是退火或淬火状态得到单相的β固溶体组织的钛合金，牌号用"TB"表示。合金化的主要特点是加入大量的β稳定元素，使合金具有良好的塑性。如果单独加入钼或者钒，Mo含量必须大于12%，V含量必须大于20%，说明加入量很高。大多数β型钛合金是同时加入与β相具有相同晶体结构的稳定元素和非活性共析型β相稳定元素。β型钛合金包括稳定β型钛合金、亚稳定β型钛合金、近亚稳定β型钛合金。

稳定β型钛合金的主要特点是具有非常高的抗腐蚀能力，还有非常好的工艺塑性，可以在冷态下进行薄板轧制，合金可以用各种方式进行焊接，但是不能进行热处理强化。亚稳定β型钛合金在淬火状态下具有非常好的工艺塑性和令人满意的可焊性，固溶处理可以采用水淬，也可以空冷，但长时间工作温度不能超过150~250℃。亚稳定β型钛合金时效后的拉伸塑性特别是横向拉伸塑性非常低，又含有大量铜、铬等元素，使其密度增加，弹性模量降低，因而限制了它的应用。近亚稳定β型钛合金综合了马氏体α+β型和亚稳定β型钛合金的优点，是当前最有发展前景的热处理强化钛合金，其主要特点是在退火或固溶处理状态下具有非常好的工艺塑性和成型性，还具有良好的抗热盐应力腐蚀的能力。

β型钛合金在固溶状态下有良好的工艺塑性，便于加工成型，时效处理后可获得很高的强度性能，但对杂质元素敏感性高，组织不够稳定，耐热性较差，不宜在高温下使用，一般用作紧固件和飞机结构件。β型钛合金在航空工业中的应用见表4.3。

表4.3　β型钛合金在航空工业中的应用

合金牌号	应用部位
TB2	钣金件、压力容器、波纹壳体和蜂窝结构
TB3	高强紧固件
TB5	钣金构件
TB6	飞机机身、机翼和起落架的锻造零件
Alloy C	F119的尾喷管和加力燃烧室
Ti-40	航空发动机结构材料、机匣
β-21S	国家航空航天飞机（National Aerospace Plane，NASP）的机身和机翼壁板，引擎中的喷嘴、塞子、蒙皮和各种纵梁结构
BT 22	IL-86和IL-96-300的机身、机翼、起落架和其他高承载部件
Ti-10-2-3	波音B777的起落架主梁和空客A380的主起落架支柱，及部分货舱门、引擎机舱、尾翼
Ti-15-3	波音B777应用控制系统管道、灭火罐、货物装卸部件和喷射引擎的震动隔音板，及转矩管、发动机支架
Ti-13-11-13	SR-71"黑鸟"飞机的机翼、外壳板、骨架、纵梁、隔板、肋骨、铆钉和起落架
β-C	主要用于制造弹簧，包括起落架的上、下锁弹簧，机头的中间弹簧，刹车用踏板回动弹簧，液控回动弹簧，飞行控制弹簧

β–21S（Ti–15Mo–3Al–2.7Nb–0.2Si）合金是美国Timet公司为国家航天飞机开发的β型钛合金，它可制成带材，并且具有抗氧化性，可作为复合材料来使用。尽管它是β型钛合金（β型钛合金一般在高温环境下的性能不是很好），但它具有较好的高温特性，并比TC4有更好的抗蠕变性能，已被波音和P＆W用在650℃的工作环境中。它的优点在于可以较好地抗高温液压机液体腐蚀，这种液体是一种少数能在航天环境下腐蚀钛合金的物质，在超过130℃时会分解并形成一种含有机金属的磷酸，腐蚀钛合金，更重要的是使含有大量氢的泵产生严重的脆裂。β–21S合金是唯一能抵抗这种腐蚀的金属。这是因为β–21S含有Mo和Nb，可用于引擎机舱和喷射引擎部位（原先使用钢或镍基合金）。β–21S合金可减轻质量，用于制造波音B777的三种引擎（P＆W 4084，GE 90以及Trent800）中的喷嘴、塞子、蒙皮和各种纵梁结构，这些可以为每架飞机减重74 kg。P＆W特别采用β–21s合金制备4168引擎的喷嘴和塞子（4168为空客A330的引擎，采用多孔夹层结构设计）。

3. α+β型钛合金

α+β型钛合金是指含β稳定元素比较多的钛合金，总量为2%～6%，退火状态组织为α+β固溶体，牌号用"TC"表示，其中TC4（Ti–6A1–4V）合金应用最广。α+β型钛合金中加入钒、锰、铬、铁等β稳定元素溶于β相中起固溶强化作用，提高β相稳定性，加入α稳定元素铝和中性元素锡起强化α相的作用，并通过淬火使合金具有时效强化作用。最常用的TC4合金是α+β型钛合金的典型代表，加入适当数量的β稳定元素，特别是强β稳定元素Mo，可以提高室温下的拉伸强度，改善合金的热稳定性；加入微量的β共析元素Si可进一步提高合金的抗蠕变能力。此类合金还具有较高的高温拉伸强度、室温拉伸塑性和较好的室温低周疲劳强度，可以在一定程度上进行热处理强化，但是焊接性能不如近α型热强钛合金好。

α+β型合金具有良好的热强性和冷成型性，综合性能好，并且可淬火和时效强化，一般用作涡轮发动机机身构件。α+β型钛合金在航空工业中的一些应用见表4.4。

表4.4 α+β型钛合金在航空工业中的应用

合金牌号	应用部位
TC1	板材冲压成型零件及蒙皮
TC2	板材冲压件，如飞机机尾罩前段蒙皮、发动机的下罩等
TC4	发动机的风扇、压气机盘、叶片及机身、引擎机舱、飞机起落架、机翼和尾翼、挡风玻璃框架、鳍板，发动机框架、链接件等
TC4–DT	结构件（与Ti–64ELI类似）
TC6	承力构件，航空发动机的压气机盘和叶片
TC11	航空发动机的压气机盘、叶片、鼓筒等
TC17	航空发动机风扇盘、压气机盘、离心叶轮、直升机浆毂等
TC18	起落架部件，飞机翼梁、横梁、紧固件和弹簧等
Ti–6–22–22S	F–22战斗机用材料，联合攻击战斗机等
Ti–6–6–2	波音B747的起落架结构，及飞机起落架的阻力杆、顶销等
Ti–6–2–4–6	主要用于军用发动机（F–110，F–119）
Ti–17	可用于400℃下的风扇和压气机轮盘
TC21	起落架、机体连接架、发动机框架及发动机舱隔板等

注：TC4–DT即TC4 ELI，在TC4合金基础上降低了间隙元素含量。

　　TC4钛合金占到整个钛合金产品的60%左右，最小拉伸强度为896 MPa，具有较好的疲劳性能和断裂性能（经热处理后还能改善），可以制成铸件、锻件和挤压件，可用于制造飞机的任何部分，如机身、引擎机舱、飞机起落架、机翼和尾翼等。图4.4所示是某型航空发动机中用TC4钛合金制成的中压压缩机及机箱，图4.5所示是用TC4钛合金锻造的某型飞机的起落架结构。

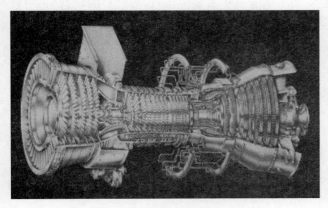

图4.4　航空发动机压缩机及机箱

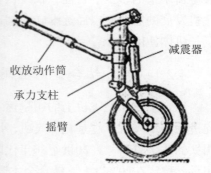

减震器

收放动作筒

承力支柱

摇臂

图4.5　飞机起落架结构

　　波音B757，B767和B777的挡风玻璃框架都是由TC4钛合金压铸而成的，而其上面的顶板是由TC4合金板制成的，这些主要是由于TC4钛合金具有较高的强度，能抵挡飞机在飞行过程中受到的鸟的撞击。波音B777的鳍板是由TC4钛合金热成型板制成，厚5 mm、宽762 mm、长3.3 m，它的热膨胀系数和碳纤维吻合得较好。经退火的TC4合金锻件也可用来制造波音B777机身的水平鳍板和垂直鳍板，这是由于钛和石墨的抗腐蚀相容性较好。波音B777的机身末端（见图4.6）和发动机引擎框架和链接件等（见图4.7）采用TC4合金，这是由于此处工作温度较高，选用铝合金不合适，而钢或镍基合金又太重。

图4.6　B777尾翼

图4.7　B777航空发动机引擎

4.2　钛合金国内外应用状况

钛合金具有比强度高、密度小、使用温度范围较宽，以及抗腐蚀性能好、与碳复合材料具有良好的相容性等优异性能，是一种理想的航空结构金属材料，在航空工业上得到广泛应用。衡量一个国家航空工业发展水平的一个重要标志就是航空用钛合金占总钛合金需求量的多少。目前，钛及钛合金主要用于承受发动机热影响的非承力构件，随着飞机发展的需要，以后逐渐转向制造承力构件，以减轻质量，提高结构效率和可靠性，延长机体使用寿命。

4.2.1　国外钛合金的应用状况

钛合金在大型飞机上的用量逐年递增，到目前为止，在国内外大飞机市场上，越是先进的新型飞机，越是宽体飞机，用钛量越大，军机与民用飞机的用材趋势相同，而且用钛的比例更高。在20世纪80年代以后美国设计的先进军用战斗机和轰炸机中，钛合金用量已稳定在20%以上。钛合金主要应用部位如图4.8所示。

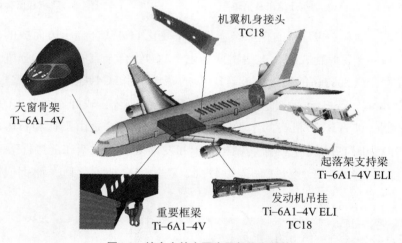

机翼机身接头
TC18

天窗骨架
Ti–6A1–4V

起落架支持梁
Ti–6A1–4V ELI

发动机吊挂
Ti–6A1–4V ELI
TC18

重要框梁
Ti–6A1–4V

图4.8　钛合金的主要应用部位和部件

例如，伊尔86，伊尔–96–300采用钛合金作起落架零件；C5A飞机近200万紧固件中有150万为钛合金紧固件，减重1 200 kg。另外，C–17运输机融合战略和战术空运能力于一身，是当今世界上为数不多可以同时适应战略、战术任务的运输机。C–17拥有出色的适应性，能够在强度不高的草地甚至是海滩或者沼泽地上降落。该机钛用量占全机材料质量的10.3%（钛零件总质量为6.8 t），起落架弹簧选用全β型钛合金。图4.9所示为C–17运输机。再比如，2013年开始量产的空客A400M军用运输机，是目前全球最好的多用途中型运输机之一。该机是欧洲自行设计、研制和生产的新一代军用运输机，也是欧盟国家进行合作的最大的武器联合研制项目。A400M运输机采用钛合金做翼身接头，翼身接头是飞机结构设计中最重要的设计环节之一。由于在机翼机身连接区，连接构件可能还与其他构件连接，所以受载和传力情况复杂。图4.10所示为A400M军用运输机。

图4.9　C-17运输机

图4.10　A400M军用运输机

钛合金在国外民机的应用情况见表4.5，可知双通道飞机的用钛量大大高于单通道飞机的用钛量。如波音公司的一架波音B737，B747，B777钛用量分别为18 t，45 t和59 t，而一架波音B787飞机采用钛合金特大锻件作接头，用钛量达到136 t，占全机质量的15%，用钛量比例增加十分显著。在B777上，共用了五种钛合金：Ti-1023，Ti-64ELI，Ti-15-3，β-21S、Ti-6242。高强高韧性β钛合金Ti-1023用于主起落架，这是最大的钛单体件，也是最具有挑战性的。它是一种新结构的三轴起落架，能使飞机在较短跑道起飞，为了降低成本，它用三件拼焊而成，用Ti-1023代替高强钢做主起落架，既可大大减重，又可避免腐蚀问题。

扫描二维码，观看拓展资料"钛合金在波音787上的应用"

表4.5　钛合金在国外民机的使用情况

机　型	钛合金用量	主要牌号	主要使用部位
B737	4%	Ti-6Al-4V	机翼、机身整流罩、吊挂、平尾、紧固件
A320	4.5%	Ti-6Al-4V	襟翼结构、吊挂、座舱盖、前挡风
		Ti-3Al-2.5V	液压管路
B747	7%	Ti-6Al-4V	舱门框、吊挂结构、机翼结构、紧固件
		Ti-10-2-3	起落架结构
		Ti-6Al-4V ELI	安定面接头
		β21S	后整流罩
		Ti-6242	发动机支架
		Ti-15-3-3-3	ECS导管、弹簧
A380	10%	Ti-6Al-4V	机翼结构、紧固件、吊挂结构、座椅滑轨、舱门框
		Ti-10-2-3	起落架结构
		Ti-6Al-4V ELI	机翼结构
		Ti-55531	机翼和吊挂的连接装置、紧固件
B777	15%	Ti-6Al-4V	舱门框、吊挂结构、机翼结构
		Ti-6Al-4V ELI	外翼肋
		Ti-5553	机翼结构（前、后梁，接头）、吊挂结构（后框）

空客公司也十分重视钛合金在客机上的应用。一架A320，A330和A340的用钛量分别为12 t，18 t和25 t，而一架A380采用了全钛挂架，用钛量占全机质量的10%。A380是

首次推出全钛挂架的飞机。图4.11给出了A350客机用钛的主要部位和部件，主要有起落架、机翼结构、发动机悬架、机翼高压油管气管、紧固件、舱门、机舱面板或隔板、座椅导轨、尾锥和辅助动力舱的隔热屏等。由于宽体A350客机碳复合材料用量大，所以用钛量约100 t。不仅是机身，目前大飞机用主流的高涵道比涡轮风扇发动机也大量用钛。

图4.11　空客A350上钛的主要应用部位和部件

国外大型飞机上使用的主要钛合金牌号及应用部位见表4.6。

表4.6　国外大型飞机上使用的主要钛合金牌号

国外牌号	国内牌号	名义成分	使用部位	备　注
Ti–40	TA1	Ti	内蒙皮、波纹板、防火墙	
Ti–65A	TA2	Ti	内蒙皮、波纹板、防火墙	
Ti–70	TA3	Ti	内蒙皮、波纹板、防火墙	
Ti–3–2.5	TA18	Ti–3Al–2.5V	液压导管	
Ti–6–4（BELI）	TC4（DT）	Ti–6Al–4V	锻件等各种半成品	安定面接头等
Ti–6–2–4–2	TA19	Ti–6Al–2Sn–4Zr–2Mo	锻件	发动机挂架
Ti–10–2–3	TB6	Ti–10V–2Fe–3Al	锻件	起落架
BT22	TC18	Ti–5Al–5Mo–5V–1Cr–1Fe	锻件、焊接件	
Ti–15–3	TB5	Ti—15V–3Cr–3Al–3Sn	钣金件、管路	可控系统、管路
β–21S	TB8	Ti–15Mo–3Al–2.7Nb–0.2Si	钣金件	外涵道等
BT16	TC16	Ti–3Al–5Mo–4.5V	紧固件	
β–C	TB9	Ti–3Al–8V–4Mo–4Zr	弹簧	

4.2.2　我国钛合金的现有基础

中国国内的钛加工材产量目前居世界第一，钛产量突破10×10^4 t，主要用于航空工业方面，市场潜力巨大。但是由于民用飞机更强调经济性和安全性，因而不能像新型战斗机一样达到单架用钛比例很高的状态。我国战斗机的钛用量也在不断增大，20世纪80年代开始服役的歼八系列的钛用量为2%，两种新一代战斗机的钛用量分别为4%和15%，更新一代的高性能新型战斗机的钛用量将达到25%～30%。中国大飞机、航天空间站、嫦娥计划都会大量使用钛材。尤其是大飞机项目，钛材的应用量将逐步增大。图4.12为大飞机项目中我国具有自主知识产权的干线民用飞机C919。该机在机头、中央翼、尾翼、外翼和吊挂等部件应用了TC4和TC4–DT等钛合金。由于钛合金具有与复合材料相容性较好等优点，C919的钛合金用量达到10%，超过同级别波音737和空客A320的水平。尽管我国钛工业在近几年里取得了长足发展，基本上满足了国内各项建设的需要，但客观地说，我国钛工业还不能立即完全满足航空工业大发展对钛材的各种需求。

图4.12　C919飞机

从20世纪50年代至80年代，国际上发展钛合金的主要方向是不断提高性能以满足工业发展需要，特别是军用飞机及其发动机减轻结构质量的需要，即所谓的"斤斤计较"甚至"克克计较"。虽然我国在高性能钛合金的研究方面取得了一些成就，但是与国外相比，在高阻燃性能钛合金、高耐热性能钛合金和高强度的近β和β型钛合金等方面仍存在较大差距。我国从钛合金研发开始一直十分重视新型钛合金的研制，前期主要是仿制国外先进钛合金，之后是既仿制又创新，目前主要以创新为主，已形成我国第三代重型战斗机用钛合金材料体系，研制出Φ350 mm棒（TA15、TC4）、TA15整体精锻件、大运主起落架横梁中央件TC18模锻件、高强韧损伤容限型钛合金TC21、中强损伤容限型钛合金TC4–DT等。TA18管材（GJB 3423—1998《航空用Ti–3Al–2.5V钛合金管材规范》）已应用于我国运7飞机的空调系统管道；TC16钛合金紧固件可实现紧固件在室温下的连续镦制，降低成本、提高生产率。国内研制的钛合金牌号与国外牌号对比见表4.7。

表4.7　国内钛合金研制牌号与国外牌号对比

国内牌号	国外牌号
TC4	Ti–6Al–4V
TA15	BT20
TA18	Ti–3Al–2.5V
TA19	Ti–6242S
TC4– ELI TC4DT	Ti–6Al–4V ELI
TB8	β–21S
TC18	BT22
TB6	Ti–10–2–3
TB5	Ti–15–3
TC21	Ti62222

随着国内航空工业的快速发展，使用钛合金的零部件增多，对钛合金的要求逐渐提高，目前国内的钛合金主要分为中高强钛合金和高温钛合金。国内研制的钛合金主要包括TA15钛合金、TA19钛合金、TC21钛合金等。

1.TA15钛合金

TA15合金密度为4.5 g/cm³，是一种高Al含量的近α型中强度钛合金，名义成分为Ti–6Al–2Zr–1Mo–1V，相变点在980～990℃之间。TA15合金相组织为初生等轴α相和β转变相（包含次生片状α和β两相）构成的双态组织，晶相组织如图4.13所示。相组成是以α相固溶体为基体，含有少量（5%～7%）的β相，不能通过热处理进行强化。

图4.13　TA15钛合金显微组织

TA15合金既具有α型钛合金良好的热强性和可焊接性，又具有α+β型钛合金的工艺塑性，因此TA15合金特别适合于制造各种焊接零部件，是高温应用的理想材料，目前这类合金的最高使用温度为500～550℃。TA15合金具有中等室温和高温强度，以及良好的热稳定性和焊接性能，该合金的抗应力腐蚀能力、强度、断裂韧性、疲劳极限均略高于TC4合金。TA15合金主要机械性能见表4.8。

表4.8　TA15合金的主要机械性能

E/GPa	$\sigma_{0.2}$/MPa	σ_b/MPa	δ/（%）	断面收缩率ψ/（%）
117.6	888	956	13.9	32.3

TA15合金主要用于飞机大型结构件上，极具代表性的是在苏–27上的应用。苏–27作为世界上一流的第三代歼击机，其先进的战技性能是各种技术集成的综合效应，在主承力结构大量使用钛合金是其结构选材的最大特点，全机钛合金毛坯用量达5.5 t左右，占结构质量的16%～18%。使用的品种规格有薄板、厚板、管材、棒材、型材、模锻件和铸件等，板材的最大厚度为70 mm左右。使用的牌号有TA15（俄罗斯牌号BT20）、BT16、IIT7M、OT4–0、BT3–1等十余种。特别值得提出的是，TA15钛合金使用部位广泛、用量大，单机毛坯用量占整个钛合金毛坯用量的70%左右，是先进飞机的关键结构和用材特点的主要标志。

TA15钛合金为中等强度级别的钛合金，有良好的综合力学性能和工艺性能。该合金在500℃下的工作寿命可达到3 000 h，在450℃下的工作寿命可达到6 000 h。该合金主要用来制造500℃以下长时间工作的结构零件、焊接承力结构件和一些温度较高、受力较复杂的重要结构零件，例如应用于发动机的各种叶片、机匣，飞机的各种钣金件、梁、接头、大型壁板、焊接承力框等。目前该合金在军工领域和民用领域都具有广阔的应用前景。

2.TA19钛合金

TA19钛合金名义成分为Ti-6Al-2Sn-4Zr-2Mo-0.1Si，属于Al、Sn、Zr等α稳定元素固溶强化的近α型的两相钛合金，通常α相的比例在80%以上，具有高强、高韧和良好的抗蠕变性能。其在军用和民用的航空飞行器发动机上得到广泛应用，比如发动机燃烧室机匣等。发动机燃烧室是发动机的高温部件，工作条件极为恶劣，是发动机的承力件。因此，在要求材料性能良好、工作可靠的同时，还要求材料具有足够的强度和一定的使用寿命，特别是要具有良好的抗氧化性和组织稳定性。除此之外，该合金也应用于飞机蒙皮制造以及海洋工程中，是制造舰艇、船舶的优良材料，同时也可应用于化工及海水淡化装置。然而，该材料也存在一些不足，由于该合金中铝含量较高，工艺塑性较差，使得锻造时材料容易开裂，同时在锻造大规模棒材时难以控制组织均匀性。

美国高温钛合金的发展较为成熟，TA19在美国对应的牌号为Ti-6242S。Ti-6242S就是目前在发动机上使用量较大的合金之一。Ti-6242S合金是近α钛合金，是美国钛金属公司于1960年研制的，具有较高的高温蠕变强度和瞬时强度。Ti-6242S合金作为耐高温材料广泛应用于大型运输机的涡轮喷气发动机上，如普拉特·惠特尼公司JTD发动机压气机盘、叶片，通用电气CF6-50发动机盘、叶片和壳体，都是由该合金制成的。除此以外，该合金也已成功应用于F414、F119、TRENT800等先进的军用和民用航空发动机上，成为550℃以下压气机盘和叶片的首选钛合金材料。

在很长一段时间内，我国钛合金的发展主要是走仿制的路线，早期主要仿制苏联的合金，如TC11合金对应的是BT9合金。TA19在美国对应的牌号为Ti-6242S，其他的还有TA11、TC17等。近几十年来我国开始走自行研制的路线。特别在近几年，新型钛合金研究十分活跃，研制出许多具有自主知识产权的新型钛合金，合金总数70多种，其中多数已获得广泛的应用。

3.TC21钛合金

TC21钛合金是西北有色金属研究院在Ti-6Al-4V基钛合金的基础上，通过仿制美国Ti-6-22-22S钛合金，按照可焊接性、高强度、高韧性、高损伤容限型等要求，通过运用晶体结构理论和钛合金的"少量多元"设计准则，将多种β相稳定元素和中性元素加入到钛合金中，设计出的Ti-Al-Sn-Zr-Mo-Cr-Nb系α+β型钛合金，其成分见表4.9。经研究，TC21钛合金的相变点为950℃±5℃，强度σ_b=1 100 MPa，断裂韧性K_{IC}=70 MPa·m$^{1/2}$，裂纹扩展率为每周期10^{-5}～10^{-6} mm，其他力学性能较稳定。TC21钛合金作为飞机结构件合金材料，其使用前景高于目前广泛使用的TC4钛合金，具有广阔的应用潜力。与Ti-6-22-22S合金相比，Nb元素的添加以及Cr元素的减少，大大改善了合金的强度、韧性等力学性能。

表4.9　TC21钛合金的化学成分

元素	Al	Cr	Sn	Mo	Zr	Nb	Si	C	N	H	O
含量/（%）	6.12	1.52	2.18	2.82	2.15	1.96	0.13	0.022	0.008	0.002	0.008

TC21合金作为一种新型高强、高韧、高损伤容限型钛合金，被应用在对强度和耐久性要求较高的航空构件或关键承力部件上。目前，科技工作者对TC21合金的相变温度、热处理工艺及成型加工等方面都开展了大量的研究工作。TC21钛合金的性能不仅具有国际先进水平，而且在合金及其锻造工艺上都具有自主知识产权。

国外发达国家相继对高损伤容限型钛合金开展了积极的研究和应用，将中损伤容限型的TC4（ELI）合金和高损伤容限型的Ti–6–22–22S合金应用在了第四代战斗机F22、F35及大型运输机C17上，大大提高了飞机的使用寿命和战斗力。国内目前已将TC21合金应用在飞机的起落架、基体连接件、有温度要求的发动机框架以及机身温度最高的发动机舱隔板材料等方面。

4.3 航空用高性能钛合金的应用状况

4.3.1 高强度钛合金

高强度钛合金是为了满足机身减重和高负载部件的使用而提出的，抗拉强度在1 000 MPa以上，在飞机上用于机身的承力隔梁、起落架的扭力臂、支柱等。目前高强度钛合金的研究以β钛合金为主，也包括α+β两相合金，合金化的主要特点是加入较多的β稳定元素，如V、Cr、Mn、Fe等，严格控制N、H、O等气体元素含量，并在高温下的固溶时效处理得到稳定的β相组织。最早的β型钛合金是20世纪50年代中期由美国Crucible公司研制出的B120VCA合金（Ti–13V–11Cr–3Al）。具有代表性的高强度钛合金主要有Ti–1–0–2–3、Ti–5–3、β–21s、Ti–6–22–22S和BT22、TB10、TC21等，表4.10给出了这几种典型高强钛合金的性能特点。

表4.10 几种典型高强钛合金的性能特点

钛合金牌号	Al含量/（%）	Mo含量/（%）	相转变温度/℃	性能特点
Ti1023	4.0	11.1	790～850	淬透性较大，热处理强化效果显著
Ti153	5.0	15.7	750～770	合金成型即可进行时效，裂纹形成敏感性较小
β–21S	4.0	15.8	793～810	强度高，蠕变强度和热稳定性良好，变形能力良好
BT22	6.0	11.8	860～990	加工性能和焊接性能良好
TB10	4.0	11.5	810～830	淬透性和断裂韧性良好
TC21	6.0	2.0	945～955	强度高，韧性和疲劳性能好，损伤容限性高

1.Ti–10–2–3合金

Ti–10–2–3（Ti–10V–2Fe–3Al）合金是美国Timet公司于1971年研制成功的，是迄今为止应用最为广泛的一种高强韧近β钛合金，已成功应用于C–17大型运输机的起落架、波音B777客机的主起落架转向架梁以及大型客机A380的主起落架支柱。它是一种为适应损伤容限性设计原则而产生的高效益、高可靠性和低成本的锻造钛合金，V和Fe为主要的β稳定元素。为了提高合金的锻造性能和断裂韧性，Fe的含量低于2%，O的含量限制在0.13%以下，该锻件的"三强"（屈服强度、拉伸强度、抗拉强度）分别为965 MPa、

1 105 MPa和1 190MPa，同时它也具有很好的疲劳性能。该合金是波音B777中用量最大的β钛合金，起落架（见图4.14）几乎全部由该合金制成。空客A380的主起落架支柱采用的也是该合金，用Ti–10–2–3合金可为每架飞机减重270 kg，还消除了用钢时产生的应力腐蚀。Mcdonnell Donglas采用Ti–10–2–3合金制成货舱门、引擎机舱、尾翼。Ti–10–2–3合金在疲劳强度方面的优势也使其广泛应用于直升机。

图4.14 波音B777的起落架

2.Ti–15–3合金

Ti–15–3（Ti–15V–3Cr–3Sn–3Al）合金是在20世纪70年代由美国空军部门资助下开发的一种亚稳定β型的高强抗腐蚀合金。V和Cr抑制马氏体转变并稳定β相，热处理后板材的$\sigma_b \geqslant 1$ 310 MPa，显微组织是β基体和弥散的α相。该合金具有优良的冷变形性、时效硬化性能、可焊接性能，以及很好的疲劳性能，用于波音B777的应用控制系统管道，替代原来的低强度工业纯钛，为每架飞机减重63.5 kg；可替代21–6–9钢（即0Cr21Ni6Mn9N含氮奥氏体不锈钢）制作灭火罐，为每架飞机减重23 kg；由于它的强度、抗腐蚀能力和成型性优良，还可用于波音B777上的许多夹子、支架以及其他部分。Ti–15–3合金的铸件也用于波音B777的货物装卸部件和喷射引擎的震动隔音板，强度达1 140 MPa。P＆W用Ti–15–3合金制造用于新型发动机上一种温度较低部分的支架，这能比用钢减轻很多质量。Allied Signal–Bandix用Ti–15–3合金铸件制作制动转矩管（用于F–18EF战斗机），它的抗拉强度σ_b达1 045 MPa（TC4为830 MPa），高强度可使转矩管的体积减少。加大碳的用量，可以增加刹车装置的寿命。

3.BT22合金

BT22合金是俄罗斯研制的，退火状态下为α+β结构，该合金塑性和焊接性能优异，已用于IL86（见图4.15）和IL96–300的机身、机翼、起落架等高负载航空部件。为了进一步提高强度，研发人员对BT22进行了改进，在其中加入Sn、Zr等元素，即BT22M合金，其室温强度达到1 200 MPa以上，用于生产飞机发动机盘和叶片、起落架杆、开槽枢轴、刹车连杆和液压缸盖等部位。

图4.15　俄罗斯IL86大型客机

4.TC21合金

TC21钛合金（Ti–6Al–2Zr–2Sn–2Mo–1.5Cr–2Nb）是由我国西北有色金属研究院研制的一种新型高强、高韧、高损伤容限钛合金。它是在Ti–6Al–4V钛合金的基础上仿制Ti–62222S合金，通过运用晶体结构理论和钛合金的"少量多元"设计准则，使多种β稳定元素和中性元素加入钛合金中的。TC21钛合金通过一定的热处理制备得到的网篮组织，比其他组织形态具有更好的强度、塑性、韧性和裂纹扩展速率匹配能力。在其断裂韧性、裂纹扩展抗力、热稳定性不低于TC4合金的条件下，强度比TC4合金高一个数量级，与美国的Ti–62222S合金相当。同时，这种TC21钛合金的各种性能都非常稳定，抗拉强度可达1 100 MPa，抗剪强度可达700 MPa，断裂韧性高达70 MPa，裂纹扩展速率低至每周期$2×10^{-5}$ mm。TC21室温下的力学性能见表4.11。

表4.11　TC21合金室温力学性能

σ_b/ MPa	$\sigma_{0.2}$/MPa	δ/（%）	ψ/（%）
1110	1060	15.67	20.67

目前TC21合金是我国高强、高韧钛合金中综合力学性能匹配较好的钛合金之一，可用于航空飞机的机翼接头结构件、机身与起落架、吊挂发动机接头等部位，以及对强度及耐久性要求高的重要或关键承力部件的制作。图4.16所示为TC21合金棒材，图4.17所示为飞机起落架。

图4.16　TC21合金棒材

图4.17　由TC21合金制成的飞机起落架

5. β–21S合金

β–21S（Ti–15Mo–3Al–2.7Nb–0.2Si）是由美国钛金属公司研制的一种新型抗氧化、超高强钛合金，具有良好的抗氧化性能，冷热加工性能优良，可制成厚0.064 mm的箔材。

6. SP–700钛合金

日本钢管公司（NKK）研制的SP–700（Ti–4.5Al–3V–2Mo–2Fe）钛合金，强度高，超塑性延伸率高达2 000%，超塑成型温度比Ti–6Al–4V低140℃，可取代Ti–6Al–4V合金用超塑成型–扩散连接（SPF/DB）技术制造各种航空航天构件。

4.3.2　高温钛合金

高温钛合金是现代航空发动机的重要材料，主要用于飞机发动机的压气机盘、机匣和叶片等部件，以减轻发动机质量，满足发动机更高的工作温度要求，提高推重比。常规钛合金工作温度较低，一般小于500℃。目前，美、英等国已研制出了使用温度为550~600℃的高温钛合金，如美国Ti6242S，Ti1100，英国IMI829，IMI834，俄罗斯BT18Y，BT36以及我国的Ti–60，Ti–600等高温钛合金。表4.12给出了这几种典型高温钛合金的性能特点。

表4.12　几种典型高温钛合金的性能特点

钛合金牌号	Al含量/（%）	Mo含量/（%）	相转变温度/℃	性能特点
Ti6242S	6	2	995±10	热稳定性和蠕变强度的良好结合
Ti1100	6	0.4	1 015	良好的高温蠕变性能
IMI834	5.5	0.3	1 045±10	较宽的两相区热加工工艺窗口，良好的疲劳性能和蠕变性能匹配
BT36	6.2	0.7	1 000~1 025	良好的高温蠕变性能，非常细小的显微组织
Ti–60	5.8	1	1 025	良好的热稳定性和高温抗氧化性

1. Ti6242S合金

Ti6242S（Ti–6Al–2Sn–4Zr–2Mo–0.1Si）是美国早期研制的一种高温钛合金，属于近α型结构，强度达到930 MPa，最高使用温度为540℃，研发人员通过对Ti6242S的合金元素含量进行调整，研制出了Ti1100（Ti–6Al–2.75Sn–4Zr–0.4Mo–0.45Si），使其使用温度提高到600℃，该合金已应用于T55–712发动机的高压压气机轮盘和低压涡轮叶片等部件。美国惠普公司近年研制出的Ti–1270高温钛合金，试验过程中使用温度可达700℃，计划用于F35联合战斗机。

2. IMI834合金

IMI834（Ti–5.8Al–4Sn–3.5Zr–0.7Nb–0.5Mo–0.35Si）是英国研制的IMI829的改进型，合金中Nb的加入在保证热稳定性的基础上，最大限度地提高了合金的强度，室温强度达到1 070 MPa，该合金焊接性能优异，已应用于波音B777飞机的Trent 700发动机上。

3. BT36合金

BT36（Ti–6.2Al–2Sn–3.6Zr–0.7Mo–0.1Y–5.0W–0.15Si）合金是俄罗斯在20世纪90年代研制的一种重要的高温合金，使用温度达到600~650℃，合金中加入Y达到细化晶粒、改善塑性的效果，加入W提高了合金的热强性。

4.Ti-60合金

我国研制了Ti-55，Ti-60（Ti-5.8Al-4.8Sn-2Zr-1Mo-0.35Si-0.85Nd）、Ti-600、Ti-53311S等高温合金。Ti-53311S使用温度在550℃左右，其成分与IMI829类似，但Mo含量更高，高温瞬时强度大，高温下具有良好的承载能力，在航空领域已获得应用。Ti-60属于Ti-55的改型，其使用温度达到600℃，室温强度达到1 100 MPa，合金元素Nd改善了合金的热稳定性。Ti600合金的600℃强度达到740 MPa以上，同时保持良好的伸长率和断面收缩率。

5.Ti-Al系金属间化合物

近年来，钛铝金属间化合物开始受到关注，Ti-Al系金属间化合物合金被国际公认为是最有希望的航天、航空、汽车等发动机用轻质高温结构新材料。Ti-Al系金属间化合物主要以Ti_3Al和TiAl为基础，最高使用温度达到800℃以上，抗氧化能力强，抗蠕变性能好，且质量更轻。以Ti_3Al为基础的Ti-21Nb-14Al和Ti-24Al-14Nb-3V-0.5Mo在美国已开始批量生产，但目前研制的钛铝合金塑性较差，使其在航空发动机上的应用受到了限制。典型Ti-Al系金属间化合物包括Ti_3Al，TiAl和$TiAl_3$。Ti_3Al，TiAl的性能和普通钛合金的比较见表4.13。

表4.13 普通钛合金、Ti_3Al、TiAl基合金性能比较

性能指标	Ti基合金	Ti_3Al基合金	TiAl基合金
结构	Hcp/bcc	DO_{19}	$L1_0$
密度/（g·cm^{-3}）	4.5	4.1~4.7	3.7~3.9
弹性模量/GPa	95~115	110~145	160~180
屈服强度/MPa	380~1150	700~990	350~600
断裂强度/MPa	480~1200	800~1140	440~700
室温塑性/（%）	10~25	2~10	1~4
高温塑性/（%）	12~50	10-20/660	10-600/870
室温断裂韧性/（Mpa·$m^{1/2}$）	12~18	13~30	12~35
蠕变极限/℃	600	750	750[1]~950[2]
抗氧化极限/℃	600	650	800[3]~950[4]

注：①双态组织；②板条状组织；③无涂层；④涂层/控制冷却。

（1）TiAl基合金。未来航空发动机推重比将达到10以上，为了提高航空航天飞行器发动机的推重比，节省燃料，提高材料的工作温度并减轻其结构质量是一种较为重要的方法。TiAl基合金具有低密度、低扩散率、高熔点、高弹性模量，以及良好的高温强度、抗蠕变性能、结构稳定性、抗氧化性能以及阻燃性能等，其高温强度和刚度都高于Ni基和Ti基合金，成为航空航天领域具有巨大潜力的新型高温结构材料。其密度为3.76 g/cm^{-3}，远远小于Ni基合金（8.3 g/cm^{-3}）和Ti基合金（4.5 g/cm^{-3}），所以应用TiAl基合金可减轻材料质量一半以上。图4.18所示为各种航空结构材料不同温度下比强度的对比情况。

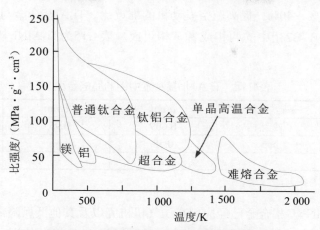

图4.18　航空用结构材料比强度随温度的变化图

TiAl基合金在600～750℃温区内有良好的抗蠕变性，它可部分代替高密度的镍基合金；良好的抗燃烧性使TiAl基合金有可能代替密度较大、价格昂贵的钛基阻燃合金。表4.14是典型的TiAl合金与拉伸性能之间的相互关系。

表4.14　典型的TiAl合金与拉伸性能之间的相互关系

成　　分	组织状态	拉伸性能		
		$\sigma_{0.2}$/MPa	σ_b/MPa	δ/（%）
Ti–46.5Al–2.5V–1.0Cr	FL	399	428	1.6
	NL	420	460	1.4
	DP	450	535	4.8
	NG	369	427	1.5
Ti–48Al–2Cr–2Nb	FL	454	—	0.5
	DP	480	—	3.1
Ti–46Al–2Cr–3Nb–0.2W	FL	473	473	1.2
	DP	462	462	2.8

注：DP—双态组织；NL—近层片组织；FL—全层片组织；NG—等轴近γ组织。

（2）Ti₃Al及Ti₂AlNb基合金。Ti₃Al基合金作为轻质高温结构材料，具有突出的高弹性模量和高温比强度，是进入成熟应用研究阶段的金属间化合物，被视为有助于航空航天飞行器发动机通过减轻结构质量实现性能提升的理想轻密度高温结构材料。但是它同时具有室温脆性和韧性低的缺点，这是因为Ti₃Al基合金室温时缺乏足够的形变方式和超点阵位错低的可动性。

扫描二维码，了解Ti–Al系金属间化合物的应用

在Ti₃Al基合金韧化机制的研究过程中，人们发现添加稳定元素Nb可以改善Ti₃Al基合金的断裂韧性、室温塑性和抗高温氧化性。发现Nb元素含量的增加会导致一种具有CmCm晶体结构的新相Ti₂A1Nb出现，该相属于正交晶系的有序相，故称为O相（Orthorhombic phase）。Nb在Ti₂AlNb O相合金中的存在可以有效提高合金的使用温度。该合金不仅具有较高的比强度、比刚度，还有高温蠕变抗力和断裂韧性高、热膨胀系数低、缺口敏感性低、无磁性等特点，可以使传

统高温合金减轻35%～40%，提高航空发动机的推重比。Ti_3Al基合金与Ti_2AlNb基合金通常由 α 相、O相及 β/B2相中的两相或者三相组成。表4.15为Ti_2AlNb基合金中相的晶格参数。

表4.15　Ti_2AlNb基合金中相的晶格参数

相	晶体结构	a/nm	b/nm	c/nm
O	正交结构	0.609	0.957	0.467
$α_2$	hcp	0.58	—	0.46
B2	bcc	0.32	—	—

注：a、b、c为晶格参数。

在美国，Ti_2AlNb O相合金已经应用在压气机机壳以及其他低风险部件中。20世纪90年代末期，美国将Ti_2AlNb O相合金与铸造 γ–TiAl合金叶轮组合使用，制成了质量和成本都低于以往的双金属离心叶轮。美国的TEXTURE公司以Ti_2AlNb O相合金箔材为金属基与SiC纤维增强制作复合材料，为航天飞机的蒙皮和发动机部件的制造作材料准备。Ti_2AlNb O相合金制造的构件也已成功应用于我国卫星发动机中，我国钢铁研究总院先后试制Ti–22Al–23Nb，Ti–22Al–25Nb，Ti–22Al–27Nb，Ti–22Al–24Nb–3Ta，Ti–22Al–20Nb–7Ta等试验合金，最终确定Ti–22Al–25Nb的成分设计。该合金的拉伸性能见表4.16，其他主要力学性能见表4.17，图4.19是该合金的铸锭、棒材、环状产品照片。

表4.16　Ti_2AlNb合金拉伸性能

产　品	拉伸性能							
	室　温				650℃			
	$σ_b$/MPa	$σ_{0.2}$/MPa	$δ$/（%）	$Ψ$/（%）	$σ_b$/MPa	$σ_{0.2}$/MPa	$δ$/（%）	$Ψ$/（%）
Ti_2AlNb合金棒材	1 160	1 070	12.5	16.0	945	845	17.0	27.0
Ti_2AlNb合金板材	1 120	1 020	8.0	—	880	730	13.5	—
Ti_2AlNb合金环形件	1 140	1 050	10.5	14.0	880	785	20.0	65.0

表4.17　Ti_2AlNb合金其他力学性能

产　品	断裂韧性K_{IC}/（MPa·$m^{1/2}$）	高周疲劳强度$σ_{-1}$/MPa		持久寿命$τ$/h	冲击韧性a_k/（J·cm^{-2}）			超塑性$δ$/（%）
Ti_2AlNb合金环形件	室温	室温	650℃	650℃，320 MPa	650℃	室温	750℃	650℃
	39	549	600	281	77	11	56	700

图4.19　Ti–22Al–25Nb合金铸锭、棒材、环状产品

4.3.3 阻燃钛合金

钛及钛合金因具有密度小、比强度高、耐蚀性好等优点，被广泛应用于航空工业领域，比如航空发动机上的盘件、叶片和机匣等部件都可采用钛合金制造。然而，在一定的温度、压力和气流环境下，常规钛合金容易被点燃而发生持续燃烧。燃气涡轮发动机上发生的"钛火"蔓延速度很快，从燃烧开始到结束仅4~20 s，难以采取灭火措施，因而限制了钛合金在先进航空发动机中的应用范围。为此，各国都在寻找问题的原因以及解决方案。图4.20所示为"钛火"实验。分析表明，钛合金燃烧源于高温摩擦。钛合金在空气中的燃点高于1 600℃，而发动机中的工作温度远低于其燃点，本不应引起燃烧，但是与铝、镁合金不同，钛合金具有较低的热导率和较高的干摩擦因数，在航空发动机中的高温、高压环境下，极易因摩擦导致局部高温而起火。

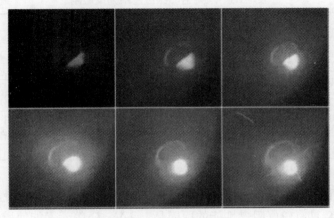

图4.20 "钛火"实验

现在常用的钛合金阻燃技术包括阻燃涂层、表面合金化、采用替代金属和阻燃钛合金。美国普惠公司曾尝试用镍基或铁基合金替代钛合金来避免燃烧事故的发生，然而这将明显降低航空发动机的推重比。钛合金的优异性能使得各国致力于改善其缺陷，从而提高其在高性能航空发动机中的应用。因此，现在常用的阻燃方式是采用阻燃钛合金。在一定的环境温度、压力和气流速度下不易被点燃或燃烧不易蔓延的钛合金被称为阻燃钛合金。

美、俄等国从20世纪70年代开始就开展了阻燃钛合金的研究。美国研制出了Alloy C（Ti–35V–15Cr）阻燃钛合金，该合金属于β型合金，具有良好的高温强度和抗氧化能力，但在高温（特别是482℃以上时）工作时，合金易发生氧化，该合金已应用于F119发动机的高压压气机机匣、导向叶片和矢量喷管中。俄罗斯研制出Ti–Cu–Al系BTT–1（Ti–13Cu–4Al–2Mo–2Zr），BTT–3（Ti–18Cu–2Al–2Mo）阻燃钛合金，BTT–1是在Ti–Cu二元合金的基础上添加少量铝、钼和锆等合金元素制成的，具有良好的热加工性，被用于发动机压气机机匣和叶片。BTT–3合金与BTT–1相比，塑性更高，阻燃性更好，可用于制备更加复杂的发动机零件，但这两种合金的整体力学性能和铸造性能较差，至今未能工程化。

我国对阻燃钛合金的研究起步较晚，西北有色金属研究院研制出了Ti-40（Ti-25V-15Cr-0.4Si）阻燃钛合金，该合金V含量较低，具有良好的机械性能，阻燃性能与Alloy C性能相当，在500℃时可长期使用，该合金已进入工业规模的研究阶段。之后，西部超导材料科技股份有限公司（WST）联合西北有色金属研究所、北京航空材料研究院、西北工业大学等在Alloy C、Alloy C$^+$和Ti40合金的基础上，通过调整Si、C元素的含量，研制出一种新型高合金化β型阻燃钛合金TF550，该合金具有良好的室温和高温拉伸、蠕变、断裂韧性等综合性能。

阻燃钛合金的研究与应用虽取得了一些成就，但是总体上远未达到成熟的程度。其主要问题在于熔炼困难、加工性能差，大量合金元素的使用使钛合金整体力学性能下降，贵金属含量大，价格高昂。常见阻燃钛合金系列见表4.18。

表4.18　常见阻燃钛合金系列及应用

系　列	牌　号	成　分	应　用
Ti-V-Cr系	Alloy C	50Ti-35V-15Cr	高压压气机静子叶片、内环和喷口调节片
	Alloy C$^+$	Ti-35V-15Cr-0.6Si-0.05C	压气机整流叶片、喷口收敛调节片、尾喷管
	Ti40	Ti-25V-15Cr-0.2Si	冷成型支架和加强杆
	TF550	Ti-35V-15Cr-Si-C	高压压气机机匣、压气机整流叶片
Ti-Al-Cu系	BTT-1	Ti-13Cu-4Al-4Mo-2Zr	压气机机匣、叶片
	BTT-3	Ti-18Cu-2Al-2Mo	板材零件
	Ti14	Ti-13Cu-1Al-0.2Si	高温和承载部件
Ti-Nb系	Ti-45Nb	—	铆钉连接件

1.Ti-V-Cr系阻燃钛合金

Ti-V-Cr系阻燃钛合金是目前最具工程意义的航空发动机用功能性结构材料。Ti-V-Cr系阻燃钛合金具有较好阻燃性能的原因是：①V、Cr等元素能使燃烧前沿快速形成一层致密的保护性氧化膜，有效隔离氧向基体输送，起到阻燃作用；②V、Cr的燃烧产物以气相形式逸出，因此，燃烧过程中放热小，抑制燃烧蔓延；③合金熔点较低，在燃烧前就已软化或熔化，同时大量吸热使局部温度降低；④合金导热性好，热量能快速散开，因此可避免局部温升。

（1）Alloy C合金。在Ti-V-Cr系阻燃钛合金中，最具代表性的材料是由美国普惠公司于20世纪80年代研制的一种稳定β型钛合金Alloy C（Ti-35V-15Cr），是目前工业用β钛合金Mo当量最高的合金。Cr元素使合金具有很好的高温强度、抗氧化能力及阻燃性。Alloy C合金在美国的四代机F119发动机上获得大量应用，以取代原先采用的镍基合金（F/A-22战斗机的动力装置）的高压压气机机闸和矢量尾喷管及导向叶片。图4.21是Alloy C合金和TC4合金的燃烧性能比较图。从图中可以看出，Alloy C合金比TC4合金能承受更高的温度和压力而不发生燃烧，阻燃性能提高了很多。

（2）Alloy C$^+$合金。在Alloy C合金基础上，普惠公司还研制了Alloy C$^+$（Ti-35V-15Cr-0.6Si-0.05C）合金，此合金添加少量Si元素使蠕变性能提高，其室温屈服强度可达到1 200 MPa，同时添加C元素以提高合金的高温稳定性。但该合金存在加工性能较差、高温抗氧化能力不足和价格昂贵等问题。

（3）Ti40合金。Ti40（Ti–25V–15Cr–0.4Si）合金是西北有色金属研究院研制的一种新型稳定β型阻燃钛合金，室温下只有β相存在。经高温长时间暴露，合金中会有第二相析出，如在540℃，100 h，250 MPa环境下暴露，合金中析出少量Ti5Si3相。该合金具有良好的机械性能和阻燃性能，其成本比Alloy C阻燃钛合金低，阻燃性与其相当；可在500℃长期使用，用于承力结构，其使用温度最高不能超过520℃。

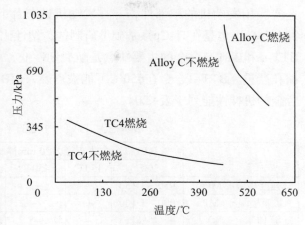

图4.21　Alloy C与TC4燃烧性能比较图

（4）TF550合金。北京航空材料研究院以Alloy C[+]合金为基础，进一步优化Ti–35V–15Cr–Si–C合金的Si、C含量，研发出TF550合金，其密度为5.33 g/cm³。该合金在550℃仍具有很好的蠕变和持久性能，其使用温度比Ti40合金提高了50℃。表4.19对比了Ti40合金和TF550合金的热稳定性能，表中的数据为试样热暴露后测试的室温拉伸性能。可见，TF550合金的高温性能更有优势。

表4.19　Ti40与TF550合金的热稳定性能对比

合　　金	暴露条件	室温拉伸性能			
		σ_b/MPa	$\sigma_{0.2}$/MPa	δ/（%）	Ψ/（%）
Ti40	500℃/100 h	1 030	1 004	10.4	16.0
	520℃/100 h	1 060	1 024	4.6	7.0
TF550	500℃/100 h	1 027	1 010	3.4	4.7
	520℃/100 h	1 036	975	7.6	11.2

2.Ti–Cu–Al系阻燃钛合金

在所有的共晶系当中，Ti–Cu系对开发阻燃钛合金最有意义。Cu具有良好的导热性能，当Cu含量（质量分数）达到17%时会形成共晶体，仅少量液相就可以达到必要的阻燃效应，因而不需要合金全都是共晶体，这些液相的出现会使摩擦因数和磨损率显著下降。除此之外，α相与β相的溶解度随温度升高而变化，最终在界面上形成一层富铜阻隔层，阻止氧向基体扩散。俄罗斯在Ti–Cu系合金基础上发展了Ti–Cu–Al合金，其基本思路为减少摩擦发热和加热金属，从而抑制合金燃烧。但与Ti–V–Cr系合金相比，Ti–Cu–Al系阻燃合金的综合力学性能较差，工作温度也较低。其阻燃原理是：材料在高温下软化，减轻摩擦副的接触压力，避免高温下叶片对机匣的刮磨，从而防止了金属新鲜表面在高温下出现。

（1）BTT–1和BTT–3合金。俄罗斯从摩擦机理入手，以Ti–Cu共晶系为基础成功研制出BTT–1和BTT–3两种阻燃钛合金。BTT–1（Ti–13Cu–4Al–4Mo–2Zr）是在Ti–Cu二元合金的基础上添加少量的Al、Mo、Zr等合金元素制成的，具有良好的热变形工艺性能，可用于制造复杂的零件，工作温度可达450℃。该合金的模锻件和棒材已用于制造实验用发动机的零部件，并在发动机试车台上经过了试车实验。BTT–3（Ti–18Cu–2Al–2Mo）也是在Ti–Cu系基础上研制的，塑性比BTT–1更好，适合加工成板材和箔材。BTT–1和BTT–3合金的主要缺点是断裂韧性低，对应力集中比较敏感，熔炼性能很差，缩孔严重。BTT–1合金在650℃下能被点燃，而BTT–3合金在800℃下仍不能点燃。两种合金的机械性能列于表4.20。

表4.20　BTT－1和BTT－3的机械性能

性　能	BTT–1合金（直径为20 mm棒材）				BTT–3合金（厚度为2 mm棒材）	
	20℃	350℃	450℃	500℃	20℃	350℃
强度极限σ_b/MPa	950～1 150				600～750	
屈服极限$\sigma_{0.2}$/MPa	900～1 100				420～460	
延伸率δ/（%）	4～8				10	
断面收缩率Ψ/（%）	10～20					
σ_{100}/MPa	—	720	550～600	300		320
σ_{-1}/MPa	45～58				38	

（2）Ti14合金。Ti14（Ti–13Cu–1Al–0.2Si）合金是一种α+Ti$_2$Cu形式的钛合金，Ti$_2$Cu熔点为990℃，超过990℃的该合金为半固态，低熔点的Ti$_2$Cu相是它抗燃烧的主要原因，具有较好的加工性能、室温性能、热稳定性和阻燃性，但是蠕变和熔炼性差。Ti14合金是由西北有色金属研究院研制的，具有我国自主知识产权的一种新型阻燃合金，主要用作航空发动机材料。其热稳定性能决定了合金的使用寿命和发动机的可靠性。

（3）Ti–45Nb合金。由于铌在钛合金主要合金元素中具有最小的氧化生成热，所以人们也研制了Ti–Nb系阻燃钛合金，该合金有很好的抗蚀性能。Ti–45Nb合金是美国华昌公司研制的一种商用阻燃钛合金，主要用于解决高压釜用钛合金的燃烧问题。该合金具有较好的物理和机械性能，可减少起火问题。Ti–45Nb合金在退火态具有较好的拉伸性能（441～490 MPa）、剪切强度（365 MPa）和高的塑性（延伸率10%，断面收缩率50%），适合用于制造复合材料的铆钉连接件。

4.4　钛合金在航空领域中的应用

　　近50年来钛合金在商用及军用飞机领域的用量伴随各自产品的升级换代呈稳步增长趋势。到目前为止，在国内外大飞机市场上，越是先进的新型飞机，越是宽体飞机，用钛量越大（见图4.22）。民用飞机在钛用量增大的同时，复合材料用量也在增大，见表4.21。

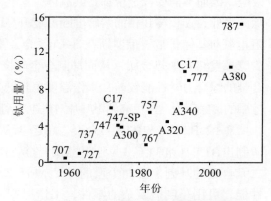

图4.22　飞机结构中钛合金用量的变化

表4.21　空客飞机钛合金和复合材料用量

机　型	钛合金用量/（%）	复合材料用量/（%）
第三代客机A320	4.5	5.5
第四代客机A340	6	8
A380	10	25

4.4.1　钛合金在飞机机身构架上的应用

钛合金在机身构架中主要用于防火壁、蒙皮、隔框、大梁、舱门、起落架、翼肋、紧固件导管、拉杆等部件。钛合金在使用初期主要应用于受力不大的结构件，如飞机支座、接头、框架、隔热板、减速板等，其中不乏铸件，最早应用的钛合金铸件之一是襟翼滑轨。早期的这些相对简单的非关键性结构件在飞机上的应用证明：钛合金在飞机上应用是可靠的。从20世纪80年代开始，随着钛合金部件成型技术和本身质量的大幅提升，不少受力结构件也开始选用钛合金，如波音飞机上吊装CF6-80发动机的安装吊架，它是受力条件非常严峻的结构件。近年来，美国、俄罗斯等发达国家飞机机身上钛合金的用量不断增加。

在军用飞机领域，钛合金的用量发展是非常迅速的，俄罗斯的伊尔76运输机的钛用量达到12%，法国幻影2000和俄罗斯CY-27CK战斗机的钛用量分别达到23%和18%。1950年在F84战斗轰炸机上采用工业纯钛制造后机身隔热板、导风罩和机尾罩等非承力构件时，钛合金在飞机制造过程中便显现了无与伦比的优势。此后钛合金在机身上的应用范围逐年扩大。美国主要军用飞机上钛合金的用量见表4.22，其中F-22和F-35战斗机、B1和B2轰炸机的钛合金用量达到了20%以上。

表4.22　美国主要军用飞机上钛合金用量

型　号	F/A-18A/B	F/A-18C/D	F/A-18E/F	F-22	F-35	B1	B2	C17
开始服役年份	1980	1986	2002	2005	2008	1986	1991	1992
钛合金用量/（%）	12	13	15	41	27	21	26	10.3

在民用飞机领域，钛合金的用量也在不断扩大，目前国外主流民航机中机体用钛材量占机身总质量达到6%以上。表4.23为美国及欧洲民航飞机的钛用量，其中美国波音B787飞机在研制过程中，为了达到大幅减重以降低20%油耗的目的，投入3亿美元研发经费，大量采用钛合金替代铝合金，最终整个飞机机体钛合金用量达到11%，在民用飞机领域已达到了很高的比例。例如，波音B787的主起落架中，内缸体、扭力杆、纵梁和制动杆都是采用高强型钛合金制成的，而前起落架中，阻力臂、转向盘和扭力杆也是由高强型钛合金制成的。俄罗斯研制的新一

扫描二维码，观看拓展资料"近年国外民机用钛合金发展趋势"

代客机MS-21的钛合金用量达到了25%，于2017年完成首飞，成为当时世界上钛合金用量最高的民用飞机。

表4.23　国外民航飞机钛合金用量

型　号	B777	B787	A320	A340	A350	A380
开始服役年份	1994	2010	1988	1993	2013	2007
钛合金用量/（%）	8	11	4.5	6	9	10

我国在20世纪80年代研发的歼8战斗机钛合金的用量仅为2%，质量为93 kg，歼10战斗机钛合金的用量提高到3%，但与国外第三代、第四代军用飞机的钛用量相比，仍然存在很大差距。近年来，我国加大了钛合金在军用航空领域的应用，预计新一代高性能战斗机的钛用量将达到25%～30%。在民用飞机领域，我国商用支线客机ARJ21的钛合金用量为4.8%，我国自主研发的C919大型客机的钛合金用量达到了9.3%，超过了美国波音B777飞机。

钛合金因其高比强度和优异的耐腐蚀性等突出特性，被广泛应用于铝合金、高强钢和镍基高温合金的质量、强度、抗蚀性和高温稳定性等综合性能不能满足要求的飞机零部件中。表4.24为钛合金在各种型号飞机机身上的应用部位。

表4.24　钛合金在机身中的应用部位

机　型	钛合金	应用部位
L–1011	Ti–13–11–3	弹簧
F–15	Ti–13–11–3，Ti6–4	机体蒙皮
MD–11	Ti–38–6–44	起落架
A330，A340，A138	Ti–10–2–3，β–C	起落架
IL–86，IL–96–300	BT22	舱壁骨架
F–22	Ti6–4，Ti6–22–22 S	舱壁骨架
B777	Ti–10–2–3，β–C，Ti–15–3，Ti–6–4，β–21S	起落架、货舱栏杆、舱壁管、龙骨、隔音板

4.4.2　钛合金在航空发动机上的应用

喷气发动机是飞机的心脏。发动机的风扇、高压压气机盘件和叶片等转动部件，不仅要承受很大的应力，而且要有一定的耐热性，即要求钛在300～650℃温度下有良好的抗高温强度、抗蠕变性和抗氧化性能。这样的工况条件，对铝合金来说温度太高，对钢来说密度太大，钛合金是最佳的选择。目前，钛合金以其优异的特性在飞机上的应用日趋扩大，在喷气发动机中可用于压气盘、静叶片、动叶片、机壳、燃烧室外壳、排气机构外壳、中心体、喷气管和机匣等。其中，叶片、机匣等部件目前已采用钛合金铸件。Rolls–Royce（Trent900）和GE/Pratt Whitney Engine Alliance（GP7200）两家公司生产的A380空中客车新型发动机的风扇直径为3 m左右，采用中空钛风扇叶片。随着航空发动机对推重比和刚度要求的提高，一些关键钛合金结构件被做成大型复杂薄壁的整体精铸件，因此目前大型复杂薄壁钛合金整体结构精铸技术已得到了充分发展。表4.25为欧美国家一些航空发动机的钛用量。可以看出，国外先进航空发动机的钛用量一般在25%以上。

表4.25　欧美国家一些航空发动机的钛用量

发动机型号	TF36	TF39	JT90	F100	F101	CF6	V2500	F119	GE90	Trent
服役年份	1965	1968	1969	1973	1976	1985	1989	1986	1995	2005

续　表

发动机型号	TF36	TF39	JT90	F100	F101	CF6	V2500	F119	GE90	Trent
装备机型	C–5A	C–5A C–5B	B747 B767 F–5A	F–15 F–16	B1	A330 B747 B767	A320 A321	F–22	B777	A380
钛合金用量/（%）	32	33	25	25	20	27	31	39	40	41

在飞机上使用较多的钛合金有TC4、Ti–8Al–1Mo–1V、Ti–17、Ti–6242、Ti–6246、TC6、TC9、TC11、Ti–1100、IMI829、IMI834等。发动机的一个重要性能指标是推重比，即在标准大气压和静止的条件下，飞机发动机在工作状态时所产生的最大推力与其结构质量的比值。早期发动机的推重比只有2～3，现在已达到10，国外正在研制推重比10～20的发动机。提高推重比，必须提高涡轮前进气压缩比（进气量指标）与进气温度，工作温度越高，发动机的热效率越高。提高推重比也必须提高材料高温下的比强度和比刚度，减轻发动机自身的质量。

据计算，当压缩比达到15：1时，压气机的出口温度为590℃；而当压缩比达到25：1时，压气机的出口温度就达到620～705℃。因此需要耐热性非常好的钛合金。实验证明，常规钛合金只能用于650℃以下，为制造推重比10以上的先进发动机，需要开发以Ti基复合材料、Ti₃Al和TiAl型金属间化合物为基的钛合金。目前实用性能最好的耐热钛合金是英国的IMI829，IMI834和美国的Ti–1100。它们已应用于RB211–53E4等改型发动机。高温钛合金以其优良的热强度和高比强度，在航空发动机上获得了广泛的应用。表4.26为各种型号发动机的钛合金使用情况。

表4.26　钛合金在各型号发动机中的应用

发动机种类	应用年份	在飞机发动机中应用的部位					
		风扇盘	风扇叶片	高压压气机盘	动叶片	静叶片	电缆管道
Pratt & Whitney J57	1954			Ti64	Ti64	Ti64	
JT805		Ti6242	Ti6242	Ti6242	Ti6242		
JT90	1968	Ti64	Ti64	Ti64 Ti6242	Ti64 Ti811		Ti64 MI550
JT90		Ti64	Ti64	Ti6242	Ti6242		
F–110	1970	Ti6242	Ti811	Ti624 Ti811	Ti811 Ti626	Ti6246	
PW 2037	1970	Ti64		Ti6242	Ti6042		
GM TF–39	1968	Ti64	Ti64	Ti6242	Ti6242		
CF6–50	1968	Ti64	Ti64	Ti64 Ti6242	Ti62 Ti6242	Ti64	
CF6–80	1970	Ti64	Ti64	Ti64 Ti6242	Ti6242		
E3 F404 Rolls–Royce	1970		Ti17				
Avon	1954	Ti64	Ti64	Ti64			
RB211–5248	1960	Ti64	Ti64	MI685			
RB211–5240	1979	Ti64	Ti64	MI685			
RB211–53E4	1970	Ti64	Ti64	MI685 MI829	MI829		
Adour R/R Turbomeca		Ti64	Ti64	Ti64 MI685	Ti64 MI685		Ti64 Ti6242
RB199		Ti64	Ti64		MI685		
Regasus Olimpus 593M53			MI550				

表4.27统计了一些欧美国家航空发动机的钛用量。由表4.27可知，国外先进发动机上的钛用量通常保持在20 %～35 %。我国早期生产的涡喷发动机均不用钛，1978年开始研制，而到1988年初，设计定型的涡喷13发动机的钛用量达到13%，2002年设计的昆仑涡喷发动机的钛用量达到15%。

表4.27　一些欧美国家航空发动机的钛用量

发动机型号	推出年份	装备机型	钛合金用量/（%）
J79	1956	F–4，F–104	2
JT3D/TF33	1960	B707，B52，F–141	15
TF36	1965	C–5A	32
TF39	1968	C–5A，C–5B	33
JT90	1969	B747，B767，F–5A	25
F100	1973	F–15；F16	25
F101	1976	B1	20
CF6	1985	A330，B747，B767	27
V2500	1989	A320，A321	31

下述列举两种在航空发动机中典型的钛合金材料来做详细介绍。

（1）TiAl合金。由于TiAl合金具有高比模量、高蠕变抗力和抗燃烧的特点，因此其在航空发动机中最佳的应用部位是高压压气机叶片和低压涡轮叶片。采用TiAl合金制造叶片不仅可直接降低叶片零件的质量，而且可以显著降低轮盘的载荷，从而实现系统减重效果。GE公司为波音B787客机研制的GEnx发动机低压涡轮第六和第七级叶片采用铸造TiAl合金取代镍基高温合金，实现减重高达72.5 kg。这是TiAl合金首次在航空发动机上实现应用，而且是在最新型的民用航空发动机

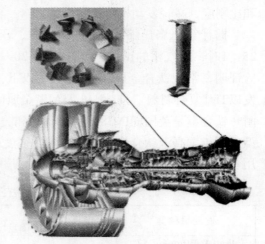

图4.23　TiAl合金高压压气机叶片和低压涡轮叶片

上，证明了TiAl合金在航空发动机上应用的良好前景。图4.23所示为TiAl合金高压压气机叶片和低压涡轮叶片在航空发动机上的应用。

目前TiAl合金低压涡轮叶片主要采用精密铸造工艺制备。2000年国外开始采用锻造工艺制造TiAl合金高压压气机叶片。锻造TiAl合金叶片性能比铸造叶片力学性能大幅提高，可靠性也显著提高，但成本昂贵。图4.24所示为罗·罗公司研制的TiAl锻造叶片。TiAl合金还可用于制造扩压器、机匣和矢量喷口零件。

图4.24　罗·罗公司研制的锻造TiAl合金高压压气机叶片

放眼国内，中航工业北京航空材料研究院于20世纪90年代开展了TiAl合金的研究工作。针对TiAl合金在航空发动机中使用的工况条件，开展了TiAl金属间化合物合金成分设计等基础研究工作；建立了航材院的TiAl合金体系，获得了较好的综合性能；开展了工业尺寸TiAl合金铸锭熔炼、锻造、挤压等研究工作，为我国发动机设计部门对TiAl合金的选材奠定了材料基础。图4.25为中航工业北京航空材料研究院制得的锻造饼胚和模锻叶片。

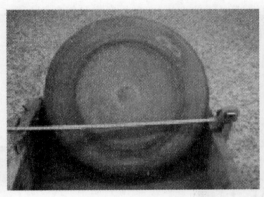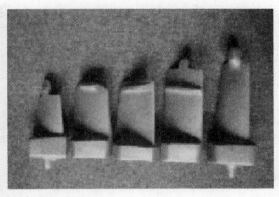

图4.25　锻造饼胚和模锻叶片

（2）钛基复合材料。比如SiC连续纤维增强钛基复合材料，它具有高比强度、高比刚度、良好耐高温及抗蠕变、疲劳性能，是理想的适用于700～900℃的航空发动机用轻质耐高温结构材料。在新一代高推重比航空发动机上，用SiC/Ti复合材料制造整体叶环代替压气机盘和叶片，如图4.26所示，可使减重效果达70%，大幅度提高发动机推重比。SiC/Ti复合材料已成为新一代高推重比航空发动机研制的关键新型材料，美国、英国等航空发动机工业强国均大力开展相关技术的研究。SiC/Ti复合材料在航空发动机上的典型应用是叶环类和轴类零件，美、英等国均研制出了多个零部件，并进行了发动机考核实验。

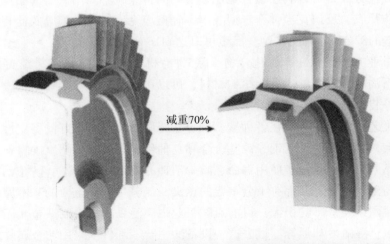

减重70%

图4.26　传统的叶片–盘榫槽连接结构与SiC/Ti复合材料整体叶环结构示意图

4.4.3 钛合金在其他领域中的应用

航天工业是一个国家经济实力和科技水平的综合体现，是国家综合国力强大的重要标志。由于钛合金具有比强度高、在−250℃时仍具有较高的冲击强度，以及耐高压、抗震动等优异的性能，对于降低结构质量和提高飞行器的结构效率、服役可靠性及延长寿命具有极其重要的作用，因此在航天领域有着广泛的应用。在航天领域，钛合金主要用于导弹、运载火箭和卫星中的高压气瓶、高强螺栓，通信卫星的承力筒锥和气象卫星的支撑架，以及火箭发动机的燃料导管等重要零部件的制造。

在船舶舰艇方面，钛合金也有广泛的应用。钛合金比强度高，无磁，耐海水腐蚀，能够减轻舰艇质量、增加下潜深度、提高安全性和延长寿命；而且钛合金具有优良的水下透声性能，在舰艇的声呐导流罩中使用钛合金，可以大大提高舰艇搜索、发现、跟踪的能力。苏联的"阿尔法"级潜艇和带24枚战略导弹的"台风"级潜艇每艘用钛量分别为3 000 t和9 000 t。图4.27所示为"阿尔法"级潜艇。

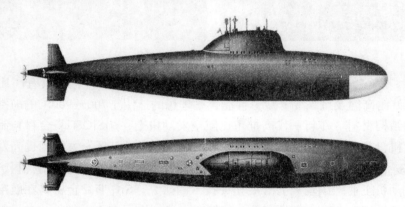

图4.27 "阿尔法"级潜艇

在军用武器方面，可以利用钛合金比强度高的特点减小军用武器的质量，可用于制造喷火器、防弹衣、反坦克导弹、轻型战车、轻型坦克、轻型火炮等武器装备。用钛合金取代钢制造的82 mm空降迫击炮，减重可以达到16.6 kg。

在石油工业方面，钛在有机化合物（除5种有机酸外）中，都有非常好的稳定性，使得钛成为石油工业领域中优良的结构材料，可以用来制造热交换器、反应器、高压容器和蒸馏塔等装置。

在化工工艺方面，由于钛在各种酸、碱、盐介质中都具有很好的稳定性，使其应用范围不断扩大，用钛代替不锈钢、镍基合金和其他稀有金属作为耐腐蚀材料，对增加产量、提高产品质量、延长设备使用寿命、减少消耗、降低能耗成本、防止污染、改善劳动条件和提高生产率等方面都有十分重要的意义。氯碱工业是重要的基本原料工业，其生产和发展对国民经济影响很大。目前氯碱工业中广泛采用钛来制造金属阳极电解槽、离子膜电解槽、湿氯冷却器等。过去这些设备的主要零部件多采用非金属材料，如石墨等。非金属材料的力学性能、热稳定性能和加工工艺性能不够理想，造成设备笨重、能耗大、寿命短，影响产品质量且污染环境。采用钛阳极代替石墨可提高寿命、节省能源，被称为一大革命。

在建筑领域，钛合金也同样大放异彩。例如，我国的国家大剧院，壳体由18 000多块钛金属板拼接而成，面积超过30 000 m²。如此大量的钛金属板中，只有4块形状完全一样。钛金属板经过特殊氧化处理，表面金属光泽极具质感，且15年不变颜色。中部为渐开式玻璃幕墙，由1 200多块超白玻璃巧妙拼接而成，呈现出唯美的曲线，营造出舞台帷幕徐徐拉开的视觉效果。图4.28所示为国家大剧院。

图4.28 国家大剧院

钛无毒、质轻、强度高，且具有优良的生物相容性，是非常理想的医用金属材料，可用作人体的植入物。目前，在医学领域中广泛使用的仍是Ti–6Al–4V合金。该合金存在耐磨性差和会析出极微量的有毒元素钒和铝离子等问题，已引起医学界的广泛关注。科学家已经研制出Ti–15Zr–4Nb–2Ta和Ti–12Mo–6Zr–2Fe等合金，此类钛合金的生物亲和性显著提高，耐蚀及机械性能也有较大改善，估计在不久以后，很有可能取代目前医学领域中广泛使用的Ti–6Al–4V合金。Ti–Ni和CuZnAl等合金具有形状记忆和超弹性双重功能，在脊椎校正、断骨固定等方面也有着特殊的应用。图4.29为医用金属材料。

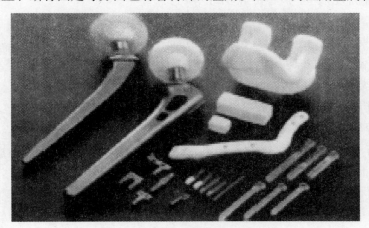

图4.29 医用金属材料

第5章　航空发动机材料及其应用

发动机是飞机的心脏，是飞机的性能、机动性、航程、可靠性、经济性及环境影响的主要决定因素之一。没有好的发动机，就不可能有先进的飞机。随着时代的发展，飞机的航程和飞行速度不断提高，对飞机的推力、推重比的要求也越来越高，从而导致了发动机的压力比、进口温度、燃烧室温度以及转速都大大提高。然而，发动机的性能要得到改善，必须依靠材料。"一代材料，一代航空发动机"，材料及其相关的工艺技术，是航空发动机发展的技术基础。本章通过学习航空发动机简介、发动机原理、发动机高低温部件以及先进技术在发动机上的运用来了解先进材料在航空发动机上的应用。

扫描二维码，观看拓展资料"航空发动机简介"

5.1　航空发动机概述

5.1.1　航空发动机简介

航空发动机发展至今主要经历了两个时期。

第一个时期：莱特兄弟的首次飞行到第二次世界大战结束（1903—1949年）。这个时期发动机的主要类型是活塞式发动机。图5.1所示为活塞式发动机的结构示意图。

活塞式发动机的组成为：气缸、活塞、连杆、曲轴、气门结构、螺旋桨减速器和机匣。按冷却方法的不同，活塞航空发动机可分为气冷和液冷式两种，多为四行程、往复式汽油内燃发动机。其工作原理为：曲轴转动2圈，每个活塞在汽缸内往复运动4次，每次称1个冲程。4个冲程依次为吸气、压缩、膨胀和排

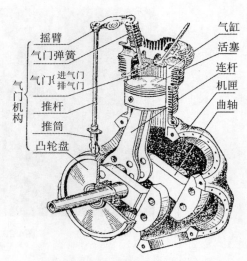

图5.1　活塞式发动机结构示意图

气，合起来形成1个定容加热循环。从进气冲程吸入新鲜混合气体起，到排气冲程排出废气止，汽油的热能通过燃烧转化为推动活塞运动的机械能，带动螺旋桨旋转而做功，这一总的过程叫作一个"循环"。这是一种周而复始的运动，其中包含着热能到机械能的转化。

活塞式发动机的性能特点主要有以下三方面：①与单机功率相比大大提高，从以前不到10 kW增加到2 500 kW左右；②螺旋桨飞机的速度从16 km/h提高到近800 km/h；③飞行高度可达到15 000 m。

第二个时期：第二次世界大战结束至今（1945年至今）。这个时期主要以燃气涡轮航空发动机为主，它是一种以空气为介质，将热能转换为机械能的动力装置。目前主要有涡轮喷气发动机、涡轮风扇发动机、涡轮螺旋桨发动机以及涡轮轴发动机等4种类型。

1.涡轮喷气发动机

图5.2所示为涡轮喷气发动机（简称"涡喷发动机"）的结构示意图。

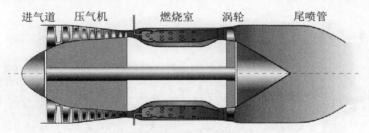

图5.2　涡轮喷气发动机结构示意图

（1）组成：进气道、压气机、燃烧室、涡轮、尾喷管。

（2）工作原理：进气道进气→压气机增压→燃烧室加热→涡轮膨胀做功带动压气机→尾喷管膨胀加速→排气到体外。

美国的第一代涡轮喷气发动机是通用电气公司研发的J47轴流式涡喷发动机。此发动机装在了美国F-86战斗机上（见图5.3）。

图5.3　J47轴流式涡喷发动机和F-86战斗机

苏联的第一代涡轮喷气发动机是克里莫夫设计局研制的RD-45离心式涡喷发动机。此发动机装在了苏联米格-15战斗机上（见图5.4）。

图5.4　RD-45离心式涡喷发动机和米格-15战斗机

2.涡轮风扇发动机

图5.5所示为涡轮风扇发动机（简称"涡扇发动机"）结构示意图。

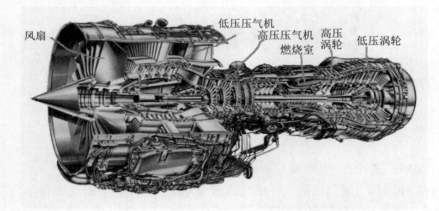

图5.5　涡轮风扇发动机结构示意图

（1）组成：风扇、低压压气机、高压压气机、燃烧室、高压涡轮、低压涡轮。

（2）工作原理：内涵气流→压气机增压→燃烧室加热→涡轮膨胀做功带动风扇和压气机→内涵尾喷管膨胀加速→排气到体外。

涡轮风扇发动机是用燃气涡轮带动风扇，它有内外两个气流通道的空气喷气发动机，由涡轮喷气发动机加装风扇和外壳构成，涡轮喷气发动机本身是气流的内通道。它同所加外壳之间的环形空间，是气流的外通道。涵道的组成，按风扇位置分前风扇和后风扇。进入发动机的空气分为两部分：一部分从内涵道流过，其工作与流动情况同涡轮喷气发动机一样；另一部分从外涵道流过，或在涡轮后与内涵道高温燃气相混合后排出，由内外涵道同时产生反作用推力。

世界上第一台涡扇发动机是1959年英国生产的康维发动机，它被使用在波音B707客机上（见图5.6）。

图5.6 康维发动机和波音B707客机

20世纪60年代，英、美研制出斯贝-MK202和TF30发动机，用于英国购买的"鬼怪"F-4M/K战斗机和美国的F-31战斗机（见图5.7和图5.8）。

图5.7 斯贝-MK202发动机和"鬼怪"F-4M/K战斗机

图5.8 TF30 发动机和 F-31战斗机

"太行"发动机是中国第一台自行研制的具有自主知识产权的大推力加力式涡轮风扇发动机，现主要用于歼10战斗机（见图5.9）。

图5.9 "太行"发动机和歼10战斗机

3.涡轮螺旋桨发动机

图5.10为涡轮螺旋桨发动机结构示意图。

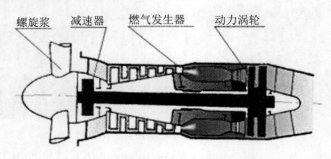

图5.10   涡轮螺旋桨发动机结构示意图

（1）组成：进气道、压缩器、燃烧室、涡轮、螺旋桨等部件和燃料、润滑、起动系统等。

（2）工作原理：进气道进气→压气机增压→燃烧室加热→涡轮膨胀做功带动压气机和螺旋桨→尾喷管膨胀加速→排气到体外。

涡轮螺旋桨发动机是主要靠燃气涡轮带动螺旋桨获得推进力的喷气发动机。由涡轮经减速器带动螺旋桨旋转产生主要拉力，同时还能利用喷管排出的燃气产生占总推力10%左右的辅助推力。

4.涡轮轴发动机

图5.11为涡轮轴发动机结构示意图。

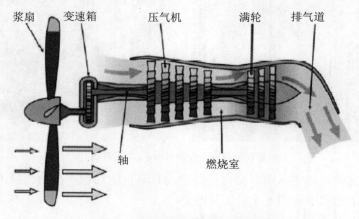

图5.11   涡轮轴发动机结构示意图

（1）组成：进气道、压气机、燃烧室、涡轮、尾喷管、功率输出轴、主减速器等。

（2）工作原理：进气道进气→压气机增压→燃烧室加热→涡轮膨胀做功带动压气机和旋翼→尾喷管膨胀加速→排气到体外。

涡轮轴发动机是燃气通过涡轮带动转轴输出轴功率的空气喷气发动机。一般都有动力涡轮，由于动力涡轮不与压缩器相连接，又称自由涡轮。涡轮轴发动机主要用于直升机，通过动力涡轮把功率传给输出轴，经减速器带动旋翼旋转，由喷气产生的推力很小。

5.1.2　航空发动机主要部件

航空发动机主要分为五大部件，分别是进气道、压气机、燃烧室、涡轮和尾喷管，以下将对各大部件逐一进行介绍。

1. 进气道

航空发动机进气道主要的作用是：在各种工作状态下，将足够量的空气以最小的流动损失引入压气机。进气道可分为亚声速进气道和超声速进气道，民航发动机的进气道多为亚声速进气道。图5.12为进气道工作原理图。

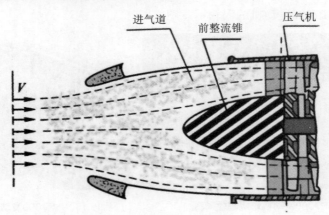

图5.12　进气道工作原理图

亚声速进气道是扩张型的管道，它由壳体和整流锥组成。进气道的前端是扩张型的管道，而前整流锥的后部管道稍微有些收敛。气体进入进气道后，速度会下降，压力和温度都会上升，形成减速增压的过程。经过整流锥后，气体的速度会稍有上升，压力和温度会略有降低，气体能较均匀地流入压气机，保证压气机的正常工作。

2. 压气机

压气机是航空发动机的重要组成部分之一，它的主要作用是通过高速旋转的叶片对空气做功，对流过它的空气进行压缩，提高空气的压力，为之后气体在燃烧室中的燃烧创造条件，以改善发动机的经济性，增加发动机的推力。

压气机从构型上可以分为离心式和轴流式两种。评定压气机性能的主要指标是增压比、效率、外廓尺寸和质量等。此外，轴流式压气机与离心式压气机相比，增压比大，效率高，单位空气流量大，故现役的民航发动机多为轴流式压气机。图5.13所示为CFM56发动机的高压压气机部分。

图5.13　CFM56发动机高压压气机

3. 燃烧室

燃烧室是发动机的重要部件之一。燃烧室位于压气机和涡轮之间，其主要作用是使高压空气和燃油充分混合燃烧，将化学能转化为热能，形成高温、高压的燃气。发动机的可靠性、经济性和寿命很大程度由它决定。图5.14为GP7000发动机燃烧室效果图。

4. 涡轮

涡轮是航空发动机的重要部件之一，安装在燃烧室的后面。它的作用是将高温燃气中的热能和压力位能转变为功，高温、高压的气体在涡轮中膨胀，推动涡轮旋转，带动风扇和压气机工作。航空燃气涡轮的特点是功率大、燃气温度高、转速高、效率高和质量轻。图5.15为GP7000发动机的涡轮示意图。

图5.14　GP7000发动机燃烧室效果图　　　　图5.15　GP7000发动机的涡轮示意图

涡轮可分为轴流式和径流式两类。民航发动机多采用轴流式涡轮。轴流式涡轮又可分为冲击式和反力式两种。涡轮的结构也分转动部分和固定部分。转动部分叫作涡轮转子，固定部分叫作涡轮静子。涡轮转子由涡轮盘、涡轮轴、工作叶片和连接零件等组成。涡轮静子由涡轮机匣和导向器等部分组成。图5.16所示为CFM56发动机的转子叶片。

5. 尾喷管

尾喷管安装在涡轮的后部，也是发动机的重要部件之一。它的主要作用是使从涡轮流出的燃气膨胀加速，将燃气部分的焓转变为动能，提高燃气速度，使燃气以很大的速度排出，产生较大的推力。图5.17所示为CFM56发动机的尾喷管。

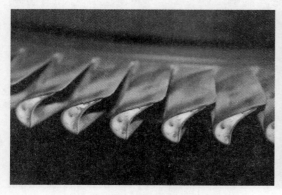

图5.16　CFM56发动机的转子叶片　　　　图5.17　CFM56发动机的尾喷管

5.1.3　航空发动机制造难点

航空发动机运行在高温、高压、高转速和高负荷等苛刻条件下，要求质量轻、体积小、安全可靠、经济性好，因而必须设计精巧、加工精密，这些都对材料与制造工艺提出了更高的要求。此外，航空发动机技术涉及专业广、结构复杂、性能水平高、新材料应用多、技术难度大、投资大、周期长，研制难度之大超乎想象。

1.航空发动机设计之难

喷气式发动机的工作特点是高温、高压、高转速、高负荷。在喷气式发动机中，最关键的压气机、燃烧室、涡轮组成发动机的核心机。为了达到更高的增压比和工作效率，必须合理设计高压涡轮和低压涡轮的转速；燃气温度高，为了防止燃烧室火焰筒壁被烧蚀，除了选择耐高温材料和耐热涂层，还要通过改良燃烧室结构设计，采取冷却手段，降低燃烧室筒壁温度，保证燃烧室正常工作。除此之外，航空发动机的外部运行环境也极其严苛，要适应从地面高度到万米高空缺氧环境、从地面静止状态到每小时数千千米的超声速状态，以及从沙漠干燥环境到热带潮湿环境。

一台用于超声速战机的涡扇发动机直径一般仅1 m左右、长度4 m左右。以AL-31为例，这么小的一个圆筒状物体，要塞进4级风扇、9级压气机、2级涡轮、可收敛-扩张喷管、燃烧室、加力燃烧室，还要在之间安排冷却空气通道，周围安装燃油控制系统等。因此，设计、制造一台高性能的涡扇发动机，可谓"螺蛳壳里做道场"，难度极大。总之，要让航空发动机在高温、高寒、高速、高压、高转速、高负荷、缺氧和震动等极端恶劣环境下，到达数千小时的正常工作寿命，这对航空发动机的设计、制造、安装提出了极高的要求。

扫描二维码，了解航空发动机制造难点

2.航空发动机先进材料之难和制造技术之难

航空发动机综合了多学科和多种专业的技术成果：喷气式发动机上大量使用高强度材料和耐高温合金，零部件精度要求达到微米级，叶片型面复杂，燃烧系统和加力系统薄壁焊接零件多，大量使用定向凝固、粉末冶金、复杂空心叶片精铸、复杂陶瓷型芯制造、钛合金锻造、微孔加工、涂层与特种焊接等先进制造技术。

我国航空发动机材料技术，包括应用水平、材料基础、制造工艺、设计方法，与国际先进水平相比还存在较大的差距。发动机最关键的是压气机、燃烧室和涡轮。特别是涡轮，在工作过程中，现代喷气发动机的涡轮叶片通常要承受1 600～1 800℃的高温，同时还要承受风速300 m/s左右的强风，以及由此带来的巨大的空气压力，并在这种极为恶劣的工作环境下可靠工作成千上万小时。目前中国在这类材料方面的研究差距与国外相比非常大，以致于中国没有民用的发动机。

3.我国航空发动机试验技术和手段相对落后

航空发动机是一种高温、高压、高速旋转的热力机械，需在广阔的飞行范围和恶劣的环境条件下，长期反复使用，高效可靠地工作。发动机内部复杂的气动过程、热力过程、结构形式和控制规律，决定了它的研究和发展是一个设计—制造—试验—修改设计—再制造—再试验的反复迭代过程。

国外在较好的技术基础上，研制一台推重比为8的一级中等推力军用涡扇发动机，需要做10×10^4 h的零部件试验、4×10^4 h的构件材料试验和1×10^4 h的整机试验，需要10~15年时间，耗资10亿美元以上。我国在发动机特种试验技术［如发动机吞咽（吞鸟、吞冰、吞水和吞砂）、包容（也称风扇叶片甩出试验，是最危险、最费钱的试验）等试验技术］领域经验欠缺。我国航空发动机材料技术与国际先进水平相比还存在较大的差距，包括应用水平、材料基础、制造工艺、设计方法。从制造工艺方面来讲，发动机筒内外壁上还有许多造型奇特的结构，需要用相对应的焊接技术对一些超薄组件、造型独特的构件进行焊接。从材料基础方面来讲，为了进一步减重，西方第四代发动机已经开始使用树脂基复合材料作为低温部件的材料。

研制涡扇发动机是困难的，也正因为困难，才没有任何捷径可走，必须完全自主研发，而且要不惜巨资提前进行预研。近年，我国在中航集团的基础上不仅成立了中国商用飞机公司，而且还成立了中国商用发动机公司，在国家重大专项项目中也设立了"两机专项"进行发动机的研发与制造，体现了国家"不仅要造自己的飞机，还要制造自己的发动机"的意志。

5.2　航空发动机材料的国内外现状

5.2.1　航空发动机材料的性能要求

航空发动机实际上是一种产生强大推力的高温气体发生器，它把燃油中的热能转变为机械能和电能，并使气体加热膨胀，产生强大的动力。航空领域的应用，对于发动机的质量及飞行阻力有更高的要求，因此，常用推重比以及推力和迎风面积比来衡量发动机性能的优劣。对于发动机材料，不仅要具有所必须的成分和力学性能，而且还要在燃油燃气腐蚀环境中具有足够的可靠性。

（1）在300 ℃（2 000 ℉）以上数千小时的工作时间；

（2）承受急剧的温度变化和大的温度梯度引起的高热应力；

（3）承受由于高转速和高的空气动力引起的高的机械应力；

（4）承受低频和高频振动载荷；

（5）抗氧化性和耐蚀性；

（6）避免蠕变、应力破裂、高低温循环下的疲劳等现象。

5.2.2　航空发动机材料的发展趋势

历经数十年的发展，航空发动机的材料发生了翻天覆地的变化。传统材料钢铁、铝等已经逐渐丧失主要地位，在发动机中的比例大幅度下降；与此同时，新型材料钛、镍所占比例逐渐增加。图5.18显示了航空发动机材料发展的趋势。

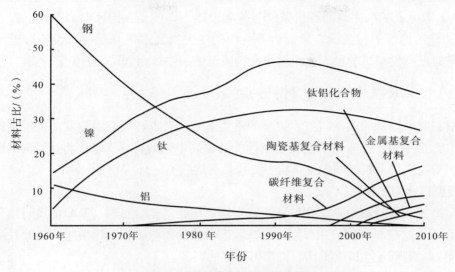

图5.18 航空发动机材料发展趋势

各种材料在不同的发动机中所占比例见表5.1。从表中可以看出，钢、铝的比例逐年下降，钛及复合材料所占比例却在不断上升，进入21世纪后，复合材料所占比例几乎达到50%，成为发动机材料中的主体。

表5.1 航空发动机材料百分比

机 种	年 份	材料占比/（%）			
		铝	钢	钛	复合材料
B747	1969	81	13	4	1
A300B	1973	76	13	4	5
B757	1982	78	12	6	3
B767	1981	80	14	2	3
A320	1987	76.5	13.5	4.5	5.5
B777	1994	70	3	7	3
A340	1991	75	8	6	8
A380	2005	—	—	10	22
B787	2007	—	—	15	50
A350	2010	—	—	9	37

我国航空发动机事业创建于抗美援朝时期，历经维护修理、测绘仿制、改进改型、自主研制等发展阶段，从无到有、由小到大。回顾往昔，在极为困难的情况下起步，不仅为航空武器装备发展和国民经济建设做出了重要贡献，也为航发事业的进一步发展奠定了技术与产业基础。

目前我国在航空发动机的研制方面也取得了长足进步。具体表现在以下三方面。

（1）以发动机设计研究院所和主机生产企业为核心，建成了包括一批专业化配套生产企业和科研所在内的航空发动机研制生产体系。迄今，我国以航空发动机为主业的企事业单位共26家，其中设计研究所4家，主机生产企业6家。

（2）基本具备研制生产所有种类航空发动机的能力。近年来，一批新的高性能发动机开始研制，有的已经获得突破，如"太行"系列大推力、推重比为8的一级涡扇发动机，并有了一定的量产能力。

（3）构建了基本完整的科研条件与基础设施。即使是在国家财力不够、投入不足的过去，仍然构建了包括高空试验台等在内的一大批高水平基础科研设施。近十多年来，国家对航空发动机的投入大幅增加，科研设施条件得到全局性的显著改善。

5.2.3　未来航空发动机材料的发展重点

新材料是航空涡轮发动机技术进步的重要基础，是提高航空涡轮发动机推重比的主要突破口。据预测，在未来航空发动机性能的提高中，新材料贡献率将达到50%以上。未来应用于航空发动机上的先进材料主要包括下述三类。

1.轻型高比强度材料

轻型高比强度材料包括钛金属基复合材料、树脂基复合材料、TiAl金属间化合物和Ti_3Al合金等，这些材料的应用可以大幅减轻发动机的质量，提升风扇等转子叶片强度及抗打击能力，实现发动机推重比、工作可靠性的提升。

2.新型耐高温材料

新型耐高温材料包括耐高温合金材料、陶瓷基复合材料、C/C复合材料等，新型耐高温材料的应用可使涡轮前温度提高至2 000～2 200℃，大幅提升发动机单位推力，甚至未来不设置发动机加力燃烧室便可满足发动机加速过程单位推力需求。

3.高温合金

无论是陶瓷基复合材料、C/C复合材料，还是金属间化合物，在1 200～1 600℃高温条件下使用，均未达到与镍基高温合金相抗衡的地步。到目前为止，新材料在航空发动机上的应用仍然非常有限，这除了材料性能有待于进一步提高外，其制造成本也是一个不容忽视的方面。由于高温合金具有良好的综合性能，在研制与服役中有较长期的经验积累，在今后相当长的时间内高温合金仍将在发动机高温材料中占有一席之地。对传统材料的研究开发，仍应予以足够重视，以最大限度地挖掘传统材料的潜力。因此，高温合金仍将是航空发动机高温部件的主要材料。高温合金从诞生起就用于航空发动机，在现代航空发动机中，高温合金材料的用量占发动机总量的40%～60%，主要用于四大热端部件——燃烧室、导向器、涡轮叶片和涡轮盘，此外还用于机匣、环件、加力燃烧室和尾喷口等部件。

航空发动机的发展对高温材料的要求越来越高，并且其性能的提高，在很大程度上依赖新材料的推动，研究和开发新的高温材料始终是航空发动机赖以发展的基础之一。一般航空发动机用材料从开发直到大量开发至少要10年，有些情况下需要20年。每一个材料的研制都要面临无数的困难和挑战，因此及早规划，紧跟国际形势是十分重要的。加强新型高温材料的开发，加快研制高性能陶瓷基复合材料、C/C复合材料等用于未来航空发动机高温部件的材料的步伐势在必行。

5.3　航空发动机典型低温部件材料

航空发动机低温部件具体指进气口（风扇）、压气机、套管等部件，要求材料具有高强度、高刚度和低质量等性质，主要部位和零件如图5.19和图5.20所示。低温部件材料主要有钛合金、先进复合材料、Ti₃Al基金属间化合物、形状记忆合金等。

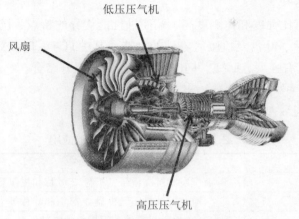

图5.19 航空发动机低温部位

（a）压气机机盘

（b）风扇叶片

（c）压气机机匣

（d）压气机叶片

图5.20 航空发动机低温零件

5.3.1　钛合金

钛合金由于具有比强度和比刚度高、耐腐蚀性能优异的特点，已被广泛用于涡轴发动机压气机盘、叶片、叶盘及机匣等零件的制造，其中TC4（Ti–6Al–4V）的应用最为成熟，而Ti–6242S具有强度、蠕变、韧性和热稳定性的最好结合。

1. α 型钛合金

表5.2列出了常见 α 型钛合金在发动机上的应用情况。

表 5.2　α 型钛合金在发动机上的应用

合金牌号	应用
TA3	航空发动机高压压气机盘、叶片和机匣等
TA12	航空发动机压气机盘、鼓筒和叶片等
TA15	发动机零件和焊接承力零部件
TA19	压气机机匣

2. α+β 型钛合金

α+β型钛合金具有优良的综合性能，因其室温强度高于 α 型钛合金，热加工工艺性能良好，所以适用于航空结构件，但其组织不够稳定，焊接性能和耐热性低于 α 型钛合金。表5.3给出了α+β型钛合金在发动机上的应用情况。

表5.3　α+β 型钛合金在发动机上应用

合金牌号	应用
TC4	发动机的风扇和压气机盘及叶片
TC6	航空发动机的压气机盘和叶片
TC3	航空发动机的压气机盘、叶片、鼓筒等

TC4（Ti–6Al–4V）钛合金具有比强度大，以及工艺塑性、超塑性、焊接性和抗腐蚀性能好等优点，工作温度一般为–100～400℃，主要用于制造风扇盘和叶片。大型风扇Rolls–Royee RB21z系列发动机、Pratt&Whitney JT9D和2057发动机及General Eleetrie CF6发动机中的风扇盘和叶片就是用TC4合金制作的；Turbo–Uniou RB199等高级军用发动机则利用TC4合金制作气压机。V2500发动机的中空风扇叶片、风扇机匣、压气机通道之间的中间机匣也是由TC4合金制作的。

TC3钛合金综合性能较为突出，在500℃的环境中依然保持优异的热强性能，同时还具有高的室温强度，用于制造我国 WP13，WP14，WS3 等第2代航空发动机的高压压气机叶片和盘。TC3合金的加工工艺是：先将合金在低于 β 转变温度15℃条件下进行热处理，随后快速水冷，再经过高温和低温增韧强化热处理，获得一种新的显微组织。这种新组织基体由15%等轴α 晶粒、50%～60%层状 α 晶粒和已转变完成的 β 晶粒组成，从而使该合金表现出较好的抗疲劳性能、较长的蠕变疲劳寿命，以及高韧性和优良的高温服役性能，并且不降低塑性和热稳定性。

3. β型钛合金

β型钛合金在固溶状态下冷成型性能良好，而且淬透性和热处理响应性也优良。β钛合金的室温强度最高。表5.4给出了β型钛合金在发动机上的应用情况。

表5.4　β型合金在发动机上应用

合金牌号	应用
TB2	钣金件、压力容器、波纹壳体和蜂窝结构
TB3	高强紧固件
Ti–40	航空发动机结构材料，机匣

5.3.2　先进复合材料

先进复合材料（Advanced Composites Material，ACM）专指可用于加工主承力结构和次承力结构、刚度和强度相当于或超过铝合金的复合材料，目前主要指有较高强度和模量的硼纤维、碳纤维、芳纶等增强的复合材料。ACM具有较小的质量，较高的比强度、比模量，较好的延展、抗腐蚀、导热、隔热、隔音、减振、耐高（低）温性能，独特的耐烧蚀性、透电磁波性、吸波隐蔽性，以及材料性能的可设计性、制备的灵活性和易加工性等，被大量地应用到航空领域中。

美国通用电器飞机发动机事业集团公司（GE–AEBG）和普惠公司，以及其他一些二次承包公司，都在用ACM取代金属制造飞机发动机零部件，包括发动机舱系统的许多部位，如推力反向器、风扇罩、风扇出风道导流片等都用ACM制造。FW4000型发动机有80个149℃的空气喷口导流片，也是碳纤维环氧预浸料制造的。

1. 树脂基复合材料

现在应用较多的是树脂基复合材料，它凭借比强度高、比模量高、耐疲劳与耐腐蚀性好和阻噪能力强等优点，在航空发动机冷端部件（风扇机匣、压气机叶片、进气机匣等）和发动机短舱、反推力装置等部件上得到了广泛应用。树脂基复合材料已经发展到了耐温450℃的第四代聚酰亚胺复合材料，形成了280～450℃涵盖四代的耐高温树脂基复合材料体系。其具体应用如图5.21所示。

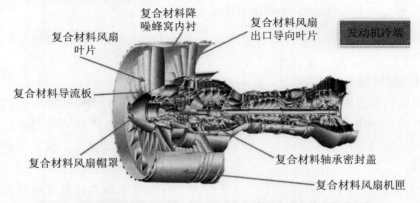

图5.21　树脂基复合材料在国外先进航空发动机冷端上的主要应用部位

GEnx发动机同时采用了树脂基复合材料风扇叶片和全复合材料风扇机匣，使树脂基复合材料的减重优势得以充分发挥。发动机风扇叶片是涡扇发动机最具代表性的重要零件，涡扇发动机的性能与它的发展密切相关。与钛合金风扇叶片相比，树脂基复合材料风扇叶片具有非常明显的减重优势。除此之外，树脂基复合材料风扇叶片受撞击后对风扇机匣的冲击较小，有利于提升风扇机匣的包容性。风扇机匣是航空发动机最大的静止部件，它的减重将会直接影响航空发动机的推重比与效率。这种风扇包容机匣首先采用二维三轴编织技术制造编织预成型体，在复合材料风扇叶片碎片撞击到包容机匣后，可以被有效包容，包容效率提高大约30%。罗·罗公司RB211发动机以及PW公司PW1000G，PW4000发动机已经采用树脂基复合材料制备风扇帽罩。此外，PW4084，PW4168发动机采用PR500环氧树脂制造风扇出口导流叶片。PW1000G发动机采用AS7纤维/VRM37环氧树脂RTM成型工艺制备风扇出口导流叶片，并已形成成熟的复合材料静子叶片工艺和技术体系。

相比航空发动机主机，树脂基复合材料在航空发动机短舱具有更广阔的应用空间。根据资料，国外厂商已经在短舱进气道、整流罩、反推装置、降噪声衬部位大规模使用树脂基复合材料，如图5.22所示。

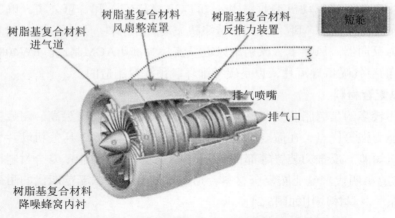

图5.22　树脂基复合材料在短舱的主要应用部位

在航空发动机风扇流道板、轴承封严盖、盖板等部位也在不同程度地应用树脂基复合材料。

2.聚酰亚胺树脂

聚酰亚胺树脂是耐高温树脂的代表，具有良好的耐热性、力学性能和工艺性能等，主要有BMI型、PMR型和乙炔基封端的聚酰亚胺树脂。其中，PMR型聚酰亚胺树脂基复合材料耐温最高且应用技术最成熟，在航空（尤其是航空发动机）、航天等领域得到了广泛的应用。

PMR–15聚酰亚胺树脂是第一个广泛使用的PMR聚酰亚胺高温复合材料树脂，具有优异的力学性能及良好的热氧化稳定性，可在288～316℃使用1 000～10 000 h。在过去数十年中已用于制造多种航空发动机零件，如GE90发动机的风扇叶片、机匣、F404发动机的外部导管、PW–29的排气叶片及F39导流叶片。

利用PMR–15聚酰亚胺树脂复合材料制造机匣的原理是，在1个钢制圆筒模具外表面上，用真空热压袋制出圆柱形碳纤维增强的PMR–15复合材料层压板壳。圆筒模具要便于铺设Gr/PMR预浸料，并且要保证完成的零件流道表面与模型一致。根据不同的强度、刚度和结构要求，层压板在厚度、材料方向上要有各种变化。成型之后，外涵壳体要切成上下两个半圆筒体，前后钛安装边铆接到位，纵向复合材料安装边及其他所有零件都装上，组成一台外涵机匣。

PMR–15制备的复合材料在热循环过程中极易产生微裂纹以及使用有致癌作用的MDA（4，4–二胺基二苯甲烷），使它的使用范围受到了限制。因此，聚酰亚胺复合材料在航空发动机上仍处于小规模的试用阶段。

5.3.3　Ti_3Al基金属间化合物

Ti_3Al基金属间化合物具有较高的高温强度、弹性模量、抗氧化性能，而且密度小、比强度高，同时它还具有较好的蠕变抗力等，主要分为α_2相的Ti_3Al和Ti_2AlNb基合金。

1. α_2相的Ti_3Al合金

α_2相的Ti_3Al合金具有DO19结构，室温单相Ti_3Al很脆。添加Nb、Mo、V等合金元素可以改善α_2相Ti_3Al基合金的性能。

现在美国已经研制出两个α_2相Ti_3Al合金Ti–21Nb–14Al和Ti–24Al–14Nb–3V–0.5Mo，并且批量生产。其中Ti–21Nb–14Al合金已能熔铸成3 200 kg 的铸锭，并已成功试制高压压气机机匣、高压涡轮支承环、导弹尾。Ti–24Al–14Nb–3V–0.5Mo合金通过热机械处理可获得良好的综合力学性能。

2. Ti_2AlNb基合金

Ti_2AlNb合金以有序正交结构O相为基础，其成分范围为Ti–（18～30）Al–（12.5～30）Nb，并含有少量的Mo，W和Ta等合金元素，具有较高的比强度、室温伸长率、断裂韧性和优异的蠕变抗力，还有较好的抗氧化性以及无磁性等优异性能。

我国的航空发动机中也已经应用了由Ti–22Al–25Nb合金制造的合金构件。另外，采用该合金制作的导弹发动机部件和卫星发动机构件，已经通过了台架试车。与此同时，使用此种合金制作的航空发动机机匣也已试制成功，另一钣金焊接组合件正在研制中。

钛基金属间化合物具备优异的性能，首先是轻质，使用温度可达1 000 ℃；其次是具有高强度和高刚度，拥有良好的耐蚀性和抗氧化性；最后是具备良好的耐高温性和耐磨性。但其缺点也比较明显，暴露在高温的空气中容易脆化，因此表面需要涂层的保护。

5.3.4　TiNi基形状记忆合金

形状记忆合金（Shape Memory Alloys，SMA）具有两个重要的特性，即形状记忆效应和超弹性。经过多年发展，获得实际应用的SMA主要有三大类别：TiNi基、Cu基和Fe基合金。其中，TiNi基形状记忆合金不仅具有优异的形状记忆特性和超弹性，还呈现出良好的阻尼特性、耐腐蚀性能和生物相容性等，在航天航空、机械、能源、电子、医学等领域都获得了广泛的应用。

波音公司最近对采用GE-115B发动机的B777-300ER飞机进行了飞行测试。其排气核心V形结构采用形状记忆合金主动调节形状，如图5.23所示。这种结构不仅可以减小飞机起飞时的噪声，而且在飞机巡航过程中可以收缩，改变形状，不影响飞机的性能。

SMA弯曲部分

图5.23　V形结构

5.4　航空发动机典型高温部件材料

飞机的速度不断提高，推动比随之增加，同时涡轮进气温度不断提高，所以涡轮前端温度很高，所采用的材料需要耐高温。燃烧室是发动机中温度较高的部件，其材料要求抗氧化、抗腐蚀、抗冷热疲劳性能好、强度高。目前的发动机燃烧室和加力燃烧室的工作温度最高可达2 000 ℃，通过冷却可降到1 000 ℃左右。发动机高压涡轮盘的工作温度可达到816 ℃，其轮缘部位要求有良好的抗蠕变性能，而中心孔周围要有最佳的抗疲劳性能。涡轮叶片的工况最为苛刻，直接暴露于上千摄氏度的高压、高速燃气流中，同时承受高温、复杂应力、热疲劳、燃气腐蚀等因素的综合作用，而且涡轮叶片的尺寸小、结构复杂（有些含冷却气路）、形式多样（多联、整体）。因此，承温能力（熔点）、密度、中高温蠕变性能、热疲劳性能、抗氧化耐腐蚀性能、长时组织稳定性及工艺性能等是评价涡轮叶片材料的主要依据。图5.24、图5.25所示为航空发动机的高温零部件。高温部件材料包括镍基高温合金、Ni-Al间金属化合物、γ-TiAl基合金、钛基复合材料、C/C复合材料、陶瓷基复合材料、热障涂层。

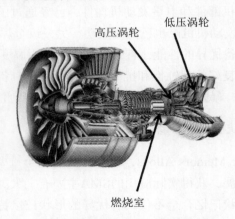

高压涡轮　　低压涡轮

燃烧室

图5.24　航空发动机高温部件

（a）涡轮叶片

（b）涡轮盘

（c）燃烧室

图5.25　航空发动机高温零件

5.4.1　镍基高温合金

镍基高温合金是以镍元素为基体，加入其他元素的合金。其中钴、铬、铝、钨主要起固溶强化作用，铝、钛、铌、钒等为形成γ′强化相元素，硼、镐起强化晶界作用，具有良好的高温蠕变特性、高温疲劳特性以及抗氧化、抗高温腐蚀等综合性能，满足了高推重比先进发动机的使用要求。在镍基高温合金中除奥氏体基体外，还有γ′相、二次碳化物、一次碳化物和硼化物等。随着合金化程度的提高，其显微组织的变化有如下趋势：γ′相数量逐渐增多，尺寸逐渐增大，并由球状变成立方体，同一合金中出现尺寸和形态不相同的γ′相。除了上述的显微组织，在铸造合金中还出现凝固过程中形成的γ＋γ′共晶，晶界析出不连续的颗粒状碳化物并被γ′相薄膜所包围，组织的这些变化改善了合金的性能。现代镍基合金的化学成分十分复杂，合金的饱和度很高，因此要求对每个合金元素（尤其是主要强化元素）的含量严加控制，否则容易在使用过程中析出有害相，如σ，μ相，损害合金的强度和韧性。在服役的先进发动机中，镍基高温合金的用量占发动机总重的50%～65%，主要用于航空航天领域中在950～1 050℃下工作的结构部件，如航空发动机的工作叶片、涡轮盘、燃烧室等。图5.26所示为镍基高温合金的发展趋势。

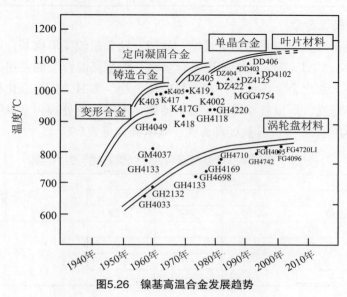

图5.26　镍基高温合金发展趋势

按制备工艺，镍基高温合金分为变形、铸造和粉末冶金高温合金三大类。

1.变形镍基高温合金

变形镍基高温合金是指用压力加工能使毛坯成型的镍基高温合金，可分为固溶强化型合金和沉淀强化型合金。固溶强化型合金具有一定的高温强度，以及良好的塑性、热加工性和焊接性，用于制造工作温度较高、承受应力不大（约数十兆帕）的部件，如燃气涡轮的燃烧室。常用的固溶强化变形镍基高温合金有GH30，GH39，GH44，其热处理方式及组织结构见5.5。

表5.5　常用固溶强化型合金热处理方式与组织结构

牌　号	热处理				组织结构
	淬火		时效		
	温度	冷却	温度	冷却	
GH30	980～1 020℃	空冷	—	—	奥氏体
GH39	1 050～1 080℃	空冷	—	—	
GH44	1 120～1 060℃	空冷	—	—	

沉淀强化型合金实际上综合采用固溶强化、沉淀强化和晶界强化三种强化方式，因而具有良好的高温蠕变强度和抗疲劳性能，用于制造高温下承受应力较高的部件，如燃气涡轮的叶片和涡轮盘等。常用的沉淀强化变形镍基高温合金有GH33，GH37，GH39，其热处理方式及组织结构见表5.6。

表5.6　常用沉淀强化型合金热处理方式与组织结构

牌　号	热处理				组织结构
	淬火		时效		
	温度	冷却	温度	冷却	
GH33	1 080℃	空冷	700℃，16 h	空冷	奥氏体+化合物
GH37	一淬1 180℃，二淬1 000℃	空冷	800℃，16 h	空冷	
GH49	一淬1 200℃，二淬1 500℃	空冷	900℃，8 h	空冷	

2.铸造镍基高温合金

铸造镍基高温合金由于采用铸造成型，故铝、钛含量较变形镍基合金更高，强化相 Ni_3Al，Ni_3Ti，$Ni_3（Al，Ti）$ 较变形镍基合金多。铸造高温合金的使用温度，通常要比时效强化温度高，加之合金内部已存在大量的化合物，靠时效析出强化相来提高合金的热强性已无实际意义，所以就在铸造状态下使用，不进行热处理。常见铸造镍基高温合金有K1，K3，K5，K17等，其热处理方式、组织结构见表5.7。

表5.7　常用铸造镍基高温合金热处理方式与组织结构

牌　号	热处理				组织结构
	淬火		时效		
	温度	冷却	温度	冷却	
K1	1 020℃，10 h	空冷	—	—	奥氏体+大量化合物
K3	1 120℃，4 h	空冷	—	—	
K5					
K17					

根据近年来的发展，铸造镍基高温合金又分为等轴晶合金、定向凝固合金、定向单晶合金，由其制造的发动机叶片如图5.27所示。其中合金以单晶为主。

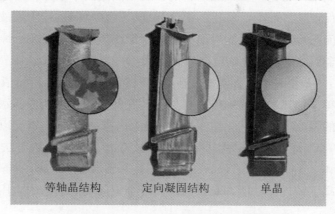

等轴晶结构　　　定向凝固结构　　　单晶

图5.27　等轴晶、定向凝固和单晶合金制造的叶片

（1）单晶高温合金。单晶高温合金消除了晶界，明显减少了降低熔点的晶界强化元素，使合金的初溶温度提高，能够在较高温度范围进行固溶处理，其强度比等轴晶和定向柱晶高温合金大幅度提高，因而得到了广泛应用。

单晶高温合金广泛用于制造涡轮叶片、导向叶片、叶片内外环、喷嘴扇形段等。美国自从第一代单晶合金PWA1480于1982年服役于JT9D–7R4发动机以来，生产了单晶叶片百万件以上，累计飞行考核300万h以上；第二代单晶PWA1484于1989年用于PWA2037发动机；第三代单晶合金用在宽体波音B777飞机的发动机中。英国罗·罗公司对喘达800系列发动机用更高强度的CMSX–10非气冷叶片代替气冷CMSX–4合金叶片，由于不需要冷却空气，提高了发动机的效率。单晶合金每上升一代，其耐温能力提高30℃左右。第二代单晶的最高使用温度约为363℃，而第三代单晶CMSX–10可用于1 204℃。

我国也对单晶高温合金及工艺进行了广泛的研究。由北京航空材料研究院研制的单晶合金DD3是低密度、低成本的合金，其性能与国外第一代单晶处于同一水平，是我国第一个用于航空发动机的单晶合金，同属于第一代单晶合金的还有DDZ、DD4和DDS。第二代单晶合金DD6的耐高温能力达到第二代单晶合金水平，而且成本低于国外第二代单晶合金。第三代单晶合金DD9以Ni为基，由Co，W，Ta，Al，Cr，Mo，Re，Nb等合金元素组成，具有优良的综合性能，其拉伸性能与持久性能等达到了国外第三代单晶高温合金的水平，可用于制造具有复杂结构的薄壁空心涡轮叶片。由中国科学院金属研究所发明的一种的第四代单晶高温合金DD22，具有高轻度，组织稳定，图5.28所示为采用DD22制造的涡轮叶片。

图5.28　第四代单晶高温合金制造的涡轮叶片

（2）定向凝固技术是制备单晶高温合金最为有效的方法。高温合金熔体在定向凝固过程中，为达到单一方向生长单晶的目的，必须满足两个条件：一是未凝固的熔体有足够的过热度，保证在界面前沿有正的温度梯度，并在凝固过程中固液界面保持平直；二是避免型壳壁面激冷形核或凝固界面前沿内生形核。基于以上两个原则，发展出以高速凝固法和液态金属冷却法为主的定向凝固方法。

高速凝固法：采用一种传动装置，在凝固时铸型与加热器之间依靠这种装置发生相对移动，而且铸型加热器始终加热。在加热区底部使用隔热挡板和水冷套，可以在挡板附近产生较大的温度梯度，细化组织。该方法的主要特点是：铸型以一定速度从炉中移出，或者炉子移离铸型，并采用辐射换热方式冷却。采用这种方法可以避免炉体对已凝固合金的影响，因而获得了较高的温度梯度和冷却速度，所制备的柱晶组织较细密而且均匀，提高了铸件的性能，是目前高温合金定向凝固工艺中应用最为广泛的一种方法。

液态金属冷却法的工艺过程与高速凝固法基本相同，但冷却介质不同，能达到更高的温度梯度和凝固速率。其示意图如图5.29所示。在合金熔体浇入铸型后，以一定的速度将铸型拉出炉体，浸入液态金属冷却剂中。液态金属冷却剂主要采用具有熔点低、沸点高、热容量大和导热性能好等特点的金属液，如Ga–In合金和Ga–In–Sn合金，以及Sn液和Al液等。由于液态金属与凝固界面之间换热系数很大，所以这种方法进一步提高了凝固过程中铸件的冷却速度和固液界面前沿的温度梯度，并使之保持稳定。因此，晶粒的生长能够在更加稳定的条件下进行，可以获得较长的单向柱晶。目前，液态金属冷却法在制备大尺寸的定向和单晶叶片中应用较为广泛。

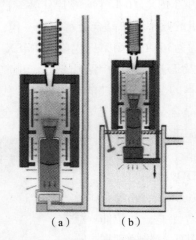

图5.29　定向凝固示意图

（a）高速凝固法；（b）液态金属冷却法

3. 粉末冶金高温合金

粉末高温合金材料采用预合金粉末、热等静压、挤压、等温锻造、热处理等粉末冶金方法制造成盘件，该材料实现了高合金化的均匀组织、双性能剪裁结构、优异的综合使用性能和损伤容限特性等，有效地保证了发动机的可靠性和耐久性，是先进航空发动机高压涡轮盘等关键热端部件的优选材料。

近十年来粉末涡轮盘用高温合金有了较大发展，第二代粉末合金MER-76和Rene880DT涡轮盘分别用于PWA2039，PwA4084，CFM-56-5C2和GE90等发动机，与IN718相比，Rene880DT在650℃具有较好的低循环疲劳寿命，裂纹扩展速率降低一半，σ_b和$\sigma_{0.2}$分别可达1 200 MPa和970～1 030 MPa。通过提高材料利用率和简化工序、以毛坯等温锻造获得净尺寸等方法可降低成本。少余量涡轮盘毛坯超塑性等温锻是获得高性能与低成本的关键技术。第三代粉末涡轮盘可在750～850℃温度范围工作，其发展方向是双性能热处理涡轮盘，轮缘部分呈粗晶粒以获得高的蠕变性能，轮心部分呈细晶粒有利于提高屈服强度和疲劳性能，整体的叶盘结构是发动机的优选方案。

5.4.2 Ni-Al间金属化合物

Ni-Al间金属化合物材料具有高温强度好、高温抗蠕变性能强、抗腐蚀性能和抗氧化性能好等优点，且在一定的温度范围内Ni-Al间金属化合物的屈服强度随着温度的升高而升高。在Ni-Al系合金中有应用前景的是NiAl基和Ni₃Al基合金。

1.NiAl基合金

NiAl基合金熔点高，密度低，抗环境性能好，热导率高，弹性模量高，在韧-脆转变温度以上具有类似于金属的性能，而且该合金可用常规的熔铸、粉末冶金和压力加工等方法生产。

NiAl基合金的主要缺点是室温塑性低和断裂韧性差，高温强度和蠕变性能一般。人们发现加入Hf有利于提高合金力学性能，最终发展了一种高温力学性能优异的NiAl共晶合金，即JJ-3合金。

与高温合金相比，JJ-3合金成分比较简单，不含有Co，W，Nb和Ta等价格昂贵的合金元素，合金成本低廉。JJ-3合金的密度为6.271 g/cm³，仅为镍基高温合金密度的2/3，利用JJ-3合金制作的涡轮盘和导向叶片可以降低30%～40%质量；JJ-3合金300℃的高温拉伸性能和持久强度几乎比中国航空材料手册中所有等轴晶高温合金都高；JJ-3合金的熔点达1 440℃，较一般镍基高温合金高 100～150℃，较目前熔点最高的Co基高温合金K640和单晶高温合金 DD-3还高100℃。熔点高，使用温度就可以提高；JJ-3合金的热导率大，可使零件热量迅速传递，降低零件温度梯度，将JJ-3合金制成的典型的涡轮叶片与高温合金涡轮叶片比较，叶片的峰值温度可以降低50℃。图5.30所示为JJ-3合金制成的涡轮叶片。

图5.30 JJ-3合金涡轮叶片毛坯

一般采用普通真空感应炉熔炼和精密铸造方法，经过多次反复试验，找出了合适的熔炼和精铸工艺，制备出JJ–3合金涡轮叶片。

2.Ni₃Al基合金

Ni₃Al基合金具有熔点高、密度低、组织稳定、高温强度高、热强性能好、铸造工艺性好、成本低等特点。正是由于这些优良特性，Ni₃Al基合金作为高温结构材料在民用和军事工业中应用前景广阔。

我国是世界上较早研究Ni₃Al及其合金的国家之一，在铸造Ni₃Al基合金方面开展了大量工作，研制的IC6和IC10定向柱晶在我国先进航空发动机上获得了应用。IC6中Ni₃Al相的含量为88%，其余主要是无序相。合金元素钼既强化Ni₃Al相，也强化γ相。该合金可在1 050～1 300℃工作，比较适合用作发动机叶片等部件。目前，国内正在研制Ni₃Al金属间化合物单晶材料。表5.8列举了部分商业化高性能Ni₃Al基合金的组成。

表5.8　部分商业化高性能Ni₃Al基合金的成分

元　素	以下合金的各成分含量/（%）		
	IC–221LA	IC–221W	IC6
Al	4.5	8.8	7.5～8.5
B	16.0	7.7	0.01～0.06
Mo	1.2	1.4	13.5～14.5
Cr	1.5	3.0	
Zr	0.003	0.003	
Ni	其余	其余	其余

近30年来，美、俄等国也对Ni₃Al基合金开展了广泛研究，取得了大量研究及应用成果。俄罗斯发展了BKHA系列Ni₃Al基等轴、定向和单晶合金，并采用BKHA–4y合金研制了发动机单晶涡轮叶片，较镍基合金叶片轻7%～8%，成本降低20%～25%。美国发展了NX–188，WAZ–20，IC164，IC72等Ni₃Al基合金，已用于发动机叶片、涡轮外环、喷管调节片等。表5.9列出了各种Ni₃Al基合金的应用领域。

表5.9　Ni₃Al基合金的工程应用

合　金	应用领域
IC6	航空发动机热端关键部位
IC系列	航空发动机叶片、燃烧室部件
BKHA系列	航空发动机静子叶片

5.4.3　γ–TiAl基合金

1.γ–TiAl基合金简介

γ–TiAl基合金的弹性模量、抗蠕变性能等均比钛合金好得多，与Ni基高温合金相当，但密度还不到Ni基合金的1/2，使用温度可望达到900℃以上，室温模量可达176 GPa，且随温度升高而缓慢下降，可以填补高温钛合金和Ni基高温合金的使用空白，能用于喷气发动机和涡轮等航空航天、汽车工业的耐高温部件以及超高速飞行器的翼、壳体等，被认为是最有应用潜力的新一代轻质耐高温结构材料。

当前，γ–TiAl合金已经发展到第四代，见表5.10。第一代γ–TiAl合金（Ti–48Al–1V–0.1C）由美国空军材料研究所和Pratt–Whitney公司共同研究，它具有良好的综合力学性能，如延性、强度和抗蠕变性能，但其断裂韧性和冲击韧性的不足使其不能满足发动机部件的使用性能要求。20世纪80年代末，美国GE公司发展了具有优良综合力学性能的第二代γ–TiAl合金（Ti–48Al–2Cr–2Nb）。近10年来，通过合金化和组织控制又研制出第三代、第四代γ–TiAl合金，其力学性能及抗氧化性能等得到显著提高。

表5.10　γ–TiAl合金发展历程

γ–TiAl合金	成分（原子分数百分比）	制备工艺
第一代	Ti–48Al–1V–0.3C	锻造/粉末冶金/铸造
第二代	Ti–47Al–2（Cr，Mn）–Nb	铸造
第三代	Ti–（45～47）Al–2Nb–2Mn–0.8TiB2	铸造
	Ti–47Al–2W–0.5Si	铸造
	Ti–47Al–5（Cr，Nb，Ta）	铸造
	Ti–46.2Al–2Cr–3Nb–0.2）	铸造
第四代	Ti–（45～47）Al–（1～2）Cr–（1～5）Nb–（0～2）（W，Ta，Hf，Mo，Zr）–（0～2）B–（0.03～0.3）C–（0.03～0.2）Si–（0.15～0.25）O–X	锻造/铸造

2.加工工艺

目前航空中使用的TiAl合金构件主要是通过精密铸造工艺得到的。精密铸造的过程主要是：模具设计—蜡模制作—型壳制备—脱蜡—型壳烧结—合金浇注。在精密铸造过程中，需控制好浇注温度：温度过高，引起铸件晶粒过大，降低铸件的力学性能；温度过低，TiAl合金流动差，型壳不易填充，形成缩孔。浇注后，TiAl脱壳，经一定的表面处理（如喷砂、机械加工），形成初步的精密铸造TiAl构件。美国GE发动机公司已经将Howmet公司铸造的Ti–47Al–2Cr–2Nb合金低压气机叶片装在CF6–80上进行了1 000个模拟飞行周次的考核，结果TiAl合金叶片比较完整，没有损伤；日本川崎重工业株式会社和京都大学新开发车用整体精铸的发动机，其中外径小于80 mm的废气增压涡轮，由于TiAl合金的密度是铸造Ni基高温合金的一半，可使涡轮转子减重超过50%，使发动机的加速反应时间显著减少。目前，铸造TiAl合金Ti–（47～48）Al–2Nb–2Cr、Ti–47Al–2W–0.5Si和Ti–（45～47）Al–2Nb–2Mn–0.8TiB$_2$等已进入实际应用。

γ–TiAl 基合金在先进的喷气涡轮发动机中的主要应用有：TiAl基合金的比刚度比发动机中的常用材料高50%，可用来制作框架、密封支撑、机匣、隔板、涡轮叶片以及喷口区域的零件。例如，美国通用电气公司采用铸造法和锻压法制造的TiAl基合金航空发动机叶片、叶片盘等，已部分应用于波音GEnx发动机的低压涡轮后两级，使得发动机减重180 kg，有助于提高发动机的燃油效率，如图5.31（a）所示。图5.31（b）为中国科学院金属研究所采用离心精密铸造方法制造的TiAl基合金低压涡轮叶片。

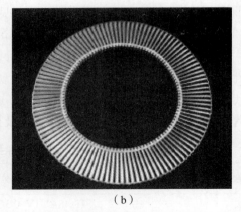

（a）　　　　　　　　　　　（b）

图5.31　TiAl合金精密铸造的低压涡轮及其叶片

（a）GEnx发动机上的低压涡轮；（b）TiAl基合金低压涡轮叶片精密铸件

从2000年开始国外采用锻造工艺制造TiAl合金高压压气机叶片。锻造TiAl合金叶片性能比铸造叶片大幅提高，可靠性也显著提高，但成本很高。图5.32所示为罗·罗公司研制的TiAl锻造叶片。中航工业北京航空材料研究院于20世纪90年代开展了TiAl合金的研究工作，如工业尺寸TiAl合金铸锭熔炼、锻造、挤压等研究工作，突破了大尺寸TiAl合金饼坯锻造、TiAl合金异形细晶棒材挤压、TiAl合金叶片模锻工艺等关键技术（见图5.33），为我国发动机设计部门对TiAl合金的选材奠定了材料基础。

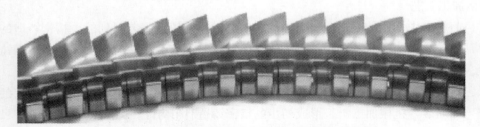

图5.32　罗·罗公司研制的锻造TiAl合金高压压气机叶片

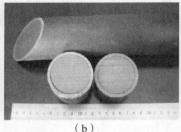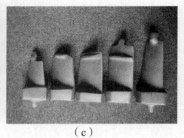

（a）　　　　　　　　　　（b）　　　　　　　　　　（c）

图5.33　锻造TiAl合金

（a）Φ550 mm锻造饼坯；（b）挤压圆棒；（c）模锻叶片样件

钛铝金属间化合物用于发动机低压涡轮叶片已获得适航认证。2015年3月德国MTU航空发动机公司宣布，已开发出新型轻质钛铝金属间化合物（TiAl），可用于高温高应力发动机组件；以该化合物制成的低压涡轮叶片已于2014年9月在A320NEO上完成首飞，12月获得适航认证。TiAl涡轮叶片的质量约为镍合金组件的一半，力学性能与其相当，熔点、蠕变强度、抗氧化和耐腐蚀性高于钛合金。MTU公司正开发增强型TiAl合金，拟进一步提高涡轮叶片性能。

5.4.4 钛基复合材料

钛基复合材料（Titanium Matrix Composites，TMCs）以其高的比强度、比刚度和抗高温特性成为超高声速宇航飞行器和下一代先进航空发动机的候选材料。TMCs可简单分为两大类：连续纤维增强和非连续颗粒增强钛基复合材料。

1.连续纤维增强钛基复合材料

连续纤维增强钛基复合材料具有高比强度、高比刚度，以及良好的耐高温、抗蠕变和抗疲劳等优异性能，是适用于700～900℃的航空发动机的轻质耐高温的理想结构材料。这类材料通常是在Ti–6Al–4V或Ti–6Al–2Sn–4Zr–2Mo基体合金中加入30%～40%直径约0.127 mm的SiC纤维而制成的。典型材料是SiC_f/Ti复合材料。

国外开展SiC_f/Ti复合材料的应用探索研究较早，主要用在发动机机体风险相对较低的部位，如运动排气活门的连杆和矢量喷管，是第一个在飞行演示中应用的SiC_f/Ti复合材料零件。1992年，3个SiC_f/Ti复合材料压缩连杆，安装在GE F110–100发动机上，并配装F–16飞机飞行测试了31 h。这些连杆由美国Textron公司研制，替代镍基高温合金IN718，直接质量减轻达43%。此外，在国外军用发动机上，SiC_f/Ti复合材料整体叶环、传动轴等结构件已积累了丰富经验并接近于实用状态。根据目前国内外研究情况，以罗·罗公司某型发动机为例，SiC_f/Ti复合材料在未来航空发动机上的应用部位如图5.34所示。

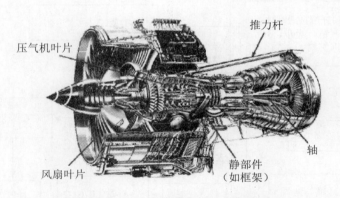

压气机叶片 推力杆 轴 静部件（如框架） 风扇叶片

图5.34 SiC_f/Ti在未来航空发动机上的应用

2.非连续颗粒增强钛基复合材料

这类材料是指TiAl（γ）基、Ti_3AL（α2）基、Ti–6Al–4V基等一系列用TiB_2或TiB颗粒增强的TMCs。与SiC纤维增强TMCs相反，颗粒增强TMCs是各向同性的。在钛及钛合金基体中加入颗粒增强剂后，这种TMCs的横向和纵向拉伸、蠕变强度和刚度都得到明显改善，而塑性、K_{IC}和疲劳性能有所降低。与传统钛合金相比，非连续颗粒增强钛基复合材料具有更高的强度、模量、耐磨性、耐热性及服役温度，使用温度较相应基体钛合金提高100～200℃；与传统的耐热钢、镍基高温合金相比具有更低的密度、优异的耐腐蚀性，服役温度较耐热钢高，较镍基高温合金低，有望在500～850℃应用环境中替代钢或镍基高温合金，减重约40%。国内，西北有色金属研究院用颗粒增强钛基复合材料TP–650制成了飞机发动机的叶片。

5.4.5　C/C复合材料

C/C复合材料具有密度低、比模量高、比强度高、高温强度高、耐超高温、耐烧蚀、耐热冲击、热膨胀系数低、抗热震性优良等优点，理论最高耐受温度可达1 650℃，因而被认为可用于制造推重比为20～30的发动机的热端部件。

1986年美国普惠公司首次把C/C复合材料用于F100发动机燃烧室喷管，之后又用C/C复合材料制作了F100、F39等发动机的燃烧室部件和涡轮转子。法国幻影2000飞机发动机喷油杆、隔热屏、鱼鳞片等零件及M88–2发动机喷管，也已采用C/C复合材料制造。图5.35所示为C/C复合材料制造的发动机燃烧室喷管。

图5.35　C/C复合材料制造的发动机燃烧室喷管

C/C复合材料制备工艺流程图如图5.36所示，主要有化学气相沉积工艺和液相浸渍工艺。

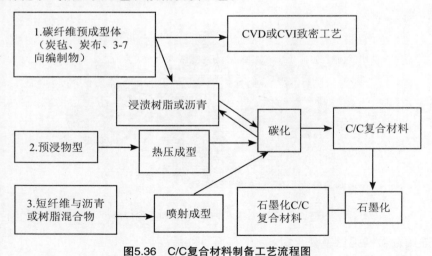

图5.36　C/C复合材料制备工艺流程图

1.化学气相沉积工艺

化学气相沉积工艺（Chemical Vapor Deposition，CVD）工艺始于20世纪60年代，是最早采用的一种C/C复合材料致密化工艺。其过程是易挥发的烃（如甲烷、丙烷、苯）

和其他低分子量碳氢化合物通过热解沉积在热的基体表面的孔隙中，以达到致密化目的，同时产生易挥发的副产物。沉积炭直接沉积在碳纤维的孔壁的表面及丝束之间的孔隙里，有利于提高产品性能，且沉积炭易石墨化，与碳纤维的物理相容性好，所得C/C复合材料结构致密，强度高。CVD法包括等温法、热梯度法、压差法、等离子体辅助CVD法，前两种方法用得最多。但CVD法沉积发生在材料表面，易在织物外表面堵塞，需反复沉积，因而工艺过程长，成本高，并且零件尺寸受炉子尺寸限制。

2.液相浸渍法

液相浸渍就是把预成型体浸渍在液相浸渍剂中，通过浸渍—炭化—石墨化的多次循环来达到使产品致密的目的。常用的浸渍剂有两类：热固性树脂，如呋喃、糠醛和酚醛树脂等；热塑性树脂，如各向同性的石油沥青和煤沥青以及各向异性的中间相沥青。前者只能得到玻璃炭，炭化过程由于气体的逸出会导致内部热机械应力，不能进一步石墨化，性能较差。以沥青为基体的C/C复合材料表现出优异的抗热震性能和机械性能，主要是由于沥青和碳纤维具有良好的界面结合性，在炭化时形成的中间相沥青沿纤维方向定向排列，因此炭化后的沥青基体的热力学性能与纤维匹配较好。沥青的残碳率高，各向同性沥青残碳率可达50%～60%，中间相沥青的残碳率则更高，炭化时由于与纤维有良好的润湿和黏结性易产生开孔，利于再浸渍和密度的提高。为了进一步提高基体残碳率，增大密度，改善C/C的各种性能，人们发展了高压液相浸渍工艺，利用内外压差使低黏度基体渗透到纤维织物的孔隙里去。残碳率受压力影响非常显著，各向同性沥青的残碳率可由常压下的50%～60%提高到70%～80%，有效地提高了致密化程度。但高压液相浸渍法工艺流程长，操作危险性大，对设备要求高。

5.4.6 陶瓷基复合材料

陶瓷基复合材料具有密度低、耐高温、热导率高、弹性模量高等优异的物理性能，并能在高温下保持很高的强度、良好的抗热震性和适中的热膨胀率，对减轻发动机涡轮叶片质量和降低涡轮叶片冷气量意义重大，是高温领域最有前途的材料。在2 000℃以上氧化气氛中可用的候选材料主要是碳化物和硼化物。

1.碳化物陶瓷基复合材料

连续纤维增强的SiC陶瓷基复合材料目前主要有SiC$_f$/SiC（SiC纤维增强）和C$_f$/SiC（C纤维增强）两大类，具有高韧性、低密度、良好的热稳定性和化学稳定性。C$_f$/SiC在惰性环境中于超过2 000℃的高温下仍能保持强度、模量等力学性能不降低，但在高于400℃的氧化性气氛中易氧化，导致材料性能降低。SiC纤维具有较高的抗氧化能力，与SiC陶瓷基体有极好的相容性，氧化气氛中长期使用温度可达1 400℃，使得SiC纤维强化的复合材料在性能上进一步提高。

SiC$_f$/SiC的主要应用领域包括推重比达10以上的航空发动机热端及测温保护部件。SiC$_f$/SiC喷管调节片/密封片已在国外M53-2，M88-2，F100，F39，EJ200，F414，F30，F136等多种型号发动机中成功试验并应用多年。法国Snecma公司研制了SiC$_f$/SiC燃烧室火焰筒、加力燃烧室内锥体、火焰稳定器、外调节片和密封片，并在F100等发动机上进行了试车考核。美国NASA和GE，Soler等公司研制了SiC_f/SiC调节片和密封片、SiC_f/SiC低压涡轮导向叶片、SiC_f/SiC复合材料环形燃烧衬套、SiC_f/SiC涡轮叶片等构件，分别在F30，F414，F136等发动机上进行了试车考核。GE公司和P&W公司的使能推进材料（Enabling Propulsion Materials，EPM）项目已使用SiC_f/SiC陶瓷基复合材料制备燃烧室衬套（见图5.37），该衬套在1 200℃环境下工作可以超过10 000 h；NASA Glenn研究中心研制的 SiC_f/SiC涡轮叶片（见图5.38）可使冷却空气流量减少15%～25%，并通过了在燃烧室出口气流速度60 m/s、6个大气压（约6×10^5 Pa）和1 200℃工作环境中的试验考核。

图5.37　SiC_f/SiC陶瓷基复合材料制备燃烧室衬套

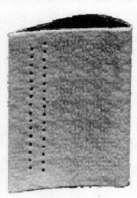
图5.38　SiC_f/SiC制涡轮叶片

2.硼化物陶瓷基复合材料

ZrB_2和H_fB_2等硼化物具有高熔点、高硬度、高热导率和良好的抗热震性。单相ZrB_2和H_fB_2在1 200℃以下具有良好的抗氧化性，高温环境加入SiC可以显著提高它们的抗氧化性能。

ZrB_2–SiC材料具有很高的强度（超过1 000 MPa）、抗氧化性和良好的抗热震性。ZrB_2–SiC复合材料属于颗粒增韧陶瓷基复合材料，1 800～2 400℃范围内在最外层形成SiO_2层，在最内层形成ZrO_2，SiC与ZrO_2在内部氧化区内共存。通过添加高强度、高硬度的SiC纤维来制备ZrB_2–SiC复合材料，可以明显提高其抗弯强度和抗氧化性。

H_fB_2–SiC体系中，SiC可以显著提高抗氧化性能，在高温时形成玻璃相的硅酸盐覆盖在材料的表层，该玻璃相在1 600℃以下具有良好的保护作用。ZrB_2–SiC材料主要用于制备超高温耐火材料，如导弹的喷嘴及航空发动机的高温引擎部位。

5.4.7　热障涂层

热障涂层一般由高隔热、抗腐蚀的陶瓷涂层和金属黏结层组成。陶瓷涂层的主要功能是在高温载荷下减少热量向基体的传送，提高基体抗氧化与抗腐蚀的性能。金属黏结层的作用是缓解陶瓷层和基体热膨胀的不匹配，提高基体的抗高温氧化性能。热障涂层可以降低高压涡轮叶片表面温度，提高合金的抗氧化性能，表现出显著的隔热效果（150～167℃），从而使涡轮进口温度提高。

扫描二维码，了解热障涂层发展历程

1.热障涂层结构

热障涂层主要包括双层结构、多层结构和梯度结构3种结构形式。这3种结构形式各有特点，适用于不同的环境要求，可以采用不同的结构体系，如图5.39所示。

多数实际应用的热障涂层都采用双层结构，如图5.39（a）所示。表层为以ZrO_2为主的陶瓷层起隔热作用；陶瓷层与基体之间为MCrAlY黏结层（M为过渡族金属Ni、Co或Ni与Co的混合），起改善基体与陶瓷涂层物理相容性和抗氧化腐蚀的作用。双层结构制备工艺相对简单，耐热能力强。因此，针对发动机叶片用的热障涂层以双层结构热障涂层为主。但由于涂层热膨胀系数在界面跃变较大，在热载荷下将在涂层内积聚较大的应力，因此抗热震性难以得到进一步提高。为了缓解涂层内的热效应不匹配，提高涂层的整体抗氧化及热腐蚀能力，发展了多层结构系统。图5.39（b）为一种多层结构热障涂层体系，其每一层都具有各自的特定功能，外层的封闭层和阻挡层主要用于阻挡燃气腐蚀产物SO_3，SO_2，V_2O_5的侵蚀，氧阻挡层则用于降低氧原子进一步向涂层内扩散的速率。多层结构热障涂层的热力学行为更为复杂，涂层的制备也相对困难。

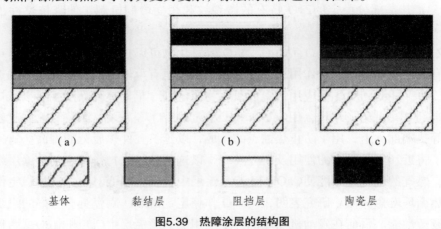

基体　　　　　黏结层　　　　　阻挡层　　　　　陶瓷层

图5.39　热障涂层的结构图

（a）双层结构；（b）多层结构；（c）梯度结构

近年来，随着制备技术的发展，热障涂层结构已由经典的"MCrAlY+YSZ"（YSZ代表以氧化钇部分稳定氧化锆）双层结构向成分、结构连续变化的MCrAlY+ZrO_2梯度结构发展，如图5.39（c）所示。这种梯度涂层消除了层状结构的明显层间界面，使得涂层的力学性能由基体向陶瓷表层连续过渡，从而避免了热膨胀系数等不匹配所造成的陶瓷层过早剥落现象。

2.陶瓷表层材料

热障涂层的基本设计思想就是利用陶瓷的高耐热性、抗腐蚀性和低导热性，实现对基体合金材料的保护。因此，对适用于作热障涂层陶瓷表层的材料提出了以下要求：①高熔点；②低密度；③较高的热反射率；④良好的热冲击性能；⑤较低的蒸汽压；⑥较高的抗热氧化及热腐蚀的能力；⑦相对较低的热导率；⑧高热膨胀系数。综合考虑上述性能要求，从以往研究的陶瓷材料中筛选出了已知的几种可能适用于高温隔热涂层使用的陶瓷材料。其主要性能见表5.11。

表5.11 陶瓷材料的主要性能

材料	熔点/℃	密度/（g·cm^{-3}）	热导率/（W·m^{-1}·K^{-1}）	热膨胀系数/（10^{-4}K^{-1}）	杨氏模量/GPa
8YSZ	2 700	5.6	2.12	10.7	—
$3Al_2O_3 \cdot 2SiO_2$	1 810	3.156	3.3	4.5	147
$\alpha-Al_2O_3$	2 040	3.99	21	8.0	372
ZrO_2	2 700	5.60	2.3	3.0~13.0	140
$La_2Zr_2O_7$	2 300	—	1.56	9.1	175
SiO_2	1 713	2.32	1.59	5	—
$LaPO_4$	2 070		1.8	10.5	133
$BaZrO_3$	2 690	—	3.42	8.1	181

NASA对上述材料的对比研究表明ZrO_2的综合性能是最好的。ZrO_2具有陶瓷材料中最接近金属材料的热膨胀系数，在1 000℃时为$3×10^{-6}$ K^{-1}，而Ni基高温合金的平均热膨胀系数为$3×10^{-6}$ K^{-1}，该材料的热导率是Al_2O_3的1/100左右，且具有较高的抗弯强度和断裂韧性，尤其是部分稳定的ZrO_2特有的微裂纹和相变增韧机制，使其抗热冲击性能非常好。

在ZrO_2中添加少量的CaO，MgO，Y_2O_3等氧化物可以控制这种相变发生。不同的稳定剂具有不同程度的相稳定作用，各自的稳定机理也有可能不同。实际应用的热障涂层体系中CaO，MgO和Y_2O_3是应用最多的氧化物稳定剂。早期热障涂层主要以CaO，MgO作相稳定剂。20世纪60年代，用CaO和MgO稳定的ZrO_2等离子喷涂热障涂层就已应用于燃烧室等热端部件上，用于防止热蚀点的生成，以延长工件热疲劳的寿命。这一材料体系使用了将近20年。后来的使用及研究发现，以这两种氧化物作稳定剂的涂层组织稳定性不好，燃气的硫化作用能使CaO和MgO从涂层中析出，降低对ZrO_2的相稳定作用，使涂层的热循环寿命降低。研究表明，用Y_2O_3作稳定剂的ZrO_2陶瓷具有更好的组织稳定性和抗热疲劳性能。目前在发动机热端部件上应用的热障涂层中CaO和MgO这两种稳定剂已基本被Y_2O_3取代。

3.黏结层材料

为了缓解陶瓷涂层和基体的热失配，同时也为了提高基体的抗氧化性，在基体和陶瓷涂层间加了一层MCrAlY金属黏结层。涂层的抗氧化机理一般是通过高温氧化在表面首先形成Al_2O_3保护性氧化层，以阻止涂层的进一步氧化，从而达到保护基体的目的。

黏结涂层的常见合金体系有FeCrAlY，NiCrAlY，CoCrAlY，NiCoCrAlY等几种，各自具有不同的使用特性。除了FeCrAlY以外，其他3种合金都在不同的热障涂层体系中应用过。由于NiCoCrAlY黏结层的抗氧化、抗热腐蚀等综合性能较好，因此飞机发动机叶片用的热障涂层大多采用这种合金体系。

4.热障涂层发展现状

迄今为止，应用最广、最成熟的热障涂层是以氧化钇（质量分数 6%～8%）部分稳定氧化锆（YSZ）陶瓷层为面层，MCrAlY合金层为黏结层的双层结构热障涂层体系。YSZ具有低的热导率和相对较高的热膨胀系数，但是它在使用过程中存在如下问题，当工作温度高于1 200℃时，随着烧结时间延长，YSZ的孔隙率和微观裂纹数量逐步减少，从而热导率上升，隔热效果下降。高温环境中，热障涂层的面层和黏结层之间会生成以含铝氧化物为主的热生长氧化物（即TGO），同时金属黏结层会产生"贫铝带"，随着热循环次数的增加，贫铝带扩大，富Ni、Co的尖晶石类氧化物在TGO中形成，从而使TGO内部产生较大的应力，最终诱发裂纹并导致陶瓷面层脱落。空气环境中或飞机跑道上的颗粒物进入燃烧室后，在高温作用下形成一种玻璃态沉积物CMAS（CaO，MgO，Al_2O_3，SiO_2等硅酸铝盐物质的简称）。CMAS附着在发动机叶片上，在毛细管力的作用下沿着YSZ涂层孔隙向深度方向渗透，随后CMAS与YSZ涂层中的Y_2O_3发生反应，加速YSZ相变，最终在热化学与热机械的相互作用下，导致YSZ涂层内部产生裂纹。YSZ陶瓷面层、金属黏结层、TGO的热膨胀系数存在差异，会引起YSZ陶瓷面层/TGO界面、TGO/金属黏结层界面在从工作温度（上千摄氏度）降到室温的过程中产生应变失配，从而形成热失配应力，最终导致YSZ面层脱落。

针对这些问题，可以从以下几方面进行改进，从而满足热障涂层的使用需求。

（1）改善抗烧结性。

1）提高陶瓷涂层纯度，减少YSZ涂层中SiO_2和Al_2O_3杂质的含量，可以显著降低涂层的烧结速率，平面收缩倾向减小，从而降低热导率的增加速率，涂层表现出一定的抗烧结性。

2）在涂层中添加特殊化学元素。例如在镧系锆酸盐体系（$La_2Zr_2O_7$）涂层中适量掺杂Hf等元素能够有效提升涂层的抗烧结性能。

（2）控制TGO的生长。

1）航空发动机在高温服役过程中，黏结层Al，Cr，Ni等金属元素接触氧气发生选择性氧化，会在黏结层和顶层陶瓷层表面形成一层热生长氧化物（TGO），进而造成涂层局部膨胀，并对陶瓷层产生张力，当张力超过了其结合力时就会引起裂纹扩展，直至表面涂层剥落。改变黏结层的化学成分，适当掺杂一些活性元素（如Y，Hf，Zr），在这些元素的偏析聚集作用下，Al_2O_3的增长速度降低，TGO生长被抑制。

2）采用冷喷涂、超声速火焰喷涂等工艺或预先沉积一层富Al的PVD（物理气相沉积）"薄夹层"，改善涂层结构，降低氧气扩散系数，从而减缓TGO的生长速度。

（3）改善抗CMAS腐蚀性能。

叶片上CMAS的形成不仅会造成钇的损耗，引起ZrO_2熔融相变，产生不稳定相，CMAS的沉积还会引起涂层应力增大，加速涂层剥蚀，大大降低热障涂层的服役寿命。研究发现从以下几方面可改善涂层抗CMAS腐蚀性能：

1）改变涂层化学成分。在YSZ中添加Al，Ti，Si等元素可诱导生成一种氧基磷灰石相，从而抑制CMAS向涂层内部侵蚀，降低界面层的浸润性能，增强涂层抗CMAS性能。

2）改变涂层结构。烧绿石结构的$Y_2Zr_2O_7$中渗入的CMAS比一般结构的YSZ少很多。对于双层热障涂层，由于烧绿石外层可以减少CMAS的渗入，因此热障涂层的抗CMAS侵蚀性得到极大提高。

（4）改善YSZ面层应变容限。

采用电子束物理气相沉积（EB-PVD）技术、等离子物理气相沉积（PS-PVD）技术、悬浮液等离子喷涂（SPS）技术等可制备"柱状"结构的YSZ陶瓷面层，通过柱间纵向开裂释放陶瓷面层/TGO界面上的热失配应力，可以使热障涂层承受更高的失配应变，从而提高YSZ陶瓷层应变容限，延长涂层热循环寿命。这种方法工艺简单，成本低，但是纵向裂纹是通过表面集中加热的方式产生的，密度不高且形态无法控制，因此涂层的循环寿命不稳定，使得涂层在应用上受到很大的限制。

5.热障涂层应用

热障涂层在各种高温部件中的应用十分广泛。在航天领域，主要用于火箭发动机喷管延伸段内部。航空领域，可用于航空发动机涡轮叶片、燃烧室。在电力领域中，热障涂层常用于保护燃烧轮机火箭筒、过渡段、叶片。除此之外，在高性能汽车发动机、化工装备等处均可应用热障涂层。图5.40展示了热障涂层在各个领域的实际应用。

图5.40　热障涂层在各个领域的应用

自20世纪70年代以来，美国、英国、法国和日本等发达工业化国家都竞相发展热障涂层，并大量应用在叶片、燃烧室、隔热屏、喷嘴、火焰筒和尾喷管等航空发动机热端部件上。

1976年，在美国NASA刘易斯研究中心研制的MgO部分稳定的ZrO_2热障涂层在J75发动机上首次通过验证，随后成功用于该发动机的燃烧室，后来被称为第一代航空用热障涂层。20世纪80年代初，P&W公司成功地开发了第二代等离子喷涂热障涂层——PWA264。其陶瓷面层是大气等离子喷涂（Air Plasma Spray，APS）的质量分数为7%的氧化钇部分稳定的氧化锆（YSZ），金属黏结层为更耐氧化的低压等离子喷涂（LPPS）的NiCoCrAlY。PWA264涂层在JT9D发动机涡轮叶片上成功应用之后，又陆续在PW2000，PW4000和V2500等发动机的涡轮叶片上得到试验验证和应用。20世纪80年代末，P&W公司又成功地开发了第三代涡轮叶片EB-PVD热障涂层PWA266。该涂层采用EB-PVD制备7YSZ陶瓷面层、低压等离子喷涂（LPPS）的NiCoCrAlY金属黏结层，消除了叶片蠕变疲劳、断裂和叶型表面抗氧化陶瓷的剥落，使其寿命比未喷涂该涂层叶片的寿命延长了3倍。PWA266在JT9D和PW2000发动机上得到成功验证之后，于1989年首先应用到PW2000发动机涡轮叶片上，之后又应用至JT9D-7R4，V2500，F100-PW-229和F119等发动机涡轮叶片上。

同时，美国GEAE公司分别于20世纪80年代末和90年代初成功开发了APS和EB-PVD热障涂层，并在CF6-50发动机的第2级涡轮导向叶片上，采用LPPS制备的MCrAlY黏结层和APS陶瓷层的热障涂层；在CF6-80发动机的第1级工作叶片上采用Pt-Al黏结层和EB-PVD陶瓷层的热障涂层，第2级涡轮导向叶片采用了大气等离子喷涂（APS）

技术制备的MCrAIY黏结层和 APS陶瓷层的热障涂层；在CFM56–7发动机的第1级涡轮导向叶片上，采用了铝黏结层和EB–PVD陶瓷层的热障涂层；在F414发动机上，采用了EB–PVD陶瓷层的热障涂层。

此外，英国罗·罗公司也逐渐将热障涂层大量应用到军用和民用发动机上。Spey发动机有 200多个零件使用了热障涂层，尤其是在第1～3级涡轮叶片叶冠上均使用了热障涂层，从而改善了叶片可靠性，提高了发动机效率。为提高发动机燃烧室的可靠性，防止发生热变形进而产生裂纹，罗·罗公司还在RB211发动机燃烧室衬套表面采用了APS氧化锆涂层，从而极大地提高了燃烧室的使用寿命。EJ200发动机高压涡轮工作叶片通过采用双层等离子沉积的热障涂层（面层为YSZ，黏结层为CoNiCrAIY），延长了叶片寿命，且提高了耐温能力。

法国SNECMA公司也已经将EB–PVD热障涂层应用到M88–2发动机AMl单晶合金涡轮叶片上，使涡轮的冷却空气流量减少，寿命延长，效率提高。图5.41展现了热障涂层在航空发动机上应用的一些典型部件。

图5.41　热障涂层在航空发动机上应用的一些典型部件

5.5　3D打印技术在航空航天领域的应用

在规划21世纪我国航空发动机材料发展战略时，认为必须将结构与材料、材料设计与成型工艺、组织结构与缺陷行为、高性能指标与可靠性统一于材料的研究与开发之中，并建立在科学的理论与实践结合的基础之上。

例如，作为第三次工业革命制造领域的典型代表技术，3D打印的发展时刻受到各界的广泛关注，而金属高性能增材制造技术（金属3D打印技术）被行内专家视为3D打印领域高难度、高标准的发展分支，在工业制造中有着举足轻重的地位。现如今，世界各国工业制造企业都在大力研发金属增材制造技术，尤其是航空航天制造企业，更是不惜耗费大量财力、物力加大研发力度，以确保自己的技术领先优势。在美国制造业回归战略以及德国工业4.0的背景下，国际环境也为3D打印提供了其成长不可或缺的营养。不管是美国的国家增材制造中心，还是英国技术战略委员会，都将航空航天作为增材制造技术的首要应用领域。2012年10月，原中国科学院院长、全国人大委员会副委员长路甬祥曾明确表示，中国的3D技术也将首先应用于航空航天领域。

3D打印是快速成型技术的一种，它是一种以数字模型文件为基础，运用粉末状金属或塑料等可黏合材料，通过逐层打印的方式来构造物体的技术，国外称为增材制造。

金属3D技术作为一项全新的制造技术，在航空航天领域的应用优势突出，服务效益明显。主要体现在以下几方面。

（1）缩短新型航空航天装备的研发周期。航空航天技术是国防实力的象征，也是国家政治的体现形式，世界各国之间竞争异常激烈。因此，各国都想试图以更快的速度研发出更新的武器装备，使自己在国防领域处于不败之地。而金属3D打印技术让高性能金属零部件，尤其是高性能大结构件的制造流程大为缩短，无需研发零件制造过程中使用的模具，这将极大地缩短产品研发制造周期。

国防大学军事后勤与军事科技装备教研部教授李大光表示，20世纪八九十年代，要研发新一代战斗机至少要花10～20年的时间，由于3D打印技术最突出的优点是无需机械加工或任何模具，就能直接从计算机图形数据中生成任何形状的零件，所以如果借助3D打印技术及其他信息技术，最少只需3年时间就能研制出一款新战斗机。加之该技术具有高柔性、高性能和灵活制造的特点，以及对复杂零件的自由快速成型，将使其在航空航天领域大放异彩，为国防装备的制造提供强有力的技术支撑。

中国的国产大飞机C919上的中央翼缘条零件（见图5.42）是金属3D打印技术在航空领域的典型应用。此结构件长3 m多，是国际上金属3D打印出的最长的航空结构件。如果采用传统制造方法，此零件需要超大吨位的压力机锻造而成，不但费时费力，而且浪费原材料，目前国内还没有能够生产这种大型结构件的设备。

图5.42　C919上中央翼缘条零件

因此，为保证飞机研发进程及安全性，目前国内必须向国外订购此零件，且从订货到装机使用周期长达2年多时间，这严重阻碍了飞机的研发进度。采用金属3D打印技术打印出的中央翼缘条，其研制时间仅一个月左右，结构强度达到甚至超过了锻件使用标准，完全符合航空使用标准。金属3D打印技术的使用在很大程度上缩短了我国大飞机的研制周期，让研制工作得以顺利进行，而这仅是金属3D打印技术应用在航空航天领域的一个缩影而已。

（2）提高材料的利用率，节约昂贵的战略材料，降低制造成本。航空航天制造领域大多使用价格昂贵的战略材料，比如钛合金、镍基高温合金等难加工的金属材料。传统制造方法对材料的使用率很低，一般不会超过10%，甚至仅为2%～5%。材料的极大浪费也就意味着机械加工的程序复杂，生产时间周期长。如果是那些难加工的技术零件，加工周期会大幅度增加，制造周期明显延长，从而造成制造成本的增加。

金属3D打印技术作为一种近净成型技术，只需进行少量的后续处理即可投入使用，材料的使用率达到了60%，有时甚至是达到了90%以上。这不仅降低了制造成本，节约了原材料，更符合国家提出的可持续发展战略。2014年在中国科学院一个专题讨论会上，北京航空航天大学王华明教授曾表示，中国现在仅需55天就可以打印出C919飞机驾驶舱玻璃窗框架，而欧洲一家飞机制造公司生产同样的东西至少要2年，光做模具就要花200万美元，中国采用3D打印技术不仅缩短了生产周期，提高了效率，而且节省了原材料，极大地降低了生产成本。

（3）优化零件结构，减轻质量，减少应力集中，增加使用寿命。对于航空航天武器装备而言，减重是其永恒不变的主题。减重不仅可以增加飞行装备在飞行过程中的灵活度，而且增加载重量，节省燃油，降低飞行成本。传统的制造方法已经将零件减重发挥到了极致，再想进一步发挥余力，已经不太现实。

然而，3D技术的应用可以优化复杂零部件的结构，在保证性能的前提下，将复杂结构经变换重新设计成简单结构，从而达到减轻质量的效果；而且通过优化零件结构，能使零件的应力呈现出最合理化的分布，减少疲劳裂纹产生的危险，从而增加使用寿命；通过合理复杂的内流道结构实现温度的控制，使设计与材料的使用达到最优化，或者通过材料的复合实现零件不同部位的任意自由成型，以满足使用标准。

战机的起落架是承受高载荷、高冲击的关键部位，这就需要零件具有高强度和高的抗冲击能力。美国F-16战机上使用3D技术制造的起落架（见图5.43），不仅满足使用标准，而且平均寿命是原来的2.5倍。

图5.43　F16战机起落架

（4）零件的修复成型。金属3D打印技术除用于生产制造之外，其在金属高性能零件修复方面的应用价值绝不低于制造。就目前情况而言，金属3D打印技术在修复成型方面所表现出的潜力甚至更大。

以高性能整体涡轮叶盘零件为例，当盘上的某一叶片受损，则整个涡轮叶盘将报废，直接经济损失在百万元之上。较之前，这种损失可能不可挽回，令人心痛，但是基于3D打印逐层制造的特点，我们只需将受损的叶片看作是一种特殊的基材，在受损部位进行激光立体成型，就可以恢复零件形状，且性能满足使用要求，甚至是高于基材的使用性能。由于3D打印过程的可控性，其修复带来的负面影响很有限。

事实上，3D打印制造的零部件更容易得到修复，匹配性更佳。相较于其他制造技术，在3D修复过程中，由于制造工艺和修复参数的差距，很难使修复区和基材在组织、成分以及性能上保持一致性，但是在修复3D成型的零件时就不会存在这种问题了。修复过程可以看作是增材制造过程的延续，修复区与基材可以达到最优的匹配。这就实现了零件制造过程的良性循环，用低成本制造、低成本修复实现高的经济效益。

（5）与传统制造技术相互配合，相互补充。传统制造技术适用于大批量成型产品的生产，而3D打印技术则更适合个性化或者精细化结构产品的制造。将3D打印技术和传统制造技术相结合，各取所长，充分发挥各自的优势，使制造技术发挥更大的威力。

对于表面要求高质量、高性能，但中心要求性能一般的零件而言，可以使用传统制造技术生产出中心形状的零件，然后使用激光立体成型技术在这些中心零件上直接成型表面零件，这样就生产出了表面性能高、中心性能一般的零件，降低了工艺的复杂程度，减少了生产流程。这种互补的生产组合，在零部件的生产制造中具有重要的实际应用价值。

对于外部结构简单、内部结构复杂的零部件，采用传统制造技术制造内部复杂结构时，过程烦琐，后续加工工序复杂，从而增加了生产成本，延长了生产周期。对其外部使用传统制造技术而内部采用3D打印技术直接近净成型，只需少量后续工序就可完成产品的制造，这样缩短了生产周期，降低了成本，实现传统技术和新技术的完美匹配、相互补充。

航空航天作为3D打印技术的首要应用领域，其技术优势明显，但是这绝不意味着金属3D打印是无所不能的，在实际生产中，其技术应用还有很多亟待解决的问题。比如目前3D打印还无法适应大规模生产，满足不了高精度需求，无法实现高效率制造等。而且，制约3D打印发展的一个关键因素就是其设备成本的居高不下，大多数民用领域还无法承担起如此高昂的设备制造成本。然而，随着材料技术、计算机技术以及激光技术的不断发展，制造成本将会不断降低，满足制造业对生产成本的承受能力，届时3D打印将会在制造领域绽放属于它的光芒。

扫描二维码，了解3D打印技术特点

第6章　航天材料及其应用

　　航天是指飞行器在大气层外宇宙空间的航行活动。实现航天飞行器的航行活动，是人类认识和改造自然、开拓新天地、扩大社会生产活动空间的追求和必然，也是人类文明高度发展的重要标志。航天材料是指航天飞行器及其动力装置、附件、仪表所用的各类材料，是航天工程技术发展的决定性因素之一。航天飞行器发展到20世纪80年代已成为机械和电子的高度一体化的产品。它要求使用品种繁多、具有先进性能的结构材料，和具有电、光、热、磁等多种性能的功能材料。航天材料按材料的使用对象不同可分为航空发动机材料、火箭和导弹材料，以及航天器材料等。航天材料制造的许多零件往往需要在超高温、超低温、高真空、高应力、强腐蚀等极端条件下工作，有的则受到质量和容纳空间的限制，需要以最小的体积和质量发挥在通常情况下等效的功能，有的需要在大气层中或外层空间长期运行，不可能停机检查或更换零件，因而要有极高的可靠性和质量保证。不同的工作环境要求航空航天材料具有不同的特性。高的比强度和比刚度对飞行器材料的基本要求是：材质轻、强度高、刚度好。减轻飞行器本身的结构质量就意味着增加运载能力，提高机动性能，加大飞行距离或射程，减少燃油或推进剂的消耗。比强度和比刚度是衡量航空航天材料力学性能优劣的重要参数。飞行器除了受静载荷的作用外，还要经受由于起飞和降落、发动机振动、转动件的高速旋转、机动飞行和突风等因素产生的交变载荷，因此材料的疲劳性能也受到人们极大的重视。

6.1　航天材料概述

　　航天活动的正常进行离不开先进航天器的发展，先进航天器的发展离不开航天材料的支撑，航天材料是研制生产航天产品的物质保障，是推动航空航天产品更新换代的技术基础，航天事业的发展离不开航天材料发展。1957年10月4日，苏联在拜科努尔航天发射场发射成功了世界上第一颗人造地球卫星PS-1（见图6.1），其质量为83.6 kg。它的轨道近地点215 km、远地点947 km，它在天上运行了92天，从此人类进入太空时代。它的主要任务是进行高空空气阻力的测量、地面大气密度的测量等。1958年1月31日，美国将探险者1号卫星（见图6.2）送入太空。卫星携带的仪器包括一个宇宙射线探测仪、三个外部温度探头、一个前部温度探头、一套微波背景探测器。这颗卫星的主要任务是：探测星际空间；测量地球高空磁场；探测地球大气层和电离层；测定地球形状和地球引力场；探测和研究宇宙线和激流星体；测量太阳辐射、太阳风；研究日地关系。

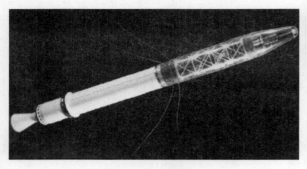

图6.1　人造卫星 PS-1

图6.2　探险者1号卫星

　　1961年4月12日，苏联宇航员加加林（见图6.3）乘坐东方一号宇宙飞船从拜科努尔航天发射场起飞，在远地点为301 km的轨道上绕地球一周，历时108 min，完成了世界上首次载人宇宙飞行，实现了人类进入太空的愿望。1969年7月16日，美国的阿波罗11号飞船（其发射指挥队伍见图6.4）将三位宇航员送上了月球轨道，将其中两人送上了月球，实现了人类登月的梦想，阿波罗计划作为人类历史上第一次探索月球的工程，详细揭示了月球的种种特性，分析了月球上的物质元素，探测了月球引力和地质情况。

图6.3　尤里·阿列克谢耶维奇·加加林

图6.4　美国阿波罗11号的发射指挥队伍

　　我国航天事业起步于20世纪50年代，1956年2月，著名科学家钱学森（见图6.5）向中央提出了《建立我国国防航空工业的意见》。1956年3月14日，周恩来总理亲自主持召开中央军委会议，决定按照钱学森的建议，由他组建我国第一个火箭、导弹研究机构；1956年10月8日，国防部第五研究院宣告成立，新中国导弹、航天事业也由此揭开了崭新的一页。

　　1970年4月24日，中国第一颗人造卫星"东方红一号"发射成功，使中国成为世界上继苏联、美国、法国和日本之后第五个完全依靠自己的力量成功发射人造卫星的国家。"东方红一号"卫星的成功发射是中国航天史上的一座丰碑；从此中国

图6.5　"中国航天之父"
钱学森

正式加入了"太空俱乐部"。"东方红一号"卫星，反映着当时中国的经济、科技、社会和军事能力的发展水平，是国家综合国力的重要标志，是影响国际关系格局的重要因素，是促进经济和科技进步的重要手段，对于增强民族自豪感和凝聚力具有重要作用。1988年9月7日，"长征四号"运载火箭在太原成功发射了"风云一号"A气象卫星；1990年9月3日，"风云一号"B发射升空；"风云一号"C（FY-1C）卫星于1999年5月10日发射成功，世界气象组织于2000年8月正式将"风云一号"C星列入世界气象业务应用系列卫星，为世界各国免费提供气象资料。1999年11月20日，中国第一艘试验飞船"神舟一号"首发成功，成为继美、俄之后世界上第三个拥有载人航天技术的国家。这既是中国载人航天事业的惊天一跃，也展示了中国雄浑的国家实力。载人航天作为一项旷日持久的工程，只有那些经济最强盛、科技最发达的国家才能实现人类飞向太空的壮举，才能延续人类畅游宇宙的永恒梦想。2007年10月24日，中国"嫦娥一号"卫星发射成功体现了中国强大的综合国力以及相关的尖端科技，是中国发展软实力的又一象征，表明了中国在有效地掌握和利用太空巨大资源、实现科研创新、凝聚民心、增强国家竞争力等一系列远大目标上的决心与实力。航天材料既是研制生产航天产品的物质保障，又是推动航空航天产品更新换代的技术基础，因此航天事业的发展离不开航天材料发展。1956年中国开始筹建航天工业，并命名为国防部第五研究院，以后陆续演变为第七机械工业部、航天工业部、航空航天工业部、中国航天工业总公司及中国航天科技集团公司和中国航天机电集团公司。我国航天工业在创业初期曾仿制苏联产品，随后不断改进、改型，坚持走自立更生、独立自主的发展道路，创造了以人造卫星、载人航天和绕月探测三座里程碑为代表的伟大成就，进一步增强了我国的国防实力、科技实力和民族凝聚力，推动我国逐步从航天大国迈向航天强国。航天材料既是研制生产航天产品的物质保障，又是推动航空航天产品更新换代的技术基础，因此航天事业的发展离不开航天材料的发展。

　　航天产品受其使用条件和环境的制约，对材料提出了严格的要求。对结构材料而言，其中最关键的要求是轻质高强和高温耐蚀。从这一点上可以说，航天产业把结构材料的能力提高到了它的极限水平。飞行器的设计准则已经从原始的静强度设计发展到今天的损伤容限设计，设计选材时的重要决定因素是寿命期成本、强度质量比、疲劳寿命、断裂韧性、储存期、可靠性和可维修性等。对于航天材料来说，还要考虑更高的比刚度和比强度、更低的热膨胀系数，耐超高温和超低温能力，以及在空间环境中的耐久性。如为了提高航天器燃料燃烧时的效率和保证重返大气层时的防护，需要有耐高温防热材料；为了保存低温推进剂（如液氢、液氧），需要有耐低温和超低温材料及绝热材料。空间用高效能源也提出了许多关键性的材料问题。另外，还包括环境问题，如外层空间的高真空状态、宇宙射线辐照和低地球轨道上原子氧的影响等问题。航天飞行器在超高温、超低温、高真空、高应力、强腐蚀等极端条件下工作，除了依靠优化的结构设计之外，还有赖于材料所具有的优异特性和功能。由此可见，航天材料在航天产品发展中极其重要的地位和作用。

　　除结构材料外，功能材料在航空航天产品的发展中同样具有重要的作用，如微电子和光电子材料、传感器敏感元件材料、功能陶瓷材料、光纤材料、信息显示与存储材料、隐身材料以及智能材料等。

6.2 运载火箭材料

运载火箭是由多级火箭组成的航天运载工具。通常，运载火箭将人造地球卫星、载人飞船、空间站、空间探测器等有效载荷送入预定轨道。任务完成后，运载火箭被抛弃。

第二次世界大战后，美、苏两国分别接收了德国研制成功的V-2导弹的部分产品、专家、设备和资料，为这两个国家迅速发展导弹技术创造了有利条件。在当时冷战的形势下，美、苏在V-2导弹的基础上，开始了大规模的军备竞赛，研制成功了各类导弹武器，并形成了不同射程和不同制导精度的导弹武器系列，同时两国将导弹武器的技术转移发展为运载火箭技术。1957年苏联首先把第一颗人造地球卫星送入太空，震撼了世界，揭开了人类探索太空的序幕。自20世纪60年代开始，我国自主研制成功了中近程、中程、中远程和洲际导弹，并在1970年用"长征一号"运载火箭把第一颗人造地球卫星"东方红一号"送入太空，"长征"系列运载火箭如图6.6所示。我国走的是一条先武器后运载的发展航天飞行器的道路。后来发展起来的欧洲、日本的航天技术则是借助他人经验从直接研制运载火箭开始的。

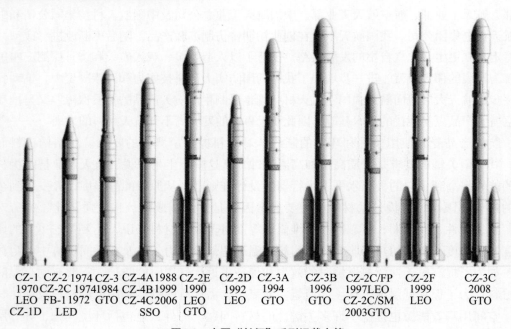

CZ-1 CZ-2 1974 CZ-3 CZ-4A 1988 CZ-2E CZ-2D CZ-3A CZ-3B CZ-2C/FP CZ-2F CZ-3C
1970 CZ-2C 1974 1984 CZ-4B 1999 1990 1992 1994 1996 1997LEO 1999 2008
LEO FB-1 1972 GTO CZ-4C 2006 LEO LEO GTO GTO GTO CZ-2C/SM LEO GTO
CZ-1D LED SSO GTO 2003GTO

图6.6 中国"长征"系列运载火箭

"长征三号"系列是我国自行研制的三级运载火箭，"长征三号"甲（CZ-3A）是其中的典型代表，它具有新的大推力的液氢液氧火箭发动机的第三子级，具有运载能力大（有效载荷质量为2 500 kg）、适用性强（可发射单星、双星，可变轨，可大姿态角运动）、有空中二次点火能力等特点。"长征三号"甲的起飞质量为241 t，起飞推力为2 962 kN，第一、二子级发动机推进剂用四氧化二氮和偏二甲基肼，采用全惯性飞行控制系统，整流罩直径为3.35 m。

"长征三号"甲运载火箭箭体及整流罩所用结构材料如图6.7所示。火箭的第一子级与第二子级的分离采用热分离方式，即第二子级发动机点火后才发出指令，使一、二子级火箭连接结构解锁，在第二子级发动机高温燃气流的作用下，实现级间分离；二、三子级火箭采用冷分离方式，即第二子级发动机关机后，先发指令，使二、三子级间连接结构解锁，然后点燃装在第二子级上的固体反推火箭，将第二子级反向推开，实现可靠分离。这些技术问题的解决都有相当的难度，在材料的选择上也有所优化。

发展新一代大型运载火箭，有赖于新材料技术的支撑，其主要需求可归纳如下：新型高强轻质箭体结构材料，新型高强轻质液体推进剂贮箱结构材料，大推力的液氢/液氧火箭发动机关键结构材料，大推力液氧/煤油火箭发动机关键结构材料，液氢/液氧、液氧/煤油火箭发动机密封件，厌氧胶、阻尼材料等高分子材料。同时还要力图从选材方面应用新材料，以减轻仪器框架和地面设备质量，并掌握金属、非金属蜂窝结构的设计和新工艺以及性能评价技术。新一代运载火箭对新材料和工艺的需求见表6.1。

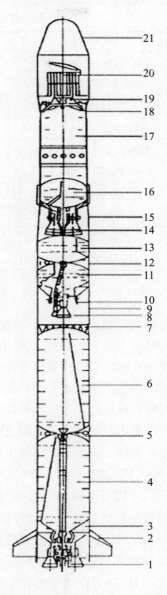

1——级发动机；2——级尾翼2A12（LY12）；3—后裙部2A12（LY12），7A04（LC4）；4—一级燃料箱2A14（LD10）；5—一级箱间段2A12，7A04；6—一级氧化剂箱2A14；7—一、二级级间杆系30CrMnSi；8—二级发动机主机；9—级间壳段2A12，7A09（LC9）；10—二级发动机游机；11—二级燃料箱2A14；12—二级箱间段7A09；13—二级氧化剂箱2A14；14—三级发动机；15—二、三级级间段2A12，7A09；16—液氧箱2A14；17—液氢箱2A14；18—仪器舱2A12；19—卫星支架2A14，铝蜂窝，C/E；20—有效载荷卫星；21—整流罩玻璃钢，铝合金，蜂窝2A12面板

图6.7　CZ-3A运载火箭箭体及整流罩所用结构材料示意图

表6.1　新一代运载火箭对新材料和工艺的需求

应用部分	材　料	技术要求
箭体结构	高强轻质铝合金材料，高性能碳/环氧复合材料	实现弹体结构轻质化，减轻结构质量
推进剂贮箱	高强度可焊铝锂合金材料，高性能碳/环氧复合材料	使液氢和液氧贮箱比常规铝合金质量更轻
整流罩	蜂窝夹层结构材料技术，大型整流罩成型新工艺技术	整流罩刚度的优化设计
仪器框架	高性能环氧复合材料，高强度轻质合金材料	使设备小型化、轻质化，减轻结构质量
地面设备	碳/环氧复合材料，高性能轻质金属结构材料	地面设计轻质化，减轻地面设备（如发射筒等）结构质量

6.2.1　贮箱材料

运载火箭的贮箱属大型薄壁结构，工作条件恶劣，影响因素更多，选材更为困难。选择贮箱材料应考虑下列因素：使用环境下材料的比强度和比刚度；材料在使用条件下的断裂韧度和亚临界裂纹扩展速率；材料的生产工艺性；材料与环境的相容性；生产成本与资源；国内生产工艺水平和产品研制进度。考虑这些因素，铝合金、钛合金、合金钢和复合材料都有可能作为贮箱箱体材料。对比国外在不同时期研制的大型运载贮箱的箱体材料可以看出，即使在满足推进剂相容性要求的条件下，合金钢也仅用于早期研制的少数型号。例如，美国的先锋号（Vanguard）二子级和德尔塔（Delta）原型机采用了410型不锈钢；宇宙神D（AtlasD）芯级采用301型不锈钢，欧空局的阿里安1（Ariane1）的一子级贮箱采用了高强度可焊钢板。在满足与推进剂相容性要求的前提下，采用钛合金作为贮箱材料的仅是个别型号的上面级贮箱，其容积相对要小得多。例如美国大力神3C（Ti tan 3C）三子级的2个推进剂贮箱即采用了Ti–6Al–4V钛合金。上述情况表明，大型运载贮箱，特别是近年来研制的新型运载火箭的芯级贮箱材料，如阿里安5（Ariane 5），H–2A等在确保相容性的前提下仍以金属材料中的铝合金为主。

1.Al–Mg系LF6（5A06）合金

Al–Mg系的LF6（5A06）合金是与苏联的AMr6（见表6.2）相类似的一种具有良好综合性能的铝合金，具有良好的塑性、适当的力学性能、较高的比模量、较强的耐腐蚀性、良好的工艺性能和优良的可焊性。我国2.25 m的常温贮箱采用了这种材料。由于该材料比较成熟，性能和工艺比较稳定，一直沿用至今。据称，苏联从早期的"东方号"（见图6.8）到后来相当一段时期的型号一直采用Al–Mg系的半冷作硬化的WMr6合金作为箱体材料。美国的第一种大型液体运载火箭——"土星1号"（见图6.9）是为实现载人登月的"阿波罗"计划而从1959年开始研制的，其一子级为并联贮箱，箱体材料也采用Al–Mg系合金，筒段材料牌号为5456–H34，上、下箱底为5086–A。这两种合金的成分大体与我国的LF6相当。

表6.2 LF6及相应合金化学成分与常温力学性能

牌 号	各化学成分的含量/（%）							力学性能			
	Si	Fe	Ca	Mn	Mg	Ti	Al	合金状态及厚度/mm	抗拉强度 σ_b/MPa	屈服强度 σ_s/MPa	延伸率 δ/（%）
LF6（中）	≤0.4	≤0.04	≤0.1	0.5～0.8	5.8～6.8	0.02～0.15	余量	退火状态 0.5～4.5；半硬状态 1.5～3.5	≥314 ≥372.4	≥157 ≥264.6	≥15 ≥8
AMr6（俄）	≤0.4	0.4	0.1	0.5～0.8	5.8～6.8	0.02～0.10	余量	退火状态 0.6～10.5	≥314	≥157	≥157
5086（美）	≤0.4	≤0.5	0.1	0.2～0.7	3.5～4.5	0.15	余量	加工硬化	325	255	≥10
5456（美）	≤0.25	≤0.4	.10	0.5～1.0	4.7～5.5	0.02	余量	加工硬化	310	165	≥22

图6.8 苏联"东方号"运载火箭

图6.9 美国"土星1号"运载火箭

从今天的标准看，Al-Mg类合金在使用中存在两个明显不足：不能热处理强化，强度低；冷作强化后产生时效软化。这是由Al-Mg系合金自身特点造成的，因而限制了Al-Mg系合金在大型贮箱上的进一步应用，它将逐渐被Al-Cu-Mg和Al-Cu-Mn系可热处理强化合金替代。

2.Al-Cu-Mg-Si系LD10合金

LD10合金属Al-Cu-Mg-Si系热处理强化铝合金，又称高强铝合金，可制成大型铸锭、锻件、板材和型材。同Al-Mg系的LF6相比，其力学性能有大幅度提高（见表6.3），因此被选为我国直径3.35 m运载贮箱的箱体材料，使用至今已逾30年。该合金的低温性能亦令人满意。贮箱是一种复杂的焊接构件，要求箱体材料具有良好的焊接性能，包括补焊和重复焊接性能。从这个角度看，LD10合金存在两个严重的问题：①焊接性能差，焊接裂纹倾向大，承载时有产生低应力脆断的倾向；②存放时有晶间腐蚀和应力腐蚀倾向。经过艰苦攻关，这些难题已基本得到了解决。同我国LD10相近的美国牌号是2014铝合金（见表6.3），在美国早期研制的大型运载火箭中也曾被用作箱体材料。据报道，美国在应用2014合金的初期，在焊接工艺上也曾遇到了很多困难，到了后期，

2014贮箱焊接裂纹问题也没有根本解决,在生产中仍时有发生。上述情况表明,焊接性差、断裂韧性低,这是该类合金固有的特性,只能通过改进焊接(填充)材料、完善焊接工艺使问题得到缓解,不能彻底解决。

表6.3　LD10及相应合金化学成分与常温力学性能

牌　号	各化学成分的含量 / (%)								力学性能			
	Si	Fe	Cu	Mn	Mg	Zn	Ti	Al	合金状态及厚度/mm	抗拉强度 σ_b/MPa	屈服强度 σ_s/MPa	延伸率 δ/ (%)
LD10 (2A14) (中)	0.6 ~ 1.2	0.7	3.9 ~ 4.8	0.4 ~ 1.0	0.4 ~ 0.8	0.3	0.15	余量	退火 0.5~10; 淬火、人工时效0.5~10	≥245 422	333	10 5
AK 8 (俄)	0.6 ~ 1.2	0.7	3.9 ~ 4.8	0.4 ~ 1.0	0.4 ~ 0.8	0.3	0.1	余量	热处理	440	372	8
2014 (美)	0.5 ~ 1.2	0.7	3.9 ~ 5.0	0.4 ~ 1.2	0.2 ~ 0.8	0.25	0.15	余量	热处理	485	415	13

　　解决问题的根本出路是更换材料或选用新的焊接方法。由英国焊接研究所于1991年发明的搅拌摩擦焊(Friction Stir Welding)就是一种很有希望的方法。它属于固相连接,这就有可能避免LD10在熔化焊时所表现出的可焊性差、裂纹倾向严重等问题。有资料表明,波音公司用搅拌摩擦焊焊接的低温贮箱已于1999年8月装箭发射升空。

3.Al–Cu–Mn系147合金

　　我国参照美国2219合金的成分配比研制的147铝合金,属可热处理强化的Al–Cu–Mn系高强、耐热、可焊铝合金(其化学成分和力学性能见表6.4),具有良好的抗热裂性和与LD10相近的综合性能,且塑性、韧性特别是低温韧性明显优于LD10,低温或高温下板材力学性能高于LD10。147合金的抗大气腐蚀性能和成型工艺性能与LD10合金相近;采用合理的热处理制度,无应力腐蚀倾向;147合金的焊接性能好,与Al–Mg系合金中的LF6相当,焊接裂纹倾向性低,对焊接工艺条件变化不敏感;焊接接头在室温、低温和高温(约300℃)条件下均具有良好的强度、塑性和冲击韧性;147合金对化学铣切的适应性亦令人满意。显然,147合金的上述一系列优良特性,适合于用作各种形状(圆柱形、球形、环形、锥形等)的箱体材料。正是基于上述技术基础,早在20世纪80年代,147合金曾被选为新型贮箱材料并进行了工程化应用实践,积累了经验,表明我国已具备147合金的工业化生产和工程应用的条件。

　　20世纪50年代,美国开始研制2219铝合金以代替2014。在1962—1967年间研制"土星5号"火箭(见图6.10)时,其一子级的直径达10.06 m的贮箱即采用了这种材料。在20世纪70年代美国研制航天飞机外贮箱时,据称曾考虑了4种铝合金。然而2219 铝合金除具有保证结构可靠性所需的强度、抗应力腐蚀及韧性等最佳综合性能外,还可以手工补焊，且裂纹倾向性很小，因此这种直径达8.38 m、长47m的外贮箱也采用了2219合金。美国国家宇航局（NASA）还把2219推荐为载人飞行器舱的最佳结构材料之一。大约从20世纪70年代起，美国将2219铝合金作为贮箱材料全面取代2014，一直延续至今，仍在广泛使用。

表6.4　147合金化学成分与常温力学性能

牌　号	各化学成分含量/（%）								力学性能			
	Cu	Mn	Ti	Zr	V	Fe	Si	Al	合金状态及厚度/mm	抗拉强度 σ_b/MPa	屈服强度 σ_s/MPa	延伸率 δ/（%）
147（中）	5.8~6.8	0.2~0.4	0.02~0.1	0.1~0.25	0.05~0.15	0.3	0.2	余量	退火 1.0～20.0	220	315	12
									淬火 1.0～6.0 7.0～24.0	425	359	6
									热处理 1.0～6.0 7.0～20.0	441	351	6
1201（俄）	5.8~6.8	0.4~0.8	0.02~0.10	0.2~	0.05~0.15			余量	加工硬化	430	350	11
2219（美）	5.8~6.8	0.2~0.4	0.02~0.10	0.2~0.4	0.05~0.15			余量	热处理（T87） 热处理（T62）	475 415	395 290	10 10

图6.10　美国"土星5号"运载火箭

　　苏联在20世纪70年代中期开始研制重型通用运载火箭"能源号"（见图6.11）时，直径达8 m的大型液氢液氧贮箱所采用的1201铝合金，其化学成分和性能与我国147合金和美国的2219合金也是相同或相近的（见表6.4）。近20年来，世界各国专门为运载研制的大型火箭，例如日本1984年启动的H−2、1996年启动的H−2A，欧洲航天局1988年启动的阿里安5均采用了2219合金作为箱体材料。这种现象与国外研制新型一次性运载火箭时从设计开始就考虑商业上的可行性，以可靠性、安全性和经济性作为主要设计原则不无关系。从使用和制造的角度看，147合金有两点不足，一是常温拉伸性能稍低于LD10，二是氩弧焊时气孔倾向似乎比LD10大。

图6.11 苏联重型通用运载火箭"能源号"

4.Al–Li 系合金

Al–Li系铝合金以其低密度、高模量、高强度（见表6.5）而著称，特别是20世纪70年代以来一大批具有良好的断裂韧性、抗腐蚀性、超塑性、耐低温性能和可焊性的新型铝锂合金相继问世，引起各国航天界的关注。用新型Al–Li合金代替常规的Al–Mg系、Al–Cu系合金作为航天结构材料，可使构件质量减轻10 %～15 %，结构刚度提高15%～20%，新型Al–Li合金被认为是21世纪航天航空的主要结构材料之一。

表6.5 Al–Mg、Al–Cu与Al–Li合金常温性能对比

合金系	牌 号	弹性模量 E/GPa	抗拉强度 σ_b/MPa	屈服强度 σ_s/MPa	延伸率 δ/（%）	密度 ρ/（g·mm^{-3}）
Al–Mg	LF6	66.6	314	157	15	2.64
Al–Cu	LD10	68.6	441	353	6	2.8
	147	70.6	440	350	6	2.8
Al–Li	2195（美）	76	586	548	8.4	2.72
	1460（俄）	80	530～570	460～500	2.5～12	2.60

苏联在20世纪80年代研制出高强、可焊、适宜于低温下使用的1460铝锂合金，并用作能源号火箭芯级（二级）直径8 m、长40 m和20 m的液氢、液氧贮箱材料，获得了成功。麦道公司也使用这种合金制作了德尔塔三角快帆DC–XA单级入轨火箭（见图6.12）的液氧贮箱，比用传统铝合金质量减轻10%。美国用其研制的Weld alite 049系列中的2195铝锂合金制造了航天飞机外贮箱，比原来的贮箱质量减轻3 405 kg。1998年6月装备了2195合金贮箱的"奋进号"航天飞机（见图6.13）飞行成功，NASA已与洛克希德·马丁公司签订了120个这种贮箱的订购合同。美国SpaceX轨道公司的Falcon 9火箭贮箱直径3.6 m，使用2198铝锂合金全搅拌焊接技术、简化的贮箱壁板制造方案，该型号火

箭有效载荷发射费用低，说明铝锂合金材料价格虽相对常规铝合金较高，但通过结构系统优化和制造工艺低成本技术开发，可实现运载火箭及发射的总体低成本。上述事实表明Al–Li合金替代2219作为大型贮箱材料在国外已开始进入工业化生产和工程应用阶段。

图6.12 德尔塔三角快帆DC–XA　　　　　图6.13 美国"奋进号"航天飞机

我国对Al–Li合金，特别是新型Al–Li合金的研制开发较晚。就其规模和水平而言，大多属试验性或实验室阶段的基础性研究工作。航天系统在Al–Li合金应用方面做了有益的探索，并在一些结构中采用了1420铝锂合金。但是，在5 m运载贮箱上采用铝锂合金必须研制像1460或2195这类可焊性能好的合金。这方面我国还有许多基础性的工作要做，难以适应新型运载火箭研制进度的要求。为了改变我国在贮箱材料方面技术储备不足的局面，加大Al–Li合金研制力度还是十分必要的。

5.复合材料

复合材料不仅保留组分材料的优点，还可以产生新的优异性能，是可以根据使用要求人为设计的材料。同时，复合材料的比强度和比刚度均高于金属材料，表6.6 给出了近年来作为航天结构材料使用最多的碳/环氧复合材料同金属材料的性能对比，可以看出复合材料的抗疲劳性能和抗震性能也都远优于金属材料。此外，复合材料具有较好的成型工艺性，可减少零件和连接工序的数量。

表6.6　金属材料与碳/环氧复合材料常温力学性能的对比

材料名称	密度ρ/（g·cm^{-3}）	拉伸硬度σ_b/MPa	比强度/（10^7MPa·cm^3·g^{-1}）	弹性模量E/GPa	比模量/（10^9MPa·cm^3·g^{-1}）
钢	7.8	1 030	0.132	210	0.27
钛	4.5	960	0.213	114	0.25
铝	2.8	470	0.168	75	0.27
碳–环氧	1.5	1 900	1.27	150	1.00
复合材料	1.6	1 120	0.68	240	1.50

NASA在航天飞机上采用复合材料收到了显著的减重效果，目前正试图将复合材料的应用扩大到大型低温贮箱中。例如，美国研制的第二代RLVX–33试验机的液氢贮箱即采用了石墨/环氧复合材料。历时5年，RLVX–33试验机经过一系列试验后，1999年11

月3日模拟飞行前，在贮箱内进行承受2 h载荷试验时，一个液氢贮箱损坏，使已推迟16个月首飞的X–33计划再次受挫，引起NASA官员的极大震惊。他们认为靠目前的制造技术，用石墨/环氧复合材料制造的液氢贮箱质量不能保证，决定另外制造铝合金液氢贮箱作替换件。这是导致后来X–33试验机计划流产的主要原因之一。这也说明即使对美国这样在复合材料的研究上投入最多、规模最大、应用最广、水平最高的国家，将复合材料用于大型低温贮箱时其技术难度也是相当大的，还有许多问题需要解决。

我国航天工业对复合材料结构的研究始于20世纪70年代。近10年来，复合材料在运载火箭承力结构等方面获得了应用，但是，把复合材料作为5 m大运载贮箱箱体结构材料还为时过早。这将是与金属贮箱制造完全不同的，集结构设计、材料设计与工艺设计三位一体的新型制造模式。同金属贮箱相比，复合材料的制造工艺过程更加复杂，产品检测和断裂控制还有许多新的问题需要解决。

复合材料气瓶具有"爆破前泄漏"的失效模式，可靠性高、强度高、抗疲劳、耐腐蚀、寿命长、质量轻，比钛合金气瓶可减少大约25%～50%的质量，其容器性能因子（又称为特征系数）约为钛合金的1.5～3倍，是一种比较理想的轻质高强、高性能压力容器，用其代替全金属压力容器已经成为航天航空领域气瓶发展的一种趋势。国外在运载火箭、导弹、军用飞机等方面已广泛应用了金属内衬复合气瓶，例如，喷射系统、紧急动力系统和发动机重新启动应用系统，以及空间实验室、卫星、导弹等。休斯公司的HS2601卫星平台，推进系统配置了两个石墨纤维/环氧树脂、铝内衬圆柱形气瓶，气瓶体积为43.43 L，最大工作压力为28.96 MPa。国际通信卫星7号和7A均应用了复合材料气瓶，前者配置了2个复合材料气瓶，后者配置了3个。法国航空空间公司为TVSAT卫星、TDF–1卫星、Eurostar卫星、DFS卫星、阿里安4第二级研制的复合容器，内衬都采用Ti6A14V，缠绕纤维有凯芙拉和IM6/B4.13。此外德国MAN技术股份有限公司为阿里安5上面级研制的球形复合容器内衬采用了钛合金，缠绕纤维采用的是T800高强碳纤维环氧树脂复合材料，容器外径为0.83 m，容积为300 L，工作压力为40 MPa，减轻质量约50%。

6.2.2　气瓶与整流罩材料

在我国航天运载火箭领域，复合材料气瓶仍未获得实际应用，现有运载火箭均采用钛合金气瓶，如利用低间隙元素含量钛合金TA7ELI在低温下具有更高的强度、更好的塑性和韧性的特点，研制出在液氢环境下使用的20 L低温TA7ELI钛合金气瓶（见图6.14），现已将该气瓶用于"长征"系列运载火箭。

与运载火箭配套使用的整流罩是一个重要部件，它是将有效载荷（卫星或其他航天器）安全地送入预定轨道上的保护装置，对整流罩的一般要求是要有足够的强度，质量要轻，刚度要大。

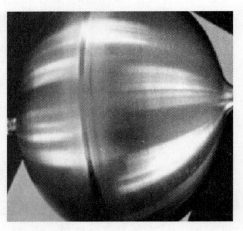

图6.14　低温 TA7ELI 钛合金气瓶

国外大型运载火箭整流罩直径可达5 m以上，长度超过20 m，如阿里安5的整流罩直径为5 400 mm，H–ⅡA及大力神Ⅳ直径在5 100 mm左右。在结构形式上，阿里安5、大力神Ⅴ和H–ⅡA222等火箭整流罩采用了铝蜂窝夹层结构形式；Delta Ⅱ，Ⅲ，Ⅳ和H–ⅡA火箭整流罩采用了ROHACELLR泡沫（德国赢创公司生产的一种用于轻质夹层结构的聚甲基丙烯酰亚胺结构泡沫）和环氧预浸料面板共同化制造技术。波音公司新的DeltaⅣ系列运载火箭中，在有效载荷整流罩、级间段中间体、隔热罩和推进器鼻锥结构中都采用了ROHACELLR芯材夹层结构的设计方案。其中Delta Ⅳ运载火箭的整流罩长25 m，直径为5.5 m，是目前世界上共同化工艺制作的最大的泡沫夹层结构件。据分析，复合材料泡沫夹层结构与铝蜂窝相比，成本可降低20%～25%左右。

我国现有型号整流罩结构采用的材料方案为：端头帽采用玻璃钢材料；前锥和柱筒段常用铝蜂窝夹层结构；倒锥一般采用铝蜂窝夹层结构或铝制半硬壳蒙皮加筋结构。新一代运载火箭大型整流罩外形是冯·卡门外形（原始卵形）+圆柱形，由两个半罩组成，直径为5 200 mm，分为13 m，18 m，20.5 m三个长度系列，是迄今为止国内设计的最大系列整流罩，"长征五号"火箭整流罩见图6.15。冯·卡门整流罩锥段主要功能是维持气动外形，采用碳／环氧面板或玻璃钢面板及PMI泡沫芯子组成的夹层结构。此结构形式具有较好的气动外形，以及制造工艺性好、隔热性好及吸声降噪能力较强的特点。

图6.15　"长征五号"火箭整流罩

6.3　导　弹　材　料

导弹作为一种威力巨大的远程攻击武器，在保卫祖国的领空和海疆、壮大国防力量中起着举足轻重的作用；同时导弹技术和其他兵器技术的发展，又是材料科学发展的巨大动力之一，牵引和推动着材料科学技术水平的不断提高。材料的选择是导弹结构设计的重要环节，材料性能的优劣直接影响着导弹的各项技术性能。

导弹是一种长期储存、一次使用的复杂产品，材料性能的优劣对其技术性能影响很大。导弹对其材料的性能要求如下：

（1）导弹在运输、发射及飞行的过程中都承受较大的载荷，包括导弹在运输中由于颠簸而承受的震动过载和导弹发射与飞行时弹体承受的轴向过载，因此导弹的弹翼、弹舱段、承力式储箱、连接框架等主要受力结构部件都要求有高的比强度、比刚度以及抗震能力，以保证导弹使用安全可靠，同时有效减轻导弹结构质量，增加有效载荷，提高导弹的战术性能，增大射程。

（2）当导弹在超低空的飞行马赫数大于2时，由于气动加热，弹体表面温度可达200℃以上，因此弹体结构材料（尤其是蒙皮）必须有较高的热稳定性。

（3）飞航导弹大多在沿海地区储存和执行战备值班任务，或者装载于舰艇上出海航行，海洋环境的湿热、盐雾和霉菌会使导弹受到严重腐蚀。另外，使用液体火箭发动机的导弹，其燃料储箱、发动机壳体及动力系统管道材料必须抵御硝酸、偏二甲肼等化学试剂的浸蚀，因此，导弹结构材料必须具有优良的耐化学腐蚀性能。

（4）导弹结构材料应具有良好的工艺性能和高的经济效益，在保证结构件质量的前提下，努力做到工艺简单、工序少、周期短，尽量采用整体成型，减少螺栓连接、铆接。

以上种种性能要求，传统的钢、铝合金、钛合金等很难完全满足。目前应用较多的是复合材料。美国早期的"战斧"亚声速巡航导弹（见图6.16）使用了较多的复合材料部件，如头锥、天线罩、尾翼、进气道等，但性能一般，主要目的是降低成本。其他战术导弹大多以金属材料为主。这种状况从20世纪80年代开始有了较大改观，首先是各种固体发动机壳体和部分弹体蒙皮开始使用复合材料，如美国波音公司开发的直径200 mm的两级式空射导弹壳体（ERL-1908环氧树脂/T40碳纤维）、直径170 mm的VT-1先进防空导弹壳体（1908环氧树脂/T40碳纤维）、直径165 mm的小型超高速动能导弹壳体（酸酐固化环氧树脂/T1000碳纤维）、各种类型的反导弹（ERINT，THAAD，SM-3）发动机壳体等。美国基地拦截弹ERIS的杀伤飞行器采用碳纤维复合材料后质量减轻52%，我国也首次在海防导弹弹翼上成功使用了环氧树脂/碳纤维材料。

图6.16　美国"战斧"亚声速巡航导弹

6.3.1　导弹蒙皮材料

先进聚合物基结构复合材料在战术导弹上的另一个重要发展趋势是高温结构复合材

料。这是由于导弹飞行速度不断提高，飞行时间要求也不断增长，高马赫数下长时间飞行的气动加热环境将日益严酷。在巡航导弹领域这种趋势特别明显，为了提高突防能力，其飞行速度正由目前的亚声速向中超声速（Ma为2～5）发展（如法国的超声速巡航导弹ASLP）；目前美国的巡航导弹飞行马赫数已经达到8～9。空气动力学原理表明，弹体驻点温度取决于导弹飞行马赫数和飞行高度的环境温度，粗略计算表明，在海平面条件下，飞行马赫数为1，2，3时，弹体温度分别可达80，220，480℃。如果飞行马赫数为3，在作战高度时弹体温度要高达300℃以上。这种环境下常规的高强铝合金和环氧复合材料已不能满足使用要求，必须采用先进的高温材料。人们首先考虑的材料是钛合金，但其成本很高，密度很大（4.5～5.2 g/cm³）。因此，国外在20世纪80年代就已开始研究超声速战术导弹用先进聚合物基复合材料，它们可以比钛合金轻53%～67%。美国海军空战中心已经确定将高温复合材料作为飞行马赫数为4的空中拦截弹的控制舵面材料。当前，高温结构复合材料用的聚合物基体主要是双马来酰亚胺树脂（简称"双马"）和氰酸酯。

以改进型超声速海麻雀导弹为例，在发射后8～10 s时弹体蒙皮将达到最高工作温度371℃，这种工作环境将使2024铝合金强度降低90%，因此必须采用先进的耐高温壳体材料。雷锡恩公司已确定在工程与制造开发阶段在仪器舱铝合金壳体上外缠绕双马/石英防热层，在批量生产阶段将采用F650双马/碳纤维高温复合材料舱体，以增韧的F655双马和RS–3氰酸酯为后备方案。雷锡恩公司还确定双马为超声速巡航导弹的指定聚合物基体，并且已完成了采用双马/碳纤维代替聚酰亚胺/碳纤维作为空中拦截弹背鳍的鉴定工作。其他航天公司也对高温结构复合材料开展了大量研究，例如美国德州大学已经为超声速导弹开发了氰酸酯/短切碳纤维模压舵面蒙皮，产品比原来轻25%，成本低40%。

聚酰亚胺和聚苯并咪唑使用温度很高，但它们的成本和工艺性较差，目前大部分处在研究阶段，广泛应用尚不十分成熟。美国空军材料实验室已采用聚酰亚胺/玻璃纤维和聚酰亚胺/碳纤维制造近程空空导弹弹体和弹翼，飞行模拟试验表明它们均满足气动加热环境要求；美国麦道公司研制的聚苯并咪唑/碳纤维弹翼，在马赫数为4的风洞试验中完整无损，在马赫数为4.4状态下经受了350 s试验，在15°攻角下（前缘温度704℃）试验100 s弹翼状态依然良好。

6.3.2　导弹弹头材料

弹头是弹道导弹的有效载荷，是导弹武器的关键部件，其防护材料是材料界研究的重点。弹头的组成一般包括壳体、战斗部装药、引信、保险装置以及保证弹头在贮存、运输、发射和飞行过程中完成各种规定功能的装置。弹道导弹弹头有各种分类方法，如按弹头数量分类有单弹头和多弹头，多弹头还可分为集束式多弹头、分导式多弹头和机动式多弹头。

弹道导弹弹头的结构质量问题至关重要，在满足再入环境和工况要求的前提下，尽量减轻质量意义重大。对洲际导弹来讲，弹头如能减轻1 kg 质量，可增加15 km 的射程，或相当于减少起飞质量50 kg。由此可见，研究发展轻质高效的弹头防热材料是材料技术的主攻方向。近半个世纪，弹道导弹得到飞速的发展，主要表现在提高射程、弹头威力和防护、突防技术以及弹头的命中精度等方面都有突破性的进展。其中与材料工艺有密切关系的是弹头的防护和突防技术，这是弹头设计、气动力学和新材料领域共同关注的"热点"问题，也是研究新材料的一大难题。

弹头高速再入大气层时，急剧的气动加热使弹头表面周围的空气分子及烧蚀材料产物发生电离，分解形成等离子体，造成两个后果。其一，弹头被等离子体包围，使弹头与地面无线电通信中断，这种现象统称为"黑障"。解决办法之一是提高防热材料的纯度，使其碱金属或碱土金属含量为百万分之几十以下，以改善等离子鞘的环境。其二，产生类似流星坠落一样的"亮尾巴"，一般称为"弹头尾流"。对洲际导弹而言，"弹头尾流"的长度很长，极易被对方预警雷达系统发现，增加了突防的困难。解决问题的途径之一仍然是从防热材料的纯度上想办法，或在防热材料中加入少量的亲电子材料。表6.7概括了洲际导弹和弹头对主要关键材料的需求，涉及洲际导弹弹头突破再入自然环境和突防技术中有关材料方面的关键技术问题。

表6.7　洲际导弹弹头对材料的需求

材　料	技术要求
先进碳/碳复合材料 高性能酚醛材料 新型陶瓷基复合材料 高强轻质铝合金材料 抗核爆X射线防护材料 红外、雷达隐身材料 多功能诱饵材料	实现弹头小型化、轻质化、高性能、全天候、强突防，减轻结构质量

第一代战略导弹弹头鼻锥材料是玻璃/酚醛或高硅氧/酚醛，属于硅系复合材料。随着导弹射程增加，对精度和减轻质量要求的提高，研制发展了第二代碳基复合材料，典型的是三向细编碳/碳复合材料，并已成功地用作MK–12弹尖鼻锥材料和固体火箭发动机的喷管喉衬材料。第三代弹头鼻锥防热材料也是碳基复合材料，主要是改进了抗天然或人为诱发粒子的碰撞与冲刷性能。三向正交细编碳/碳复合材料，解决了中等气候条件下粒子侵蚀问题，也已成功地用于改进型MK–12弹头。更新的弹头鼻锥防热材料是针刺细编织物的穿刺或编织过程中加入提高改进性能的组分，像耐熔金属丝、耐侵蚀粒子等，这样可以大大改善抗粒子性能。此外，四向或更多向碳基复合材料也是研发的方向，由于采用了交错网络结构和增加了增强方向数，不仅提升了各向同性，提高了抗侵蚀能力，也改进了耐烧蚀性。由此可见，弹头防热材料的发展经历了："硅基"防热材料，主要用于中低热流条件下的防热；"碳基"防热材料，主要用于较高热流条件下的大面积防热，其中碳/碳防热材料则用于高热流条件下的局部防热和抗氧化的热结构。表6.8列出美、苏几种典型战略导弹弹头端头外形和所采用的材料工艺简况。

表6.8　美、苏几种典型弹道导弹弹头端头外形和材料工艺简况

弹头名称	弹头型号	弹头主要特点	防热方式	放热材料
大力神–Ⅲ	MK–6	钝锤、突防设备	烧蚀式	无增强环氧型材料
—	MK–17	有突防措施	烧蚀式	高硅氧/酚醛复合材料

弹头名称	弹头型号	弹头主要特点	防热方式	放热材料
民兵–III侏儒	MK–12A	尖锥，三个子头分导式飞行，有突防措施	烧蚀式	细编穿刺三向碳/碳复合材料
海神	—	尖锥，10个子弹头	烧蚀式	高硅氧/酚醛复合材料
SS–9	—	面目标，集束式多弹头，无机动飞行	烧蚀式	碳/酚醛、碳/碳复合材料
SS–25	—	三个子弹头，面目标	烧蚀式	平面四复合材料向碳/碳

6.4 火箭发动机材料

火箭发动机是各类火箭和导弹最主要的动力装置，目前应用十分广泛，技术比较成熟的主要有液体火箭发动机和固体火箭发动机。其工作时处于高温、高压的恶劣环境，再加之航天活动对重量、强度和可靠性的苛刻要求，火箭发动机对材料的要求也比较严格。

扫描二维码，观看视频"导弹弹头各代材料详细介绍"

6.4.1 液体火箭发动机材料

液体火箭发动机由于具有比冲高、能多次启动、推力可调节和适应性强等特点，被广泛地用于火箭的动力装置，可以作为主发动机、助推发动机、高空发动机、姿态控制发动机等。液体火箭发动机是现代航天技术发展的重要基础。

液体火箭发动机通常由推力室、涡轮泵、燃气发生器、火药起动器、喷管、各种阀门和调节器、机架，及各种装置和管路组成（见图6.17）。推力室有两种冷却方式：再生式和辐射式。前者应用于大型发动机，内外壁材料均以不锈钢为主；后者应用于姿态控制发动机和小推力发动机，以不锈钢、高温合金、难熔金属及合金加抗氧化涂层或者碳/碳复合材料加涂层材料为主。涡轮泵是液体火箭发动机的关键部件，其中涡轮盘和叶片工作条件苛刻，早期曾采用不锈钢，后来发展演化为铁基、镍基、钴基的高温合金，如GH1040，GH2028A，GH4169，GH4141，GH4586等。

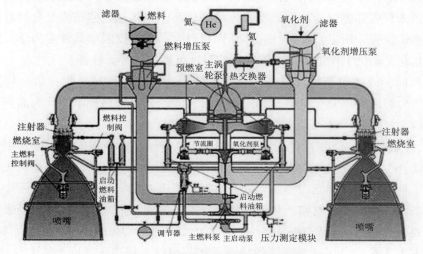

图6.17 液体火箭发动机结构示意图

大型运载火箭需要有高性能、大推力、无污染的火箭发动机，如高压补燃液氢/液氧火箭发动机，其真空比冲442 s，是液体火箭发动机能量最高的，另一种是高压补燃液氧/煤油火箭发动机，其比冲为265 s。这两种火箭发动机的推进剂无腐蚀，无污染，沸点很低（液氢为–253℃，液氧为–183℃），对超低温结构材料、密封材料等的设计选材和材料应用均有苛刻的要求。使用这种先进的发动机可提高运载能力，无污染，降低发射成本。

6.4.2　固体火箭发动机材料

与液体火箭发动机相比，固体火箭发动机的优点是结构简单，使用操作方便，不需要贮箱、阀门、泵、管路等复杂装置，固体推进剂装药成型后，可以放在发动机壳体中长期贮存，随时处于待命状态，只需要简单的操作即可发射；缺点是发动机的比冲性能比较低。固体火箭发动机通常由固体推进剂药柱、燃烧室绝热壳体、喷管和点火装置四个主要部件构成，其中起主导作用的是前三个部件，当代高性能固体火箭发动机的主要特征是"高能-轻质-可控"，三者互相关联，而且是以材料和工艺技术为基础集成起来。例如：提高发动机的质量比需要采用先进的复合材料；提高发动机的能量则需要采用高能量的推进剂，同时还要求增大工作压力，这就要求燃烧室承压能力提高，而且要求喷管使用更耐烧蚀的复合材料或者石墨材料；实现发动机向量控制和推力终止，也需要选用先进的复合材料和先进的工艺方法。由此不难看出，先进的材料及新工艺的全面应用是提高固体火箭发动机性能的一项决定性因素。

1.固体火箭发动机壳体材料

固体火箭发动机壳体既是推进剂贮箱又是燃烧室，同时还是火箭或导弹的弹体，因此，在进行发动机壳体材料设计时，应考虑下述基本原则：①固体火箭发动机壳体就其工作方式来讲，是一个内压容器，所以壳体承受内压的能力是衡量其技术水平的首要指标；②发动机壳体是导弹整体结构的一部分，所以又要求壳体具有适当的结构刚度；③作为航天产品，不仅要求结构强度高，而且要求材料密度小；④发动机点火工作时，壳体将受到来自内部燃气的加热，而壳体结构材料，尤其是壳体结构复合材料的强度对温度的敏感性较强，所以，在设计壳体结构材料时，不能仅限于其常温力学性能，而应充分考虑其在发动机工作过程中可能遇到的温度范围内的全面性能。

截至目前，固体火箭发动机壳体材料大体经历了四代发展过程：第一代为金属材料；第二代为玻璃纤维复合材料；第三代为有机芳纶复合材料；第四代为高强中模碳纤维复合材料。

（1）金属材料。金属材料是固体火箭发动机壳体早期使用的材料，其中主要是高强度钢、钛合金。其优点是成本低、工艺成熟、便于大批量生产，特别是后来在断裂韧性方面有了重大突破，因此即便新型复合材料发展迅速，但在质量比要求不十分苛刻的发动机上仍大量使用金属材料。从容器特性系数（容器特性系数是固体火箭发动机壳体设计的重要性能参数，即PV/W的值，单位为km，其中P是爆破压强，V是壳体容积，W是壳体自重）来看，金属材料壳体的特性系数都很低，超高强度钢通常为5～8 km，钛合金也只有7～11 km，远不能满足先进固体发动机的要求，因此壳体复合材料化将是大势所趋。

（2）玻璃纤维复合材料。利用纤维缠绕工艺制造固体发动机壳体是近代复合材料发展史上的一个重要里程碑。这种缠绕制品除了具有复合材料共有的优点外，由于缠绕结构的方向强度比可根据结构要求而定，因此可设计成能充分发挥材料效率的结构，其各部位载荷要求的强度都与各部位材料提供的实际强度相适应，这是金属材料所做不到的。因此，这种结构可获得同种材料的最高比强度，同时它还具有工艺简单、制造周期短、成本低等优点。

固体火箭发动机壳体使用的第一代复合材料是玻璃纤维复合材料。第一个成功的范例是20世纪60年代初期的"北极星A2"导弹发动机壳体，它比"北极星A1"的合金钢壳体质量减轻了60%以上，成本降低了66%。然而，玻璃钢虽然具有比强度较高的优点，但它的弹性模量偏低，仅有$6×10^4$ MPa（单向环）。这是由于复合材料中提供主要模量分数的高强2#玻璃纤维的弹性模量太低（$8.5×10^4$ MPa，只是钢的2/5）的缘故，这一缺点引起发动机工作时变形大，其应变一般为1.5%，甚至更大，而传统的金属壳体的应变一般小于0.8%。这样大的变形量会给导弹总体带来很多不利因素。为了保证壳体的结构刚度，不得不增加厚度，从而造成强度富裕、消极质量增加等。

（3）有机芳纶复合材料。为了满足高性能火箭发动机的高质量比要求（战略导弹发动机质量比要求在0.9以上，某些航天发动机的质量比已达到0.94），必须选用同时具有高比强度和高比模量的先进复合材料作为壳体的第二代材料，逐步取代玻璃纤维复合材料。20世纪60年代，美国杜邦公司首先对芳纶纤维进行了探索性研究，1965年获得突破性进展。其研制的芳香族聚芳酰胺高性能纤维（商品名为Kevlar）于1972年开始了工业化生产。继美国杜邦公司开发芳纶纤维之后，俄罗斯、荷兰、日本及中国等也相继开发了具有各自特色的一系列芳纶纤维。表6.9列出了几种典型的航天用芳纶纤维的力学性能。

表6.9 芳纶纤维的主要力学性能

国 别	纤维名称	密 度 /（kg·m⁻³）	拉伸强度 /MPa	拉伸模量 /GPa	断裂延伸率 /（%）	纤维直径 /μm
中国	芳纶I	1 465	2 872	176	1.8	—
	芳纶II	1 446	3 359	121	2.85	—
美国	Kevlar–49	1 450	3 620	120	2.5	11.9
	Kevlar–129	1 440	3 380	83	3.3	12
	Kevlar–149	1 470	3 450	172～180	1.8～1.9	12
荷兰	TWARON	1 440	3 150	80	3.3	12
日本	TECHNORA	1 390	3 000	70	4.4	12
俄罗斯	APMOC	1 450	4 116～4 905	142.2	3～3.5	14～17
	CBM	1 450	3 920～4 120	127～132	3.5～4.5	12～15

对于相同尺寸的发动机壳体，Kevlar49与高强2#玻璃纤维相比，复合材料容器效率提高近1/3，质量减轻1/3以上，同时，Kevlar49与高强2#玻璃纤维相比，复合材料容器环向应变减少35%，纵向应变减少26.4%，轴向伸长减少30.7%，径向伸长减少33.8%，且

刚度大为提高。

（4）高强中模碳纤维复合材料。20世纪80年代以来，碳纤维在力学性能方面取得重大突破，它的比强度、比模量跃居各先进纤维之首。固体火箭发动机壳体要求复合材料具有高的比强度、比模量和断裂应变。拉伸模量为265～320 GPa、拉伸强度在5 GPa左右、断裂延伸率约为1.7%的高强中模碳纤维是理想的壳体增强材料，因而近年来各国都在大力开发高强中模碳纤维。表6.10列出了几种典型的航天用高强中模碳纤维的力学性能。

表6.10　高强中模碳纤维的主要力学性能

国家和地区	纤维名称	密度 /（g·cm⁻³）	拉伸强度 /MPa	拉伸模量 /GPa	断裂延伸率 /（%）	纤维直径 /μm
中国台湾地区	TC06K33	1.8	3.45	230	—	7.0
美国	T40	1.81	5.65	290	1.8	5.1
	IM7	1.77	5.3	303	1.8	5.0
日本	T300	1.75	3.53	235	1.5	7.0
	T700	1.8	4.9	230	2.1	—
	T1000	1.8	6.37	294	2.2	—

碳纤维复合材料壳体容器特性系数 PV/W 值是Kevlar49/环氧复合材料的1.3～1.4倍，可使壳体质量再减轻30%，使发动机质量比高达0.93以上。另外，碳纤维复合材料还具有有机纤维/环氧复合材料所不及的其他优良性能：比模量高，热胀系数小，尺寸稳定性好，层间剪切强度及纤维强度转化率都较高，不易产生静电聚集，使用温度高，不会产生热失强，并有吸收雷达波的隐身功能。

2.固体火箭发动机喷管材料

固体发动机喷管属于非冷却型，工作环境极其恶劣，特别是喉部的高温、高压二相流燃气的机械冲刷、化学侵蚀和热冲击十分严重，因此材料的选择是现代固体火箭推进的重大关键技术。早期的喷管多使用复合型结构，即以金属或高强度玻璃钢为结构材料，高熔点金属或优质石墨为耐热–吸热材料，烧蚀型增强塑料为绝热材料。其结构复杂，配合界面多，质量大，工艺周期长，也增加了不可靠度。20世纪80年代以来，发展高性能固体发动机的主攻方向由"高能"转向"轻质、可控"，对降低喷管质量的要求十分迫切。性能优异的多向编织碳/碳材料的出现，从根本上解决了这个矛盾，实现了喷管技术的飞跃，表6.11列出几种先进固体发动机喷管材料的应用情况。

表6.11　先进固体发动机喷管材料应用

发动机	喉　衬		扩张段材料	延伸出口锥材料
	材料	密度/（g·cm⁻³）		
美国惯性顶级 SRM–2	3D C/ C	1.9	2D C/ C	2D C/ C
美国星系发动机 STAR62	4D C/ C	—	3D C/ C	
美国侦察兵火箭 第三级	4D C/ C	1.88	CT/ P	—
西欧阿里安5 火箭助推器	3D细编C/ C	1.75	CT/ P	—

发动机	喉　衬		扩张段材料	延伸出口锥材料
	材料	密度/（g·cm⁻³）		
西欧远地点发动机MAGE II	4D C/C	—	2D C/C	2D C/C
中国通信卫星远地点发动机	整体毡C/C	1.80	CT/P	—
法国M4导弹各级	4D C/C	—	CT/P	—
美国MX导弹各级	3D C/C	1.88~1.92	CT/P 2D C/C	2D C/C
美国侏儒导弹各级	3D C/C	—	3D 细编C/C	细编C/C
苏联SS-24导弹第二级	CF/PG	1.96	CT/P	2D C/C 3D C/C

（1）碳/碳复合材料。碳/碳复合材料是一种碳纤维增强碳基体复合材料，它具有一系列优异性能，特别适于固体发动机喷管应用。其抗拉强度是高强石墨的3~8倍，模量是其7~12倍；抗热震性能优良；耐烧蚀性强而均匀，且可预示性能特别好；性能可设计性突出；便于制成大型、形状复杂的产品，因而为整体式喷管创造了条件。采用碳/碳材料后大大地简化了喷管设计，喷管质量减轻30%~50%，已成为固体发动机喷管喉衬的首选材料，应用十分普遍。高性能发动机的喷管出口锥也逐渐趋向于使用碳/碳材料，可延伸锥则基本上都使用碳/碳材料，多数是以人造丝为前驱体的2D碳/碳材料，典型的发动机是美国的"星"系列上面级，已进行了数百次实际飞行。这种编织物层间剪切强度低，与喉衬间要通过3D碳/碳连接件进行连接，并由3D碳/碳件提供所需的刚度。碳/碳复合材料发展方向将是进一步提高性能和降低成本。提高性能包括原材料改进、新型编织技术和浸渍致密化工艺的开发。近年来还提出了在碳/碳材料表层涂覆难熔碳化物HfC、TaC、SiC、NbC等技术。HfC和TaC熔点高达3 880℃和3 890℃，是已知材料中最高的，涂层后可望大大降低碳/碳材料烧蚀率，实现高的可预示性，承受更高燃气温度或更长工作时间。

降低成本是碳/碳材料普及应用的一个重要因素，主要是致密工艺的改进。目前已开发的强制热梯度化学气相渗透工艺、快速致密工艺、等离子气相沉积工艺，以及使用新型高残碳率树脂前驱体等均显示了较好的效果。此外，降低成本还可以从提高工艺质量入手，美国大湖复合材料财团通过精确控制预制增强件的碳棒直径，使固体发动机碳/碳喷管编织工艺时间缩短11%，成本降低15%~20%。

（2）烧蚀防热材料。尽管碳/碳材料日趋普及，但碳/酚醛、高硅氧/酚醛类烧蚀防热材料在固体发动机喷管中仍不乏使用，主要用在像喷管扩张段一类受热流影响强度稍低的部件上，美国航天飞机助推器甚至在喷管喉衬也使用碳/酚醛材料，主要原因是成本低。国外典型的碳/酚醛材料有FM5055，MX4957A等牌号，所用酚醛树脂多以Ba（OH）₂，NH₄OH等为催化剂合成。酚醛树脂耐烧蚀性优良，但重现性不好，烧蚀可预示性差，尽管至今尚未发现因此而导致飞行失败的案例，但这方面原因造成过度烧蚀的例子屡见不鲜。烧蚀异常的原因主要是酚醛热解时逸出气体过量，再加上酚醛亲水性强和缩聚时生成水，会降低层间承载能力和树脂玻璃化温度。酚醛树脂典型的改性途径是共聚改性，包括引进氰基、硼元素、芳环有机硅，以及采用二苯醚甲醛树脂、芳烷基甲醛树脂等。

聚芳基乙炔（PAA）是一种极具潜力、最有可能代替酚醛树脂作为烧蚀防热材料基体的树脂。它是一种仅含碳元素和氢元素的高度交联的芳族亚苯基聚合物，由二乙炔基苯和苯乙炔聚合而成。材料中可挥发分质量分数仅为10%，理论残碳率高达90%，聚合时无低分子副产物逸出，树脂吸水率极低，仅0.1%～0.2%，而酚醛树脂可高达5%～10%。PAA最主要的优点是玻璃化温度极高，热解峰为800℃，热解产物主要是H_2，而酚醛树脂热解峰仅为500℃，热解气体为高分子量烃和含氧烃，可见二者差异之大。美国宇航公司用T-300碳纤维和PAA制作的复合材料试件（密度为1.46 g/cm³，PAA质量分数为29%），室温下层间拉伸强度为5.3 MPa，400℃时降为1.4 MPa；而标准碳/酚醛（FM5055）制作的试件室温层间拉伸强度仅为4.2 MPa，260℃时已下降到0.3 MPa。更突出的是PAA材料的烧蚀重现性极为优良。

（3）陶瓷基复合材料。新型陶瓷材料具有优异的高温强度，是固体发动机碳/碳喷管和燃烧室之间的热结构绝热连接件的理想材料，还可用于喷管出口锥有关部件，各国都相当重视它的开发。但单一陶瓷材料韧性低，抗热震性差，必须以复合材料形式应用。常用的陶瓷基体是氧化物、氮化物、碳化物；增强材料可以是颗粒、晶须、纤维等，但以长纤维效果最好，如C，Al_2O_3，SiO_2，SiC等纤维。碳纤维增强的硅-锆氧化物复合材料的断裂韧度已达到9.5 MPa，而单一陶瓷材料仅为2.2 MPa。

陶瓷基复合材料研究工作的热点是纳米材料，它属于当代材料科学的前沿学科。所谓纳米材料，是指至少在一维上尺寸小于100 nm（0.1 μm）的材料，严格地说是指由粒度为5～15 nm超细颗粒组成的固体物质。粒度超微使其晶界上的原子数超过晶粒内部的原子数，造成了细晶强化效应、高浓度晶界效应，以及纳米结构单元间的交互作用，使之具备了不同于粗晶材料的一系列奇异的力学、电学、光学、磁学、热学、化学性能。以力学性能为例，纳米金属的强度可比普通金属高5～10倍，硬度高2～3个量级；纳米陶瓷可呈现出难以置信的柔顺性，常温下弯曲180°，或压缩至原厚度1/4也不会破碎。

6.5 航天飞行器材料

6.5.1 卫星材料

人造地球卫星所经历的工作环境包括发射环境、轨道运行，可能还要再入大气层。在发射过程中，卫星受到很大的加速度过载和强烈的振动，因此要求结构材料具有足够的刚度。为了避免卫星和系统产生共振，要求卫星的结构具有足够的刚度。实践表明，目前大多数人造卫星仍采用薄壁结构，这要求它的结构材料具有较高的弹性模量。

在轨道运行过程中，人造地球卫星处在高低温交变的环境中，因此对某些分系统部件（如抛物面天线系统）尺寸的精度要求很高，要求它的热变形尺寸尽可能小，即要求材料具有尽可能小的热膨胀系数；有的部件采用折叠展开式结构（如太阳电池阵基板结构），则要求它具有足够的刚度，以免在轨道运行过程中对卫星的姿态控制有不利的影响。此外，卫星还要求结构材料在高真空及电子、质子、紫外辐照条件下的力学性能和物理性能等具有足够的稳定性。对于返回式人造地球卫星，当其再进入大气层时，处于再入加热环境，必须具有防热结构。人造卫星质量每增加1 kg，需要发射系统增加数十倍甚至上百倍的质量，因此对人造卫星结构减轻质量，比在航空结构及运载火箭结构中显得更为重要，这就要求卫星结构材料具有较低的密度。

综上所述，人造地球卫星对结构材料的主要要求是：比强度高，比模量高，热膨胀系数小，尺寸稳定好，经受各种空间环境条件考验后性能稳定，满足各种特殊使用条件要求。

卫星结构中原有的常规材料——铝、镁合金性能较差，将逐渐被先进复合材料所代替。先进复合材料具有较高的弹性模量及其他优越的力学性能，在卫星结构中已有应用，但它的加工工艺性能差，成本较高，特别是环境污染问题，使它的应用范围受到一定限制。铍合金具有优越的耐热性能，在卫星结构中应用较为成熟，但它的比刚度和比强度都不及先进复合材料。

综上可以看出，先进复合材料的特点与卫星结构材料的性能要求是相符的，因此先进复合材料现阶段已成为卫星结构的主要材料之一。

国外在卫星结构中应用先进复合材料较为广泛。据有关资料介绍，按照先进复合材料在各种卫星结构应用部位、结构形式和性能要求不同，通常可分为卫星本体结构、卫星电源分系统太阳电池阵结构、卫星通信分系统天线结构、光学遥感分系统及其他型材等4个方面。法国电信1号通信卫星本体结构由蜂窝夹层结构仪器平台、中心承力筒、"T"形连接框等组成，太阳电池阵结构由折叠展开式刚性太阳电池阵基板和连接架组成，天线结构采用抛物面强方向性天线，具有良好的微波反射特性，此外还采用许多先进复合材料连接角片和预埋连接环等用于各部件的连接，其结构形式如图6.18所示。

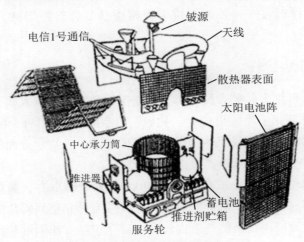

图6.18　法国电信1号通信卫星

随着遥感技术的发展，在卫星结构中采用的红外高精度光学仪器设备愈来愈多，为避免轨道中的温度变化，仪器上装有温度控制系统，这些高精度仪器只允许有很窄的温度变化，其结构的热稳定性远比卫星天线系统还要高。美国NASA的空间望远镜有一台特殊的微弱目标相机，所有的光学元件均安置在光学平台上，这个光学平台尺寸稳定性要求很高，采用先进复合材料制成构件，再连接在一起组成整体结构，其纵向热膨胀系数为$2 \times 10^5/℃$，横向热膨胀系数为$3 \times 10^5/℃$，空间望远镜采用石墨/环氧探测圆筒壳，其长度约为3 m，直径为1.68 m，用于安装望远镜的镜子组件，观察设备用4根石墨/环氧幅条和衬套构成，由于这些材料热膨胀系数低，能保持望远镜稳定的焦距长度。

由上述红外先进复合材料应用概况可以看到，先进复合材料在国外卫星结构的应用已取得很大进展，用先进复合材料取代金属材料后，可以使卫星结构质量减轻20% ～ 40%，且已从次级承力结构件转入主承力结构件，特别是多年来国外在纤维增强材料和树脂基体材料方面进行大量开发与应用研究，并取得很大进展。如日本东丽公司推出的高模高强MJ系列碳纤维，在保证M系列具有高模量前提下，使其具有高的拉伸强度，这是碳纤维增强材料今后的发展趋向。树脂基体材料当前除广泛采用环氧树脂体系外，主要有聚酰亚胺和双马来酸亚胺等。另外，由于热塑性树脂基体材料综合性能优于热固性树脂基体材料，在各领域有着广阔的应用前景。

随着卫星技术的发展，我国卫星结构复合材料的应用部位逐步扩大，以某型号卫星平台为基础的系列卫星及其结构分系统所采用的复合材料结构约占总结构的70%，其主要结构如下：

（1）中心承力筒——波纹壳、蜂窝夹层结构、格栅结构；

（2）仪器结构安装板——碳/环氧面板铝蜂窝夹层结构、铝面板铝蜂窝夹层结构；

（3）太阳电池阵基板及连接架——碳/环氧网格面板铝蜂窝夹层结构，碳/环氧型材、混合连接接头等；

（4）C波段抛物面天线——碳/环氧面板铝蜂窝夹层结构，碳/环氧型材、混合连接接头等；

（5）各种支撑杆件——各种纤维增强树脂基复合材料型材，模压成型异形结构件等。

6.5.2 空间站材料

空间站是一种可供多名航天员巡访、长期工作和居住的载人航天器，又称航天站或轨道站。1970年苏联第一个发射成功"礼炮"号空间站，到1983年共发射7个"礼炮"号空间站，它们的任务是完成天体物理学、航天医学、生物学方面的科研计划，观察地球资源和进行失重条件下的科学实验。

空间站的地球轨道高度一般在240～450 km，处于微重力、高真空和温度交变的空间环境，受到太阳射线、原子氧等的侵蚀，以及微流星和空间碎片的碰撞。由于空间环境要求苛刻，因而对所用材料的要求也较高。具体包括：比刚度和比强度高，热膨胀系数低，导热性和耐火性好，放气少，和原子氧反应小，抗微流星体和空间碎片的性能好，耐辐射性能好等。从1970年苏联发射了世界上第一个空间站"礼炮一号"开始，空间站的发展经历了三代，即从以"礼炮号""天空实验室"为代表的舱段式，发展到以"和平号"（图6.19所示为"和平号"航天站与"联盟号"飞船对接）为代表的积木式构型，再到目前以国际空间站为代表的桁架挂舱式，它的"处女作"是美国的永久性空间站"自由号"，其概念图如图6.20所示。这种空间站以桁架为基本结构，优点是具有很大的灵活性，缺点是组装和维修空间站时需要宇航员出舱工作，技术复杂，桁架展开难度很大。它是目前国际空间站使用的结构方案，是合作各国研究的重点。下面重点介绍桁架挂舱式空间站结构及材料的研究状况。

图6.19 "和平号"航天站与"联盟号"飞船对接　　图6.20 "自由号"永久空间站概念图

1.桁架结构材料

作为空间站结构之一的桁架结构由石墨/环氧空心管和金属接头组成。采用空心管状杆系组成的桁架结构可以满足大型空间结构站的总质量轻、装填率高的要求。对直径5 cm桁架空心管的基本设计要求有：①尺寸稳定性，空心管的轴向膨胀系数在 $\pm 5 \times 10^{-7} \, \text{K}^{-1}$、线膨胀系数在 $\pm 4 \times 10^{-7} \, \text{K}^{-1}$ 范围内，以保证装配合适，且暴露于空间冷热交变时，指向精度和跟踪精度保持不变；②轴向刚度，对桁架结构的弯曲刚度和扭转刚度的要求决定了空心管的最大轴向载荷应为5 327 N，纵向模量应达到207 GPa，空心管的强度对工作载荷较低的桁架来说不是重要因素，但支架的稳定性是重要的，应该考虑。

设计要求中的轴向热膨胀系数是针对整个管结构的，其中包括端接头，也就是说管子的热膨胀系数值可以不是零，要取决于端接头使用的材料。下述介绍两个公司机构所选用的材料及铺层方案。

（1）美国波音航空公司所选择的三组复合材料分别为P75/934Ep，T300Gr/934Ep和P75Cr/ BP907，其中P75石墨纤维是由Amoco制造的高模量沥青纤维，T300石墨纤维是由Amoco制造的高强度PAN纤维，934环氧树脂是由Fiberite制造的脆性环氧树脂，BP907树脂是由Amerivar Cyanimid生产的韧性环氧树脂。波音公司采用P75S/ 934 及高模量/环氧预浸料制造空心管支杆。预浸带每层厚0.125 mm，P75S的拉伸强度为1.9 GPa，拉伸模量为520 GPa，21℃时纵向线膨胀系数为 $-1.35 \times 10^{-6} \, \text{K}^{-1}$；P75S/934 的纵向拉伸强度为950.7 MPa，纵向拉伸模量为290.7 GPa，纵向弯曲强度为819.8 MPa，纵向弯曲模量为223.9 GPa，纵向压缩强度为349.9 MPa，纵向压缩模量为241.8 GPa，纵向剪切强度为64.0 MPa。波音公司按自编的INCAP计算机程序对（02，±10，0）s，（02，±15，02）s，（02，±20，02）s，（02，±30，02）s，（10，0，−10，0，10，0）s，（20，0，−20，0，20，0）s，（30，0，−30，0，30，0）s，（±10，02，±10）s，（±20，02，±20）s（纤维层角度的计算机程度语言）九种铺层方案进行了分析，最后选择（02，±20，02）s，因为这种铺层模量至少为276 GPa，并具有合适的压塌强度。

（2）洛克威尔公司也采用P75S/934及高模量/环氧预浸料制造空心管支杆，并对几种铺层进行了分析。最初选用（±75/±156）s铺层，因为这种铺层的线膨胀系数合适，且质量最小，但大角度交叉铺层在热交变时对微裂纹敏感，因此最终选用（±45/04）s和（±45/15/02）s做试验。

为了使桁架管件的服役时间更长，还可在桁架管件的表面施加保护涂层。目前常见的使用的方案有：铬酸和磷酸阳极化铝箔、溅射SiO_2/溅射铝、铝箔以及带或不带SiO_2涂层的电镀镍。研究表明，在石墨/环氧管（Gr/Ep）上涂一层铬酸阳极化铝箔就可以防止低地球轨道的原子氧侵蚀，而且涂层和管件的黏结强度也较好。镀铝还可减少复合材料结构的温度梯度，减少由高温度梯度和极端温度所引起的Gr/Ep复合材料的微裂纹。波音公司使用0.005 mm厚的Al100铝膜镀层，经铬酸阳极化处理后，用FM300环氧胶把其胶粘到Gr/Ep管子上，在177℃下一起固化，胶层厚度为0.05～0.23 mm。经过处理后管件的轨道段极限温度范围得到很大的改善。

2.舱段结构材料

美国自由号永久性载人空间站的密封舱包括实验舱和居住舱，是以强度为主的结构，其圆柱段外径为4.42 m，长度因各舱任务不同在13.3 m左右，在30年使用过程中必须绝对安全可靠。虽然采用石墨/环氧复合材料制造可明显地减轻密封舱的结构质量，但目前大型石墨/环氧复合材料构件的质量控制技术、工艺成熟程度以及断裂控制技术等均存在一定问题，因此密封舱壳体材料选用2219-T851铝合金，其圆柱壳采用有环向法兰加强的整体加筋蒙皮结构，蒙皮壁板用51 mm厚板，用数控铣床铣出加强筋网络，铣薄后蒙皮为1.8 mm厚，再经过滚弯，然后用直流正极氩弧焊成型。密封舱壳体采用2219-T851铝合金焊接结构，这是因为2219-T851铝合金有保证结构可靠所需要的强度、抗应力腐蚀以及韧性等最佳的综合性能，裂纹倾向性很小，还可以进行补焊。密封舱外部有两层0.305 m×3.657 m的铝合金板作为微流星体防护罩，同时也兼作发热辐射板，直径为25.4 mm的热管装在板的中间部分。

由欧洲航天局负责的哥伦布实验舱是一个圆柱形的充压舱，内壁径4.2 m，外径4.5 m，长11.38 m，舱壁为铝板夹层结构，外部有加强筋和T形加强环。哥伦布实验舱的双层舱壁是一种可在轨维修的夹层舱板，夹层内有绝热层，其外壁是防止微流星和空间碎片碰撞的保护系统。

日本实验舱由充压舱、暴露设施和遥控操作系统、实验勤务舱充压段和实验勤务舱段组成。充压舱是充压的圆柱形舱，直径4.2 m，长10.9 m。暴露设施要求用刚度好、质量轻、膨胀系数小的材料制造。石墨/铝合金基复合材料和高模量石墨纤维增强的环氧树脂复合材料是较为理想的材料，特别是前者，其空间稳定性好，但是制造费用高，工艺难度大。

3.微流星防护罩结构材料

在国际空间站设计之初，规定的防护设计指标是10年中的非击穿概率PNP（Possibility of No Perforation）不低于0.90。防护屏概念最早由美国哈佛大学天体物理学家Whipple教授提出，称为Whipple屏。为对付各种类型的空间碎片/流星粒子威胁，国际空间站设计中采用了100多种防护屏，它们都源于三种基本的防护屏概念：Whipple屏、夹层Whipple屏/多冲击屏和网状双缓冲屏等。

扫描二维码，进一步了解
空间站舱段材料的应用

Whipple屏是最简单的防护屏，实际上是在被防护结构（通常称为后墙）外的一定距离上放置一块防护板（也叫防护屏）。通常，板的材料为铝。Whipple屏的防护原理是来袭的撞击物（空间碎片/流星粒子）首先撞击防护屏，来袭物和部分防护屏破碎、液化甚至汽化，形成碎片云，碎片云以一定的角度扩散，最后撞击后墙。自Whipple屏概念问世以来，人们研究了半个多世纪，证明它是一种十分有效的防护技术。

夹层Whipple屏是Whipple屏的变形，在后墙与外层防护屏之间再放置若干夹层。夹层可进一步将来袭物与防护屏的碎片破碎、液化甚至汽化，减弱其对后墙的损坏。国际空间站舱体外壁将盖有散热辐射器或微流星防护罩。在有辐射器处，它本身兼作微流星防护罩，不必再盖护罩。在无辐射器处，将有防护罩。防护罩采用的夹层Whipple屏形式为：外层防护屏为薄铝板，后墙为舱壁，夹层板由6层Nex2tel和6层Kevlar构成。多冲击屏的原理与夹层Whipple屏相近，其外层防护屏由3~5层等间距的陶瓷纤维层代替，来袭物及其碎片穿越每个陶瓷纤维层时都要经历一次冲击加载，因此液化/汽化更彻底，对后墙的破坏更小。在相同的质量下，夹层Whipple屏和多冲击屏的防护性能大大优于Whipple屏。

网状双缓冲屏也是Whipple屏的变形。它的形式是在Whipple屏外层防护屏的外侧放置一个网状金属屏，在后墙与外层防护层之间放置一个陶瓷纤维防护屏。网状金属屏的作用是将来袭物破碎，甚至汽化，但不降低速度；陶瓷纤维防护屏的作用是降低碎片云速度。

4.推进系统用压力容器材料

直至1989年秋，"自由号"空间站的推进系统一直采用氢气和氧气作为推进剂。最初使用的轻型压力容器为全金属的结构，或是玻璃纤维或Kevlar缠绕在塑料或金属衬里上制成复合材料容器，后来改用石墨纤维。石墨复合材料压力容器由两个主要结构组成，即石墨复合材料结构和金属衬里结构，包括圆筒、球底和轮箍。石墨复合材料结构是复合材料容器结构中的主要承载部分。它是由缠绕在金属衬里上的浸渍过的石墨纤维所组成的，缠好后再进行固化。石墨纤维材料可以湿绕，也可以预浸形式使用。按照设计或压力容器的几何形状要求，选用不同的缠绕模式。

圆筒形容器结构可用环形和纵向（螺旋形）复合材料进行叠绕。球形结构的缠绕应达到无方向性的要求。对于复合材料压力容器的综合功能，金属衬里的设计和制造是关键。

6.5.3 载人飞船材料

载人飞船是一种载人进入太空一次使用的小型航天飞行器，又称宇宙飞船，其结构要比一般的人造卫星的结构复杂得多，除了有类似人造卫星的结构系统，如姿态控制、无线电信息传输和电源等设施外，为了保证航天员在飞行过程中正常的工作和生活，设立有专用设施，飞船的座舱里有手控装置、飞行显示仪表，以及与地面站联系的通信设备，座舱的氧气、压力、温度都要适应航天员的要求，还有食物和水供给航天员使用。图6.21所示为苏联在积累了多年经验之后，开发出来的一种最成熟的载人航天器，即"联盟"号载人飞船。

图6.21　"联盟"号载人飞船

飞船上所用结构材料基本上类同于返回式卫星，主要是铝合金。服务舱、轨道舱和返回舱选用可焊铝合金，框用锻铝，推进舱选用高强度铝合金铆接结构。下面将主要介绍基于载人飞船运行环境的特点运用的一些材料，如返回舱防热材料、密封材料等。

1.返回舱防热材料

返回舱烧蚀材料不同于返回式卫星，采用了先进的低密度烧蚀材料，成型工艺方法是在玻璃钢蜂窝中填充硅橡胶烧蚀材料。返回舱返回地面时，利用反推火箭和降落伞，使航天员安全着陆。其进入大气层的模拟示意图如图6.22所示。

一般来讲，对载人飞船返回舱热防护材料的要求是：①低的密度、热导率；②烧蚀时有高的热阻塞效应；③碳层有一定强度；④工艺性好，易于制作复杂外形结构；⑤热匹配性能良好。

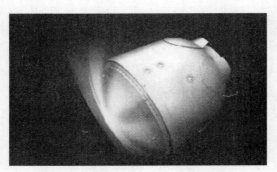

图6.22　返回舱进入大气层模拟示意图

"神舟"系列载人飞船防热所用的低密度烧蚀材料为硅橡胶基材料，这种材料由基体和填料两大组分组成（见图6.23），对它们的组分和剂量均进行了综合优化设计。填料包括增强纤维、酚醛空心微球及玻璃空心微球，其主要目的是降低材料密度并提高隔热性能，同时保证烧蚀材料表面的抗气流剪切能力。制成的低密度烧蚀材料预混料要填充到玻璃钢蜂窝里，后者主要用来提高烧蚀材料自身的强度和抗剪能力。

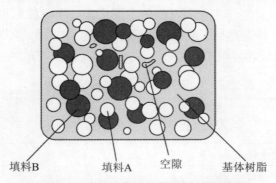

图6.23　低密度烧蚀材料组成结构示意图

根据飞船返回舱的再入环境不同，最终设计和研制了两种密度的防热材料，侧壁的迎风面和大底采用密度为0.71 g/cm^{3}的H96蜂窝增强低密度材料，侧壁的背风面则采用密度为 0.54 g/cm^{3}的H88蜂窝增强低密度材料。我国低密度烧蚀材料的成型采用了真空大面积灌注工艺。该工艺具有效率高、可靠性好等独特的优点，克服了振动大面积灌注工艺所导致的增强纤维灌注不均匀、成本较高的问题，比单孔灌注工艺的灌注效率及可靠性更高。真空大面积灌注工艺显著提高了蜂窝增强低密度烧蚀材料本身的质量和防热结构的完整性，其中灌注成功率达到99.95%以上，工效是美国"阿波罗"飞船所采用的单孔灌注工艺的5倍。图6.24所示为神舟飞船大底及侧壁的实物照片。

（a）侧壁　　　　　　　　　　　　（b）大底

图6.24　"神舟"飞船大底及侧壁实物照片

"神九"关键部件复合材料采用了天津工业大学复合材料研究所研制的特种纺织增强材料，具有质量轻、强度高、抗烧蚀的优异性能，减轻了结构质量，显著提高了飞船的性能。"神九"返回舱穿过大气层返回地面时，表面温度将高达数千摄氏度。航天一院703所研制的特种玻璃钢和耐高温烧蚀材料，利用高分子材料在高温加热时表面部分材料融化、蒸发、升华或分解汽化，带走大量热量。

2.舱体密封材料及其表面吸水材料

密封材料使用的外部空间环境为：高真空（$1.3\times10^{-4}\sim10^{-7}$ Pa），高、低温循环（$-90\sim+125℃$），每90 min 左右交变一次，太阳射线辐射，带电粒子辐射，微陨石和人造轨道碎片撞击以及原子氧侵蚀等。因此，对材料性能要求很高，主要有耐真空、耐辐照、无毒无气味、不易燃烧、耐高温和低温、耐介质腐蚀、长寿命等。

当前，S42空间密封材料作为密封材料的主要代表，不仅能满足空间环境对结构和机构密封件的各种要求，而且达到了载人航天任务在卫生学方面的各项性能要求。材料的综合性能见表6.12，材料成功应用于"神舟"系列载人飞船和"天宫一号"飞行器密封。

表6.12 S42空间密封材料的综合性能

性　能	指　标
拉伸强度/MPa	≥5.0
扯断伸长率/（%）	≥180
撕裂强度/（kN·m^{-1}）	≥10.0
脆性温度/℃	≤-90
压缩耐寒系数（-60℃压缩20%）	≥0.5
真空质损（10^{-4}Pa，125℃，24 h）/（%）	<1
可凝挥发物含量（10^{-4}Pa，125℃，24 h）/（%）	<0.1
逸出气态污染物总有机物含量/（μg·g^{-1}）	<100
逸出气态污染物单一有机物含量/（μg·g^{-1}）	<10
逸出一氧化碳气体的含量/（μg·g^{-1}）	<10
气味等级/级	<1.5
4.4×10^{4} rad辐照后拉伸强度变化率/（%）	≤30
4.4×10^{4} rad辐照后扯断伸长率变化率/（%）	≤30

在采取保温、等温化措施后，载人航天器的密封舱仍存在低温面。当低温面温度低于露点温度时，水蒸气将在该表面冷凝，这些冷凝水需要被吸收和固定，否则它们的流动和飘浮，将给航天员的呼吸和航天器仪器设备带来安全隐患。因此，需要通过合理的分析和设计，在密封舱低温面布置吸水材料，把低温面（散热面）的冷凝水传输、吸收、储存起来，使冷凝量与吸水量相平衡。

（1）被动冷凝除湿材料。被动冷凝除湿材料由吸水材料、传输纤维和防水胶组成。传输纤维为两层，传输纤维一端固定在冷凝面上，另一端固定在舱壁上。与舱壁固定面附有防水胶线或点。传输纤维一端导水，另一端布有吸水材料，用以吸水。其结构如图6.25所示。

除湿原理：水蒸汽在冷凝面上凝结，附着在冷凝面的传输纤维上。传输纤维通过毛细力，传输冷凝水到吸水材料上。吸水材料吸水膨胀，凝聚冷凝水，使之不溢出，从而达到收集水的目的。

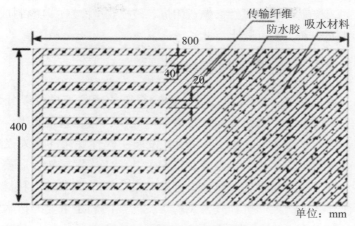

图6.25 被动冷凝除湿材料示意图

（2）吸水复合材料。吸水复合材料由高效纸制吸水材料、外层布、棉网等组成。外层布为两层:与舱壁固定面的材料采用无纺纤维（密度为40 g/m²），该纤维外表面附有防水胶线或点；另一面采用无纺纤维（阻燃，密度为65 g/m²）。两层中间布有吸水材料和棉网。吸湿过程是：水蒸气在低温面凝结，该复合材料吸收露水，吸水材料吸水膨胀，凝聚冷凝水，使之不溢出。从而达到收集水的目的。

3.电源系统材料

电源系统要求太阳电池阵每翼的面积至少为30 m²以上。总之，低轨道运行的空间站的重要材料有太阳电池阵的柔性材料、高可靠和长寿命的密封材、温控材料、防原子氧的防护层材料、特殊规格的铝合金材料和高强高模碳纤维复合材料等。

飞船、空间站等载人航天器的太阳电池阵一般由对称的两个或多个可展开的太阳翼组成，每个太阳翼又由多块基本相同的太阳电池基板和连接架组成。太阳电池基板为高模量碳纤维复合材料面板、边梁与铝蜂窝芯的胶合结构。通常选用具有高热导率和高比模量的碳纤维复合材料和铝蜂窝芯，这样可减小沿厚度方向的温度梯度。电池片与基板面板之间加一层聚酰亚胺膜作为电绝缘层。太阳电池基板局部受力点处放置预埋加强块。预埋块可由钛合金、聚酰亚胺、碳纤维复合材料等制成，最好都选用碳纤维复合材料，以减小面板与预埋块热膨胀系数差异带来的热应力。

连接架将太阳电池基板与载人航天器本体连接，连接架由主梁、分流器梁和各种连接件组成。整个连接架可采用高模量碳纤维复合材料。图6.26所示为飞船的太阳翼展开图。

在太阳翼中选用大量碳纤维增强树脂复合材料，这是因为它的性能优异。具体表现在：①比强度、比模量高；

图6.26 飞船太阳翼展开图

②热膨胀系数小；③抗疲劳、耐腐蚀、减震阻尼、破损安全性好；④材料成型和制品成型可一次完成；⑤材料的纤维方向可设计。

6.5.4　可重复使用航天飞行器材料

地球与空间站或航天站之间天地往返的运输系统的运载工具可以分为两大类。美国将航空技术和航天技术的特点结合起来发展航天飞机，它是垂直起飞，水平降落，部分多次重复使用，飞行次数有100次；苏联优先发展一次性使用的载人飞船，其结构较简单，可靠性高，费效比高。他们代表着20世纪七八十年代发展航天运输系统的两种技术途径，当然也是由于两国当时型号设计、工业基础、科学技术能力和材料工艺水平所决定的。无论哪种方案（航天飞机和载人飞船），防热问题是重要的技术关键。迄今为止，世界上只有中国、美国和俄罗斯成功地实现了载人飞船的运行，其防热系统材料与结构经受了使用考验。实验证明，航天飞机和载人飞船所采用的防热结构分开设计的思想（即冷结构外部加防热系统的思想）是正确的，所选用的防热材料代表了20世纪70年代材料发展水平，实现了30多次的成功飞行。后来法国航天飞机"HERMES"号、日本航天飞机"HOPE"号的防热方案都参照了美国和苏联经验，沿续了他们的设计思想。表6.13列出美国航天飞机热防护系统所用材料的情况。

表6.13　美国航天飞机热防护系统所用材料情况

应用部位	材料	适用温度范围/℃	备注
头锥帽，机翼前缘	抗氧化碳/碳	>1 260	已实用
机身，机翼下表面	刚性陶瓷瓦	650～1 260	已实用
机身，机翼上表面	柔性陶瓷隔热毡	370～650	已实用
固体火箭助推器	MSA-1和MSA-2		已实用
外贮箱	SLA-501和MA-25S	低密度烧蚀材料	已实用

1988年美国"挑战者"号固体火箭发动机的助推器密封圈失灵爆炸后，又制造了"奋进"号航天飞机投入使用，在这之前美国已有"哥伦比亚"号、"发现者"号（见图6.27）、"挑战者"号和"亚特兰蒂斯"号投入使用，它们的防热系统方案是相同的，只是在飞行实验中对局部防热材料作了某些改进和修补。20世纪80年代后，从美国研制成功航天飞机和苏联广泛开展天地往返的太空活动中，人们认识到了航天技术的迅速发展对人类社会的巨大贡献。各国在航空工业的基础上借助新技术革命第三次浪潮的"东风"，竞相发展航天事业，提出了雄心勃勃的发展目标：英国提出"HOTOL"空

图6.27　"发现者"号航天飞机图

天飞机，德国提出"SANGER"航天飞机，日本提出"HOPE"航天飞机，法国提出"HERMES"航天飞机，美国提出"NASP"空天飞机。发达国家对太空空间的争夺日趋激烈。

　　这里提到的空天飞机的特点是，全机采用热结构设计并达到完全重复使用的要求，水平起飞，单级入轨。以HOTOL为例，动力装置采用液氢空气涡轮喷气冲压/火箭复合式发动机，取名为吸气式发动机，它到工作高度26 km、飞行马赫数为5后，转入火箭发动机工作模式，垂直上升入轨，对结构的质量和防热要求极其严格，热结构只占其结构质量的10%。第二代航天飞机的结构设计特点是以部分热结构设计为主，冷结构与热防护系统相结合，达到部分重复使用的要求，水平起飞，两级入轨。以SANGER为例，一级用超高声速飞机把二级飞行器（HORUS）用火箭发动机送入空间轨道，飞机返回地面。要实现这一壮举，困难很大，到20世纪90年代初，各国研制空天飞机和航天飞机的热情有所下降。其主要原因是在技术上遇到了一时难以克服的困难，且研制耗资太大，于是各国纷纷采取取消计划、缩减计划或合并计划的行动，有的变成了单项技术攻关，但在关键技术上的攻关工作并没有停止。近年来，美、日及欧洲一些国家时常公布一些有关第二代航天飞机研究工作的信息和初步性研究成果，如在结构和防热的设计上提出了一种新的设计思想，就是把空天飞机的承载的结构设计和热防护的隔热防热设计结合在一起，取名为热结构设计。这种新型设计在减轻质量、扩大选材品种、更新传统的结构框架、推广新的工艺技术等方面都有所创新，如选用抗氧化碳/碳复合材料、钛合金和高温合金多层蜂窝壁板材料与结构等。第二代航天飞机和空天飞机热防护拟采用的防热材料见表6.14。

表6.14　第二代航天飞机和空天飞机热防护系统拟采用的防热材料

国　别	防热材料	拟使用部位	工作温度/℃	备　注
美国NASP 空天飞机	抗氧化碳/碳	机翼前缘面板、控制舱	1 371～1 927	实验
	碳化硅/碳化硅		816～1 371	
	快速凝固钛合金	机身	593～837	
	高温先进柔性隔热毡	机身	1 093	
	先进柔性隔热毡	机身	650	
英国HOTOL 空天飞机	碳化硅/碳化硅	机头锥帽、舱面、机翼前缘	1 477～1 727	实验 方案
	钛合金多层壁结构	机身	927	
	碳/PEEK	贮箱结构材料		
法国HERMES 航天飞机	抗氧化碳/碳	机头锥帽、机翼前缘	1 700	实验
	碳/碳化硅、碳化硅/碳化硅	盖板等	1 300	
	柔性陶瓷隔热毡			
德国SANGER 航天飞机	抗氧化碳/碳	机头锥帽、机翼前缘	900～1 335	实验 方案
	碳/碳化硅	机头锥帽、机翼前缘	1 000（盖板）；≥1 300（热结构）	
	多层壁钛基、镍基合金	机身	300～1 000	
	柔性隔热毡	机身	约500	
日本HOPE 航天飞机	抗氧化碳/碳	头锥、机翼前缘	1 000（盖板）；1 560（头锥）	实验
	陶瓷防热瓦	机身	550～1 200	
	柔性陶瓷隔热毡RSI	机身		

　　注：PEEK为聚醚醚酮树脂，是一种特种工程塑料。

6.6 航天功能材料

航天系统（包括运载火箭，各种战略、战术导弹，应用卫星等航天器，以及各类地面、舰载设备等）用于控制、跟踪、制导、侦察、预警、探测、信号捕获、信号转换与传输、信息反馈与处理以及电子对抗等，所需的功能元器件各种各样，用于制备功能元器件的功能材料品种、规格繁多。功能材料主要是指在光、声、电、磁、热等方面具有特殊功能的材料，如飞行器测控系统所涉及的电子信息材料（包括用于微电子、光电子和传感器件的功能材料），又如现代飞行器隐身技术用的透波和吸波材料，航天飞机表面的热防护材料等。其中关键的功能材料集中于五大类：微电子元器件材料，光电子元器件材料，信息传输、存储、显示元器件材料，传感器敏感元件材料，隐身和智能结构材料。

6.6.1 航天功能材料在实现航天飞行器航行目标中的作用

航天功能材料品种、规格繁多，其对于航天器正常航行具有重大意义。下面仅以控制系统，卫星的遥测、遥控和跟踪为例，说明航天功能材料在实现航天飞行器航行目标中的重要作用。

1.控制系统

控制系统是运载火箭和导弹的重要组成部分，是指挥航天飞行器飞行的"中枢"。在运载火箭和导弹发射及飞行的过程中，控制系统的功能有三：其一是控制弹（箭）按预定轨道运行，使有效载荷精确入轨或使弹头准确命中目标；其二是对弹（箭）实行姿态控制，以保证在各种干扰条件下稳定飞行；其三是控制飞行过程中各分系统工作状态。除上面提到的制导系统和姿态控制系统外，还有电源配电系统和测试发控系统（放在地面部分）。电源配电系统负责完成控制仪器设备的供电、配电和按飞行的"工作程序"发出时序指令，控制工作状态的变化。测试发控系统除检查控制系统的性能参数外，还对弹体、发动机的电气部分进行检查，弹（箭）的发射是通过测试发控系统完成的。以上四个系统构成一个整体，控制弹（箭）的正常飞行。

构成控制系统的硬件设备中，弹（箭）上部分由测量仪表、中间装置、执行机构和电源配电装置组成，地面部分由测量和发控两部分组成。惯性制导的测量仪表主要应用惯性仪表，以测量弹（箭）体的运动参数，也可应用星光敏感器、图像匹配器等多种设备进行复合制导。中间装置的功能是根据测量的弹（箭）体运动参数进行计算和综合处理，之后发出控制指令，控制执行机构工作，通过推力矢量的变化，控制弹（箭）体的姿态和运动轨迹。执行机构系统是指舵机、摇摆发动机和姿控喷管，执行机构的执行元件是电磁阀门和电爆器件。测试发控系统是发射前人与弹（箭）对话的主要接口，通过弹（箭）地通信可以掌握设备的工作情况和各种参数，并可将飞行参数向弹（箭）上的设备装订，最后控制弹（箭）发射。

控制系统的仪器设备种类繁多，使用大量的由功能材料制成的微电子元件、器件、传感器和电子线路。弹（箭）的可靠性要求高，而飞行的环境又极端恶劣，微电子元器件的品种与质量直接关系到弹（箭）飞行的成功或失败。

2.卫星的遥测、遥控和跟踪

卫星的无线电遥测、遥控和跟踪系统使用了众多的微电子、光电子元器件，对保证卫星的正常运行起到至关重要的作用。无线电遥测系统是一个信息传输系统，卫星在轨道飞行时，必须把各部件的工作情况，如姿态是否符合要求、电源供给是否适当、仪器工作是否正常、星体内部温度是否合适等的测试数据，通过无线电遥测设备及时地传输给地面站，以便对卫星实施遥测、遥控。

卫星在轨道上运行时，地面站往往要求它完成某些动作，如磁记录器的记录和放出、自旋稳定卫星的起旋、返回式卫星的返回动作等，地面站也是通过无线电遥测设备来发送这些指令的。当卫星的控制系统受到各种干扰力的作用而不可能完全精确地进入预定轨道时，地面站要测出它的实际轨迹并发出修正指令，使其恢复到正常轨道，测定卫星轨道参数等工作由跟踪设备来完成。卫星和地面站之间的信息传输涉及深空远程无线通信问题，出现了不少新的理论和技术课题，如频率选择、气象影响预测、干扰防护等，需要研究解决。

从上面列举的控制系统的功能和卫星与地面站的信息传输的简要说明中，可以清楚地看出，微电子元件、器件和电子线路的设计对航天器的发射成败以及在轨道上是否正常运行起到了"一两拨千斤"的极其重要的作用，在航天材料中，功能材料及其元器件的研究发展亦当属于重中之重。随着航天技术的发展，对微电子、光电子等产业部门的产品研发提出了新的要求，如超大规模集成电路、微型芯片、超小型星载计算机、毫米级大功率微波器件、小型多种功能精密传感器等。

6.6.2　几种典型的航天功能材料

航天功能材料是保障航天飞行器通信、遥测、制导、引爆等系统在恶劣环境条件下正常工作的一种多功能介质材料，在运载火箭、飞船、导弹及返回式卫星等航天飞行器各个系统中得到广泛的应用。

1.弹性体功能材料

目前在航天工业领域应用的橡胶功能材料主要有橡胶密封材料、橡胶阻尼材料、导热橡胶、导电橡胶、隔热橡胶、耐烧蚀橡胶等材料及制品。以运载火箭系统为例，它们遍及箭体、控制系统（平台、伺服机构）、发动机和地面加注系统等各部位。进入21世纪以来，新一代运载火箭、大型通信卫星、载人航天工程、嫦娥工程、长期有人值守空间站、火星探测等重大项目对橡胶功能材料提出了许多新的需求。

航天产品对橡胶功能材料一般有以下几项要求。

（1）耐特种介质：与四氧化二氮、偏二甲肼、液氢、液氧、液压油等介质相容。

（2）耐高低温：高温有时达上千摄氏度，有时还要求耐烧蚀；低温可到液氢温度（$-253℃$）以及$-100℃\sim100℃$交变温度等，温度范围很宽。

（3）耐辐射、耐真空：卫星飞船等在空间会遇到高真空、带电粒子辐射、射线、原子氧等环境。

（4）高转速：伺服机构等泵的转速可达数万到十几万转，对密封件提出很高的润滑耐磨要求。

（5）耐高压：伺服机构系统的密封压力高达30 MPa以上。

（6）宽振动频率范围：航天产品的振动频率范围一般为0~2 000 Hz。

（7）长寿命：导弹火箭要求其零件功能要满足10年或20年以上的贮存寿命要求。

（8）高可靠性：橡胶密封件等是故障和失效多发部位，必须具有很高的可靠性，确保产品的万无一失。

2.航天透波材料

航天透波材料是保护航天飞行器通信、遥测、制导、引爆等系统在恶劣环境条件下正常工作的一种多功能介质材料，在运载火箭、飞船、导弹及返回式卫星等航天飞行器无线电系统中得到广泛的应用。不同飞行器所处的工作环境不同，使用的无线电设备也不同，因而对透波材料的要求差异很大。航天透波材料按其结构件的形式主要分为天线窗和天线罩两大类。其中天线窗一般位于飞行器的侧面，通常为平板或带弧面的板状，主要用于保护天线窗后面的无线电设备，使其在恶劣环境下能正常工作；天线罩位于飞行器的头部，多为锥形，有时也有半球形，具有导流、防热、透波、承载等多种功能。天线罩材料种类和结构种类较多，但适用于制作超高速精确制导雷达天线罩的材料并不多，主要是对材料防热、承载和电气性能的要求都极高，限制了材料结构组分的设计与选择。

航天透波材料经过几十年的研究、应用与发展，已经从单纯的透波材料发展到了具有防热、承载、透波、抗冲击等多功能材料，并正在向宽频、多模通信与制导方向发展。

透波材料在航天器中具有重要的地位，是航天器"眼睛"的重要组成部分，主要应用的航天器系统有：① 高马赫数飞行器遥测、引信、通信天线系统；②卫星遥测天线系统；③战术导弹制导系统；④航天飞机再入天线控制系统等。

（1）天线窗材料。在战略弹头小型化、多弹头化和核弹头战术化的发展趋势下，高速再入天线窗恶劣的使用环境对材料性能提出了苛刻的要求。一般认为，二氧化硅基和氮化硼基材料是针对远程战略导弹使用天线窗的最佳选用对象，其中二氧化硅在高温烧蚀下仍能保持良好的使用性能。用作天线窗时可以有几种结构形式，包括石英玻璃、三向石英织物增强二氧化硅基复合材料、高硅氧穿刺织物增强二氧化硅基复合材料等，其中高纯均质的石英玻璃被认为是介电性能最好的材料。

天线窗材料在向小烧蚀量方向发展，小烧蚀量天线窗材料主要应用于地/地远程洲际导弹，在满足力学、电气性能、抗冲击性能的同时，主要强调解决材料的防热难题和再入通信中断问题。提高耐烧蚀性能是研制高性能天线窗材料的技术关键，而通信中断问题是材料在再入环境热、电、等离子体等因素综合作用下产生的电磁波屏蔽效应，需要有关方面联合攻关。在核弹头小型化、多弹头化和强突防要求的发展趋势下，天线窗材料的局部防热和透波功能设计要求将成为弹头技术关键。

（2）天线罩材料。一些武器系统出于末制导、提高锁定目标准确性和打击准确性的需要，把相关的电气系统放在了弹头的头部，从而提出了研制各种透波天线罩、端头帽的需求，其中小烧蚀量或不烧蚀薄壁宽频高透波率端头帽是主要的应用需求。如美军在海湾战争中使用的"铜斑蛇"智能炮弹，头部装有激光制导系统和透波风帽，使弹头准确打中目标。随着各种战术导弹智能化和精确制导技术的发展，透波风帽的需求逐渐增大。对于高马赫数飞行导弹用大尺寸天线罩，主要选用具有优良防热性能的无机材料。随着航空航天技术发展，天线罩材料经过了如下的发展路线：纤维增强塑料 →氧化铝陶瓷 →微晶玻璃 →石英陶瓷 →复合材料。目前各军事强国都在研制发展新型精确制导地地、地空、高马赫数巡航导弹，反辐射和反弹道导弹，促使天线罩材料向高性能、多功能方向发展。

研制小烧蚀量，具有优良高温物理、力学和电气性能的新型天线罩材料，为打击远程机动目标和战略目标导弹提供高性能天线罩材料。为得到宽频透波材料，设计通常提出采用低密度或薄壁结构作为透波材料，如厚度$d<5$ mm，在频率f为2～18 GHz或更高频率的某个范围内具有优良的电气性能；研制高性能、宽频、高透波率端头帽材料，以满足反辐射小弹头、突防电子干扰机等智能弹头技术的需要。

（3）低成本陶瓷基复合材料。陶瓷基复合材料具有优良的高温电性能、热物理性能和高温力学性能，研制成本相对较低的新型陶瓷基复合材料是扩大航天透波材料应用领域的必然趋势。

（4）透波隐身材料。在未来的战争中，突防与隐身技术是决定战争胜负的关键技术之一。突防与隐身技术有很多种方式，透波隐身材料是把防热、透波、吸波结合为一体，外表层透波，内层逐渐弥散和吸波，从而有效减小飞行器反射截面。

3.光学玻璃材料

玻璃技术经历了5 000多年的发展历史，直到近代，为了适应军用光学仪器的发展，SCHOTT公司的创始人Otto Schott于1884年发展了现代光学玻璃熔炼技术，制造出世界上第一块高质量光学玻璃。由于军事上的需要，光学玻璃及其制造技术一直被各国视为关键技术，并严格保密。

随着光学、信息技术、能源、航空航天技术、生物技术以及生命科学等学科的迅速发展，光学玻璃由传统意义上的光学仪器用成像介质——透镜（主要是应用几何光学原理进行成像）逐渐向新的应用领域迅速发展。尤其是伴随着光子学技术的发展，光子继电子之后成为信息的主要载体。利用玻璃和光的相互作用改变光的极化态、频率、相干性和单色性，以及产生光子和探测光子的新型光功能玻璃，成为光学玻璃发展的主要方向。

20世纪90年代以后，随着光学与信息科学和新材料科学的不断融合，光学与电子科学的不断融合以及信息产业的崛起，光学玻璃在光传输、光储存和光电显示三大领域的应用突飞猛进。光学玻璃被广泛应用于光电产品信息采集、传输、存贮、转换和显示的各个方面，这有力地促进了光学玻璃向更高层次发展。

目前，传统光学玻璃虽在生产上的增长开始减缓，但在医学、航天、航空和常规武器装备等领域依然呈增长态势。在光电信息领域，传统的K9光学玻璃及ZK系列光学玻璃的需求量仍然巨大，主要体现在三大领域：一是光信号传输转换领域；二是光储存领域；三是光电显示器领域。在传统的光学玻璃方面，我国已经形成了技术成熟、品种齐全的各种规格光学玻璃，并且能够规模化生产，不仅能够满足国内需要，而且大规模出口。

在新型光功能玻璃方面，声光玻璃和磁光玻璃等一些光功能玻璃能够满足国内需要，但尚未形成系列化。径向梯度折射率透镜在国内也已经能够小规模化生产，但在空间光学和光学可变焦系统方面有着巨大应用潜力的大尺寸轴向梯度折射率材料方面仍然是空白。我国从事激光技术研究的科研人员自力更生发展了我国的激光玻璃，为我国固体激光技术的发展打下了良好基础，但光纤激光器和放大器用稀土离子掺杂光学玻璃仍然未能实现实用化和规模化生产。在国内，新型光功能玻璃的研究、发展能力与国外相比较弱，这主要是由于我国在相关材料研究和相关器件的应用上仍处于劣势，而且在相关应用领域的研究也比较落后。

4.隐身材料

国外在进一步提高与改进传统隐身材料的同时，正致力于多种新材料的探索。美国采用改性的有机硅树脂研制出寿命达15年的隐身涂料，被认为是目前最有前途的产品。

近年来晶须材料、纳米材料、陶瓷材料、手征材料、导电高分子材料等新材料逐步应用到雷达波和红外隐身材料中，使涂层更加薄型化、轻量化，适应性更强。英国谢菲尔德大学研制出一种屏蔽雷达吸收剂，如果固定电容，这种吸收剂的厚度和质量可以降低，在电容可变的情况下，通对外部信号的控制，可对吸收剂进行调谐。为了提高这种吸收剂的性能，他们在表面覆盖一层高介电常数蒙皮，这样可以在通常的入射角下增加吸收剂的反射率与带宽之积，也可使吸收剂在曲面入射角下对垂直和平行方向的偏振光有相同的吸收带宽。为了拓宽涂层材料的吸收频带，美国在现有的Dallenbach涂层材料上加一频率选择性表面，形成一种新的复合吸波涂层，这种新的复合吸波涂层的性能大大优于原有的涂层材料。印度Roorkee大学用六角钡基铁氧体作吸收剂、橡胶作黏结剂制备出单层吸波涂层，这种吸波涂层很薄，吸收频带宽，在各个频带范围内的吸收大于10 dB。

美国Syracuse大学研制出一种吸波材料，在基材上覆盖与基层相匹配的绝缘层，这些绝缘层的介电常数能够使穿过基材任何角度的入射波折射到正常的入射角范围内。这种吸收剂可在高于正常雷达入射角范围内保持最小的反射率，从而避免了能量散射。这种被散射的能量极有可能被附近的雷达发现，因而大大提高了高于正常雷达入射角范围下的隐身能力。

随着先进红外探测器、米波雷达、毫米波雷达、激光雷达等先进探测设备的相继问世，隐身材料正朝着能够兼容米波、厘米波、毫米波、红外、激光等多波段电磁波隐身的多频谱隐身材料方向发展。国外先进的多功能隐身材料在可见光、近红外、远红外、8 mm 和 3 mm 五波段一体化方面取得较大进展。美国研制的多功能隐身涂层在毫米波 $30 \sim 100$ kHz 的吸收率为 $10 \sim 15$ dB，中红外 $3 \sim 5$ μm 辐射率为 $0.5 \sim 0.9$，远红外波段 $8 \sim 14$ μm辐射率为 $0.6 \sim 0.95$，可见光的光谱特性与背景基本一致。德国研制的半导体多功能隐身材料在可见光范围有低反射率，在热红外波段有低辐射率，在毫米波段有高吸收率。这种涂层可同时对抗可见光、近红外、激光、热红外和雷达的威胁。

除了常见的隐身手段外，隐身织物（伪装网）的研究和应用也方兴未艾。因为隐身织物价格低廉，使用方便，工艺稳定，易于批量生产，且可实现多频谱隐身功能，国际上正大力发展此种材料。瑞典的Diab Barracuda AB 公司，其伪装产品具有国际先进水平。德国的 Pusch Gunter 发明了一种伪装网，在雷达波段、可见光隐身及红外波段（0.4～2.5 μm， 3～5 μm， 8～14 μm）产生逼近环境（树木）的辐射。美国也在研究厘米波、毫米波兼容可见光、近红外、热红外多频谱隐身伪装网。

隐身材料的质量大小将直接影响武器的有效载荷量、机动性及速度等性能，因此隐身材料正向"薄、轻、宽、强"的方向发展。为满足这一要求，目前世界军事发达国家正积极开展多晶铁纤维吸波材料和纳米吸波材料的研究。

纳米材料具有极好的吸波特性，同时具备了宽频带、兼容性好、质量小和厚度薄等特点，因此美、俄、法、德、日等国都把纳米材料作为新一代隐身材料加以研究和探索。金属、金属氧化物和某些非金属材料的纳米级超细粉在细化过程中处于表面的原子数越来越多，增大了纳米材料的活性。在微波场的辐射下，原子和电子运动加剧，促使磁化，使电子能转化为热能，从而增加了对电磁波的吸收。美国研制出的"超黑粉"纳米吸波材料，对雷达波的吸收率大于99 %。法国研制出一种宽频微波吸收涂层，这种吸收涂层由黏结剂和纳米级微粉填充材料组成。这种由多层薄膜叠合而成的结构具有很好的磁导率，在 50 MHz～50 GHz 内具有良好的吸波性能。目前世界军事发达国家正在研究覆盖厘米波、毫米波、红外、可见光等波段的纳米复合材料。法国最近研制成功的 CoNi 纳米材料与绝缘层构成的复合结构，在 0.1～18 GHz 范围内，μ'、μ''（分别代表 CoNi纳米材料与绝缘层的磁导率）均大于6。与黏合剂复合的涂层在 50 MHz～50 GHz 频率范围内具有良好吸波性能。纳米薄膜或纳米多层膜材料具有优异的电磁性能，其 μ' 超高频到微波频段可在 1 位、2 位、3 位数可调，做成纳米（单层、多层膜）结构的微米粉（球状、片状、针状）吸收剂，用于隐身材料宽频带优化设计。

新型的多晶铁纤维吸收剂是一种轻质的磁性雷达波吸收剂，这种多晶铁纤维为羰基铁单丝，直径 1～5 μm，长度 50～500 μm，纤维密度低，结构为各向同性或各向异性。通过磁损耗或涡流损耗的双重作用来吸收电磁波能量，因此，这种吸收剂可在很宽的频带内实现高吸收率，质量减轻 40 %～60 %，克服了大多数磁性吸收剂存在的严重缺点。据报道，吸收剂体积占空比为 25 %，厚度为 1 mm 的多晶铁纤维吸波涂层，在 2～5 GHz 频率范围内吸收率大于 5 dB，在 5～20 GHz 宽频带内吸收率可达 10 dB。目前，GAMMA 公司用这种新型吸收剂制成的吸波涂层已应用于法国国家战略防御部队的导弹和飞行器，同时正在验证用于法国下一代战略导弹弹头的可能性。

第7章　形状记忆合金及其应用

科技水平的不断提高，使得各行各业对智能材料的需求量也不断增大。形状记忆合金作为一种集感知和驱动于一体的新型功能材料，可成为智能材料结构，有着广阔的发展前景。美国航天局（NASA）为完成火星2020探测任务，与固特异公司联合开发一种由形状记忆合金编制而成的非充气式轮胎。这种轮胎具有超弹性，更轻质、坚固、安全，遇到突出物时，它会以暂时变形的方式应对，随后便会恢复形状且不产生永久性损伤，可以说在多地形行驶起来一马平川。本章主要介绍形状记忆合金概况，形状记忆合金国内外的发展状况、存在的问题及发展趋势，形状记忆合金在航空航天领域、机械领域，及生物医学和日常生活等方面的应用。

7.1　形状记忆合金概述

形状记忆合金是具有记忆形状并能自动恢复形状能力的一种新型合金材料。当把这种合金在高温加工定形后，低温时使其改变形状，然后，再加热到一定温度时，合金可以自动恢复到原高温定形的形状，合金的这种功能特性称为形状记忆效应（Shape Memory Effect，SME）。显示这种特性的金属大都是两种以上的金属元素组成的合金，称作形状记忆合金（Shape Memory Alloy，SMA）。

形状记忆合金一面世，就为航空工业立了一功。美国F-14战斗机的液压系统中，平均每架飞机要用800个形状记忆合金接头。自1970年以来，美国海军飞机上使用了大概几十万个这样的合金接头，而没出现过一次失效的记录。现在，科学家对形状记忆合金已有了较为清晰的认识，并确认它为一种热驱动功能材料。人们利用形状记忆合金的形状记忆效应，将其广泛应用在仪器仪表、自动控制、航空航天、医疗器械、汽车工程以及机器人等领域。

7.1.1　形状记忆合金的性能特点

随着科学技术（如航空航天、工程建筑、生物医疗和微电机等）的迅速发展，工程界对材料的要求变得越来越高，一些传统的材料已经不能够满足时代发展的需要，一批具有特殊功能的新材料应运而生。这些新材料以其独特的力学和物理特性受到了广泛的关注，而形状记忆合金作为其中一种新型智能功能材料，与普通的合金材料相比，具有许多与众不同的特性，例如优异的形状记忆效应和超弹性效应、较高的阻尼特性、良好的力学性能、优越的耐腐蚀性和生物相容性等，因而受到了材料学界和工程界普遍的重视。

形状记忆合金具有以下性能特点：

（1）集传感、驱动、控制、换能于一身；

（2）在加热时产生的回复应力较大，可达到500 MPa；

（3）无振动噪声，无污染；

（4）抗疲劳，回忆变形500万次不发生疲劳变形；

（5）对环境适应能力强，不受温度以外的其他因素影响；

（6）有确定的转变温度；

（7）机械性质优良，能恢复的变形高达10%左右（一般金属材料在0.1%以下）。

根据不同的热力载荷条件，形状记忆合金主要呈现出两种性能：形状记忆效应和伪弹性。除此之外，形状记忆材料还具有许多其他优异性能，例如高的回复形变、高阻尼特性、逆形状记忆特性、良好的韧性、优异的耐磨性。

1.形状记忆效应

形状记忆效应是指发生马氏体相变的合金形变后，被加热到终了温度以上，使低温的马氏体逆变为高温母相而回复到形变前固有形状，或在随后的冷却过程中通过内部弹性能的释放又返回到马氏体形状的现象。

呈现形状记忆效应的合金应具备以下三个条件：①马氏体相变只限于驱动力极小的热弹性型，即马氏体与母相之间的界面的移动是完全可逆的；②合金中的异类原子在母相与马氏体中必须为有序结构；③马氏体相变在晶体学上是完全可逆的。

形状记忆效应可以分为以下三类（见图7.1）。

（1）单程记忆效应。在马氏体状态下受力变形，加热时恢复高温相形状，冷却时不恢复低温相形状。单程形状记忆效应可通过中温处理、低温处理、时效处理三种单程记忆处理获得。中温处理是经轧制、冷拔等冷加工的合金材料加工成所需形状后在400～500℃加热几分钟至几小时。此种处理方法中过高的热处理温度将使材料的疲劳寿命急剧下降。低温处理是对合金材料在800℃以上高温退火后，室温下成型、加工成所需形状，再在200～300℃保温。低温处理方法适合于形状复杂的产品，但其形状记忆特性、反复动作的疲劳寿命要比中温处理的差。时效处理是利用高Ni含量合金析出硬化特点，对于Ni含量高于50.5%（原子百分比）的合金，在800～1 000℃固溶处理后，在400℃时效几小时，便可获得单程形状记忆功能。

（2）双程记忆效应。加热时恢复高温形状，冷却时恢复低温形状，即通过温度升降自发、可逆地反复恢复高低温的形状。双程记忆效应可通过在马氏体状态下反复变形加热回复得到。首先对马氏体状态下的合金进行近10%以上的强制变形。在马氏体状态下变形并将其形状固定，然后将合金加热到高于奥氏体转变终了温度50℃。双程记忆效应需经过一定训练才能得到，常采用的方法是在马氏体相变终了温度M_f以上反复形变，即反复形成应力诱变马氏体。卸去外力后，试样内部形成的应力状态使M_f以下的马氏体相变产生选择性，造成某些变体易于形成，另一些变体则不出现，在母相转变成马氏体时，也会伴有显著形变。这样，正向和逆向转变都伴有定向的形变，便可获得双程记忆效应。

（3）全程记忆效应。加热时恢复高温相形状，冷却时变为形状相同而取向相反的高温相形状。这是一种特殊的双程记忆效应。Ni含量较高的合金在时效时，母相中形成细小的析出物产生应力场，产生全程记忆效应。Ti–51Ni（51表示原子百分比为51%）合金经800℃固溶处理，冷水中淬火后，在约束状态400～500℃时效，得到全程记忆效应。

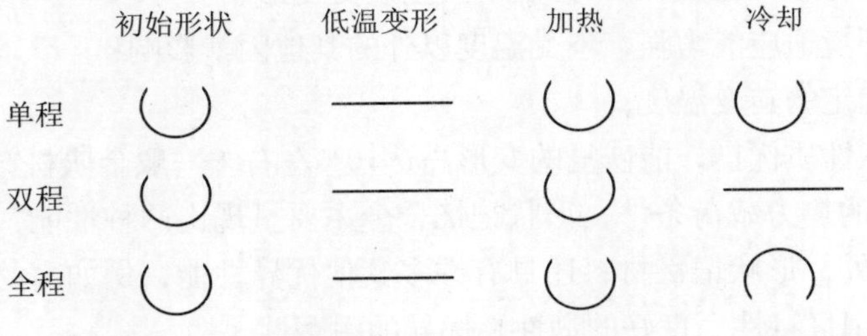

	初始形状	低温变形	加热	冷却
单程	◡	—	◡	◡
双程	◡	—	◡	—
全程	◡	—	◡	◠

图7.1　形状记忆效应分类

从微观来看，形状记忆效应是晶体结构的固有变化规律。通常金属合金在固态时，原子按照一定规律排列起来；而形状记忆合金的原子排列规律则是随着环境条件的改变而改变。比如：当温度下降到某个临界温度以下时，原子按某一种规律进行排列，此时的结构称为马氏体相；而当温度升高到某个临界温度以上，原子的排列规律就会发生改变，此时又称之为奥氏体相或母相。形状恢复的推动力是由在加热温度下母相和马氏体相的自由能之差产生的。

从宏观来看，材料在高温下被处理成一定形状，再急冷下来，在低温相状态下经塑性变形成为另一种形状，然后加热到高温相成为稳定状态的温度时，通过马氏体逆相变恢复到低温塑性变形前的形状。

2. 伪弹性

产生热弹性马氏体相变的形状记忆合金，在马氏体转变终了温度 A_f 温度以上诱发产生的马氏体只在应力作用下才能稳定地存在，应力一旦解除，立即产生逆相变，回到母相状态，在应力作用下产生的宏观变形也随逆相变而消失。其中应力与应变的关系表现出明显的非线性，这种非线性弹性和相变密切相关，叫作相变伪弹性。

超弹性和伪弹性有所不同，在应力消除后，具有超弹性的材料应变量完全恢复，而具有伪弹性的材料应变量部分恢复，残余变形可通过后续的加热进行恢复。

如图7.2所示，Cu–38.9Zn单晶在–77℃（合金的 M_s=–125℃）发生形变，至应变达9%时呈完全的应力诱发马氏体态，卸去应力后，应力–应变曲线上出现回线，呈现超弹性。对不同合金或对同一合金在不同温度下施加应力后，卸载后会出现不同的应变恢复情况，有的呈现伪弹性——应变部分恢复。图7.3所示为不同材料所呈现的三种不同应力–应变状况，对一般金属而言，在超过屈服极限后进入塑性变形阶段，应力卸载后只有部分应变恢复，形成永久变形。超弹性材料在应力消除后应变完全恢复。具有伪弹性的材料在应力消除后，应变部分恢复，而通过后续加热后可恢复初始状态。

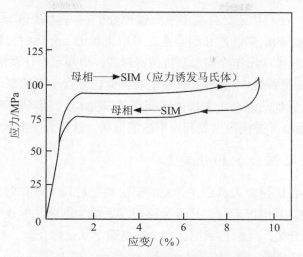

图7.2 Cu–38.9Zn合金单晶卸载应力后的应力–应变图

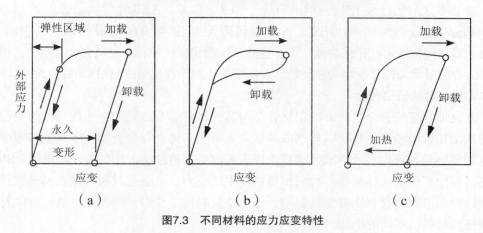

图7.3 不同材料的应力应变特性

（a）一般金属；（b）超弹性材料；（c）形状记忆合金

3.其他特性

（1）高阻尼特性。形状记忆合金在低于M_s的温度下进行热弹性马氏体相变，生成大量马氏体变体（结构相同、取向不同），马氏体变体之间的界面具有黏弹性，且在应力作用下，马氏体相中形成的各种界面，如孪晶面、相界面、变体界面，发生相对滑移产生滞弹性迁移，使应变落后于应力，能有效地衰减振动、冲击等外来的机械能，因此阻尼特性特别好，可用作防振材料和消声材料。形状记忆合金通过将机械能转换为内能主要有3种机制，即：内耗机制、M孪晶再取向机制、应力诱发马氏体机制。图7.4所示为形状记忆合金中马氏体微观形貌。

图7.4 马氏体微观形貌

（2）耐磨性。在形状记忆合金中独有钛镍合金在高温相（CsCl型体心立方结构）状态下同时具有极好的耐腐蚀性和耐磨性，可用作在化工介质中接触滑动部位的机械密封材料，原子能反应堆中用作冷却水泵机械密封件，冷却水净化系统可以长期不检修。

（3）逆形状记忆特性。将Cu–Zn–Al记忆合金在M_s点上下的很小的温度范围内进行大应变量变形，然后加热到高于奥氏体转变终了温度A_f点时形状不完全恢复，但再加热到高于200℃的温度时却逆向地恢复到变形后的形状，这称为逆形状记忆特性。

7.1.2 形状记忆合金的分类

近年来，世界各国研究人员正在开发的记忆功能材料主要有形状记忆、温度记忆以及色彩记忆等多种，其中以形状记忆合金材料发展最为迅速。形状记忆合金按性能可以分为普通形状记忆合金、复合形状记忆合金、高温形状记忆合金、磁性形状记忆合金。

1.普通形状记忆合金

普通形状记忆合金主要包括Ni–Ti基、Cu基、Fe基、Ag基等形状记忆合金。以Ni–Ti与铜基记忆合金为主的形状记忆合金产品已跨入相当广泛的产业化领域。其中Ni–Ti记忆合金具有优良的形状记忆功能、力学性能及生物相容性等，在记忆合金应用中占据明显优势。普通形状记忆合金相变温度较低，不适用于制作使用温度超过150℃的元件。

2.复合形状记忆合金

复合形状记忆合金是将形状记忆合金与其他材料结合以获得更为优异的综合性能。将形状记忆合金做成颗粒状、丝状或带状嵌入母相基体，如聚合物、金属或陶瓷中，通过控制SMA热循环时马氏体转变进程来提高或改变材料性能。比如嵌入的预应变SMA在加热过程中产生马氏体相变，对周围母相产生压应力，可强化材料，提高材料抗冲击和减振性能，或改变材料固有振动频率，还可使材料发生变形。因此，可通过智能材料来实现普通材料达不到的功能。

3.高温形状记忆合金

高温形状记忆合金一般指高于普通形状记忆合金工作温度上限的形状记忆合金。这种合金材料是在Ni–Ti，Cu–Al–Ti，Ni–Al等合金的基础上加入其他元素形成高温形状记忆合金，形成的Ti–Ni–Pd/Pt，Ni–Ti–Hf/Zr，Cu–Al–Ni–Mn合金，有望用于100～300℃环境。大多数高温形状记忆合金塑性和抗疲劳性差，制造成本较高。

4.磁性形状记忆合金

磁性形状记忆合金的驱动依靠磁场传输而不是靠相对缓慢的传热机理，故可用于制作高频（达1 kHz）驱动器。图7.5所示为应用磁性形状记忆合金的磁致驱动器。驱动器自上而下分别为活塞杆、弹簧和磁性形状记忆合金。其中磁性形状记忆合金在磁场和力的作用下实现伸长或收缩，从而推动上部实现驱动。磁性形状记忆合金利用磁场对合金中的马氏体变体施加静磁力，促使有利取向的马氏体变体长大，吞并不利取向的变体，从而产生宏观变形。磁场强度减小或撤去时，孪晶界又回到初始位置。磁性形状记忆合金只存在于具有热弹性马氏体相变的磁性合金中，典型的有Ni–Mn–Ga，Ni–Fe–Ga，Fe基和Co基合金等。磁性形状记忆合金适合填补形状记忆合金和磁致伸缩材料之间的技术空缺，适用于低应力、大位移的马达和阀门等场合，但磁性形状记忆合金硬而脆，难成型，仅适用于低温场合，不适合于高温大应力场合。

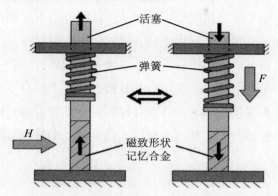

图7.5　应用磁性形状记忆合金的磁致驱动器

　　呈现形状记忆效应的合金，其基本合金系有10种以上，而目前得到实际应用的形状记忆合金主要有钛镍系、铜系与铁系（或不锈钢系）三大类（见图7.6）。

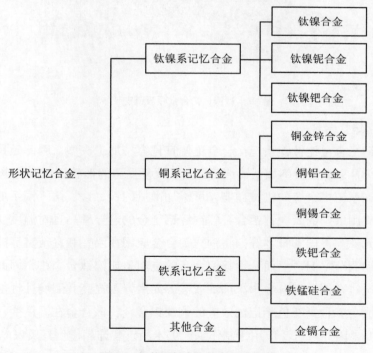

图7.6　形状记忆合金按合金系分类

1.钛镍系形状记忆合金

　　钛镍合金是目前形状记忆合金中研究最为全面且性能最好的合金材料，其强度高、塑性大、耐蚀性好、稳定性好，具有优异的生物相容性，在医学上的应用是其他形状记忆合金所不能替代的。

　　这类合金的形状记忆行为有单向和双向两种，其呈现记忆行为的温度范围可借助合金的改良而增大或缩小。近年来，许多国家正致力于开发一系列改良型钛镍合金，通过添加其他元素进一步改善其性能，并降低其成本。如添加铜或钒、铝、铬、锆和微量钙可大大改善其韧性、加工性和切削性；又如，在钛镍合金中添加铜和稀土元素，以及硼、硅、磷、硫等元素，可获得恢复特性显著提高的形状记忆合金。日本住友电气工业公司在钛镍合金中添加铜（或铝、锆、钒、钴、铁）元素后，经表面处理后拉丝，即可制得色彩漂亮的形状记忆合金丝，以满足对其装饰性的要求。日本坎托克公司研制的一种钛镍合金丝直径只有头发丝的一半，具有良好的复合性和可编织性；同时，这种合金富有弹性，对热又十分敏感，因此在汽车阀门、热水器、水量调节阀、小型电热调节器等方面得到广泛应用。

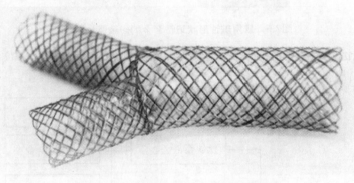

图7.7　钛镍记忆合金呼吸道支架

2.铜系形状记忆合金

铜系形状记忆合金比钛镍系记忆合金更便宜且容易加工成型，因此颇具发展潜力，但铜系形状记忆合金的强度不如钛镍记忆合金，反复受热的形状记忆能力也衰减较快。

为了提高铜系记忆合金的机械性能，可添加微量的钛、锰、锆。铜系形状记忆合金中性能最好、应用最广的是铜锌铝合金。铜锌铝合金的热导率高且对温度变化敏感，可用于制作热敏元件。美国和日本等国将铜锌铝合金应用在温室和育苗室等的天窗自控开闭器上，以自动调节室温。然而，铜锌铝合金的电阻率比镍钛合金小，因此不宜用于通电升温场合。通过在铜锌铝合金中添加铁或硅等元素，可提高其耐腐蚀性能。日本东京一家公司开发成功一种具有色彩记忆效应的铜镍铝合金，该合金在温度变化时会产生红色、金黄色转变，因此可广泛应用于制作工艺美术品、装饰品、玩具及家电用品等。

在铜系高温形状记忆合金方面也有进展，研制出的具有高强度、高塑性，同时又有较好单向形状记忆效应的Cu–Al–Mn–Zn–Zr合金的A_s点达到300℃。Zr的加入使合金的组织得到细化，提高了强度和塑性。合金的强度达250 MPa以上，延伸率达7%以上。

表7.1列出了呈现完全记忆效应的铜系形状记忆合金的种类和它们的物理性能。在这些合金中作为实用材料正在研制的有Cu–Al基三元合金和Cu–Zn基三元合金。为了制造细晶材料，研制添加第四种成分的合金，其基本特性和三元合金基本相同。

表7.1　呈现完全形状记忆效应的铜系形状记忆合金的种类和性能

合　金	成　分	$M_s/℃$	温度滞后/℃	弹性各向异性因子	母相的晶体结构
Cu–Al–Ni	w（Al）=14%～14.5% w（Ni）=31%～4.5%	−140～100	约35	约13	DO3
Cu–Al–Be	w（Al）=9%～12% w（Be）=0.6%～1.0%	−30～40	约6	—	—
Cu–Au–Zn	x（Au）=23%～28% x（Zn）=45%～47%	−190～40	约6	约19	Hwusler
Cu–Sn	x（Sn）=15%	−120～30	—	约8	DO3
Cu–Zn	w（Zn）=38.5%～41.5%	−180～−10	约10	约9	B2
Cu–Zn–X （X=Si，Sn，Al）	x（X）=n%	−180～100	约10	约15	B2
Cu–Zn–Y （Y=Ga，Al）	x（Y）=n%	−180～100	约10	约15	DO3

3.铁系形状记忆合金

钛镍系合金虽然有优良的形状记忆效应，但价格较贵，加工困难；铜系合金价格低，但性能却不稳定。因此，铁系合金以其价格低廉、强度高、加工方便等特点引起工业界的重视。已经开发的铁系形状记忆合金有铁锰合金、铁铂合金以及不锈钢系形状记忆合金等。通过在铁锰合金中添加硅，可获得具有良好形状记忆效应的铁锰硅合金。从实用的角度来说，Fe–Mn–Si基形状记忆合金最具有应用前景。

一般情况下，Fe–Mn–Si基记忆合金的最大回复应变量为2%，超过此应变量将会产生不可回复的应变。显然，低的回复应变量是制约铁系记忆合金工程应用的难点之一，为提高材料的回复应变量，热机械处理或训练（使材料经历一定变形，在高于A_f温度加热后再冷却到M_s以上，如此反复多次）工艺的研究目前受到关注。它可以显著降低诱发马氏体相变的应力，抑制滑移变形，提高回复应变量。天津大学研制开发的Fe–Mn–Si基形状记忆合金经多次训练后，记忆并未衰减，反而在一定的训练次数内，有上升的趋势，然后逐渐趋于稳定。

另外，Fe–Mn–Si基合金的强度高，但耐腐蚀性较差。在这种合金中添加铬，可大大提高耐腐蚀性。铁系形状记忆合金目前已在制作管接头、铆钉之类连接件以及夹具等方面获得广泛应用，不仅便于人们安装和操作，而且安全可靠，是很有发展前途的功能材料。

日本新开发的不锈钢系形状记忆合金，不仅形状恢复特性和耐蚀性优异，而且具有很好的切削加工性和耐高温氧化性。它除了含有铬、锰、硅和铁主要成分外，还含有一定量的镍或钴、铜、氮等元素。这种不锈钢系形状记忆合金可以采用传统的炼钢炉熔炼，并且可以利用普通方法制成成品，应用范围很广。铁系形状记忆合金的组分和结构性能见表7.2。

表7.2 铁系形状记忆合金的组分和结构性能

合　金	组　分	结构变化	温度滞后	有序化	马氏体形貌	相变特征	形状记忆回复率/（%）	M_s/K[③]
Fe–Pt	25%Pt[①]	LI2–有序 BCT	小	有序	薄片	热弹性	40～80	280
Fe–Pd	30%Pd[①]	FCC–FCT	小	有序	薄片	热弹性	40～80	180～300
Fe–Ni–Co–Ti	Fe–33Ni–10Co–4Ti[②]	FCC–BCT	小	有序	薄片	热弹性	80～100	–150
Fe–Ni–C	Fe–31Ni–0.4C[②]	FCC–BCT	大	无序	薄片	非热弹性	50～85	77～150
Fe–Mn–Si	Fe–30Mn–5Si[②]	FCC–HCP	大	无序	薄片	非热弹性	30～100	200～390
Fe–Cr–Ni–Mn–Si–Co	Fe–8Mn–6Si–5Cr[②]	FCC–HCP	大	无序	薄片	非热弹性	100	300
Fe–Mn–Si–Cr	Fe–28Mn–6Si–5Cr[②]	FCC–HCP	大	无序	薄片	非热弹性	100	300

注：①原子分数；②质量分数；③K为开尔文温度。

7.1.3 形状记忆原理

在有些材料中，即使是同一材料组成的晶体中，也可能存在不同的晶体结构，这种现象称为同素异构。金刚石和石墨就是碳的同素异构体。

铁也有两种不同的基本晶体结构，即体心立方铁和面心立方铁。这种由相同的原子组成的不同的晶体结构，在材料学中又称为不同的"相"。体心立方铁和面心立方铁属不同的"相"，前者称为 α–Fe（铁素体），后者称为 γ–Fe（奥氏体）。其中，铁素体在常温下存在，而奥氏体是高温下的存在状态，它们在硬度、密度和塑性变形能力等性质上都不相同。

人们利用同一种成分的材料可以有不同的"相"，就能演出一幕幕"相变戏"，即改变外界条件（如温度）使材料由一种晶体结构变成另一种晶体结构，材料的力学性能和物理或化学性能也就随之改变，当温度恢复时材料的晶体结构也恢复到原来的状态，性质也随之复原。形状记忆合金就是利用一些材料的晶体结构的相互转变来使其具有形状记忆功能的。

1.形状记忆合金的相变机制

形状记忆合金之所以具有变形恢复能力，是因为变形过程中材料内部发生热弹性马氏体相变，其特点是热滞后小。马氏体数量减少或增加是通过马氏体片缩小或长大来完成的。母相与马氏体相界面可逆向光滑移动，逆转变完成后，得到方位上和以前完全相同的母相。形状记忆合金中相和晶体结构如图7.8所示。通常情况下，形状记忆合金存在两种不同晶体结构形态：在高温下为奥氏体相（Austenite），是一种高对称的立方体结构；在低温下为马氏体相（Martensitic），是一种低对称的单斜晶体结构。马氏体相的单晶结构由24种不同的马氏体变体构成，根据这些变体在马氏体相中的取向不同，马氏体相又被分为孪晶马氏体（twinned Martensitic）和非孪晶马氏体（detwinned Martensitic）两种形态，具有粗细孪晶NbRu的典型组织如图7.9所示。形状记忆合金表现的变形特性的机理便是基于马氏体和奥氏体相这两种晶体结构之间的可逆相变。

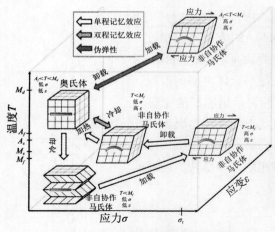

图7.8 形状记忆合金中相和晶体结构

图7.9 具有粗细孪晶NbRu的典型组织

形状记忆合金具有4种重要的相变温度，分别为马氏体相变（即奥氏体相向马氏体相方向转化）开始温度M_s和结束温度M_f、奥氏体相变（即马氏体相向奥氏体相方向转化）开始温度A_s和结束温度A_f。当冷却时，奥氏体相会向马氏体相转化，发生马氏体相变，并形成多个马氏体变体，这些变体通过自协作的方式，以孪晶马氏体相存在，相变开始于温度M_s，并在温度M_f结束；同样在升温过程中，马氏体相将会沿着原来的途径逆向转化为奥氏体相，相变开始于温度A_s，并在温度A_f结束。

由于马氏体晶体结构的低对称性，形状记忆合金在马氏体相变的过程中，会形成24种不同位相的马氏体变体。这些变体在没有外力作用的情况下，总应变能将始终趋近于零，并以自协作的方式存在，这种现象叫作马氏体相变的自适应现象，Ti–48.2Ni–1.5Fe合金中自适应现象的光镜组织如图7.10所示。由母相中形成马氏体时，产生一定的应变。显然，不同取向的马氏体变体的应变在母相中的方向是不同的。当某一变体在母相中形成时，产生某一方向的应变场，随变体的长大，应变能不断增加，变体的长大越来越困难。为降低应变能，在已形成的变体周围会形成新的变体，新变体的应变方向与已形成的变体的应变场互相抵消或部分抵消。

图7.10 Ti–48.2Ni–1.5Fe合金中自适应现象的光镜组织

当受到外力的作用时，马氏体相变自适应中相互抵消的变形量便被提供出来，外力迫使马氏体变体脱离孪晶状态并沿着外力的方向形成择优取向，并以非孪晶马氏体相的形式存在，在宏观上表现为产生明显的形变。图7.11中，A与C、B与D互为孪晶，当其变形时，假设应力方向与A的应变方向相近，这时 D、C 就会以孪生方式向A转变，并以界面的移动合并B。最后变体可变成一个方位的单晶马氏体，这就是马氏体再取向过程，当大部分或全部马氏体都采取一个取向时，便显示出明显的变形。

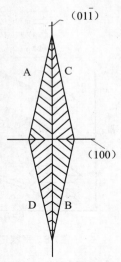

在外力卸载后，非孪晶马氏体处于稳定状态。加热至奥氏体相变结束温度以上时，不同位相的马氏体变体只是形成一种奥氏体相的最初相位，马氏体完全恢复到原来奥氏体相的晶体结构，宏观的变形随之消失。

图7.11　马氏体片群

2.形状记忆合金应力－温度相图

形状记忆合金的相变特性除了与温度有关，还与应力密切相关。在对形状记忆合金进行研究的过程中，需要同时考虑应力和温度对相变的影响，绘制应力–温度相图是对形状记忆合金相变变形过程进行研究的一种行之有效的方法。图7.12为典型的NiTi形状记忆合金的应力–温度相图。

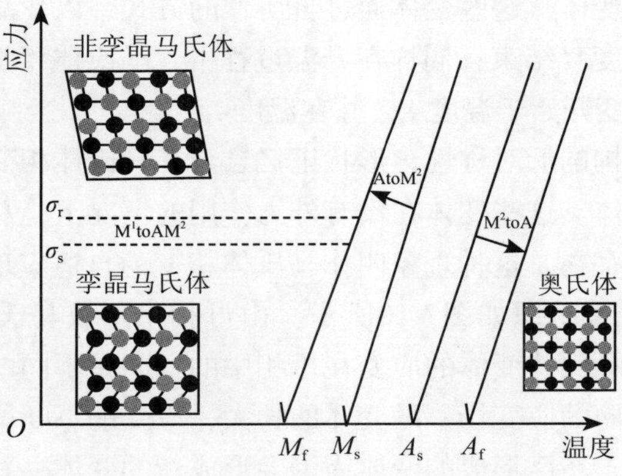

图7.12　形状记忆合金温度–应力相位图

从图中可以看出，形状记忆合金所处相变过程是由其所处的应力和温度状态共同决定的。该图同时包括了奥氏体相和马氏体相以及相变的区域，可准确描述出形状记忆合金在不同的初始状态和加载条件下发生的相变过程，在形状记忆合金的应用研究中具有重要的作用。

7.2　形状记忆合金发展现状

7.2.1　形状记忆合金国内外发展状况

形状记忆合金是20世纪70年代才发展起来的新兴功能材料，它最著名的特性是具有形状记忆效应。早在1932年，美国的学者A. Olander在研究AuCd合金冷却时，发现其晶格上有奇怪的变化。1938年，美国的Greningerh和Mooradian在Cu–Zn合金中也发现了类似的形状记忆效应，即马氏体随温度的升高和降低而逐渐增大和减少，且有正逆转变的热滞后。1948年，苏联的Kurdjumov对这种行为进行了研究，发表了著名的论文《马氏体相变》，他提出马氏体相变也是形状长大型的相变，预测到凡具有可逆相变的合金中都会出现热弹性马氏体相变。1951年美国的Burkart和Read在研究Ni–Ti合金时也观察到形状记忆效应，但这些都未引起人们的重视。

直到1962年，美国海军军械研究所的Buechler发现了Ni–Ti合金中的形状记忆效应，才开创了"形状记忆"的实用阶段。在20世纪80年代初，科研工作者们终于突破了Ni–Ti合金研究中的难点。从那以后，形状记忆合金开始广泛应用在生产、生活的各个领域。形状记忆合金在应用开发中申请的专利也逾万件，在市场中付诸实际应用的例子已有上百种。同时，智能机构研究的兴起，又将SMA的应用推向更广泛的领域。从SMA的发现至今已有数十年的历史了，发达国家对SMA的研究和应用开发已经比较成熟，同时也比较早地实现了SMA的产业化。

我国从1976年以后才开始SMA的研究工作，起步比较晚，但起点较高。在材料冶金学方面，特别是实用形状记忆合金的炼制水平，早已得到国际学术界的公认，在应用开发上也有独到的成果；但由于研究条件的限制，在形状记忆合金的基础理论和材料科学方面的研究，距国际先进水平尚有一定的差距。近年来，形状记忆合金随着我国科学技术的迅速发展而逐渐崭露头角。我国"十三五"规划纲要中提出中国计划实施100个重大工程及项目，其中形状记忆合金赫然在列。

7.2.2 形状记忆合金的发展趋势及存在问题

记忆合金作为一种随着科学技术的不断发展应运而生的新型材料，具有超强的智能性和性能优越性，有着可以制作高性能、高度自动化，以及耐磨、可形变的各种可靠元器件的绝佳优势。科技水平的不断提升，使得各行各业对智能材料的需求量也不断增长，因此形状记忆合金有着广阔的发展前景。然而，在SMA的研究和应用中，目前尚存在许多有待解决的问题，例如：

（1）由于SMA的各种功能均依赖于马氏体相变，需要不断对其加热、冷却及加载、卸载，且材料变化具有迟滞性，因此SMA只适用于低频（10 Hz以下）窄带振动中，这大大限制了材料的应用；

（2）SMA自身存在损伤和裂纹等缺陷，如何克服这些缺陷、改善材料性能是当前亟待解决的问题；

（3）现有的SMA机构模型在实际工程应用中都还存在一些缺陷，如何克服这些缺点，从而精确地模拟出SMA的材料行为也是一个需要研究的重要课题；

（4）在医学应用方面，还需继续研究SMA的生物相容性和细胞毒性；

（5）SMA作为一种新型功能材料，其加工和制备工艺较难控制，此外材料成本也相当高昂；

（6）为了提高应用水平，SMA元器件还需要进一步微型化，提高反应速度和控制精度，在这方面仍有许多工作要做。

SMA今后的研究发展方向和趋势可归纳为以下几方面：充分发掘、改进和完善现有SMA的性能；研究、开发新的具有形状记忆效应的合金材料；研究与应用SMA薄膜；研究与开发SMA智能复合材料；开发高温SMA。

图7.13所示为2011—2017年我国形状记忆合金行业投资规模，可见其呈上升态势。2011年仅为12.7亿元，至2017年已达到35.76亿元。7年间涨幅超过1.8倍。图7.14所示为2018—2024年我国形状记忆合金平均价格走势及预测，预计未来几年内我国形状记忆合金价格会持续上涨，2024年将达到60.8×10^4元/t。这也表明形状记忆合金前景可期。

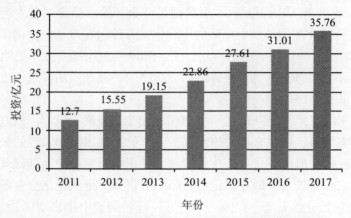

图7.13　2011—2017年我国形状记忆合金行业投资规模走势

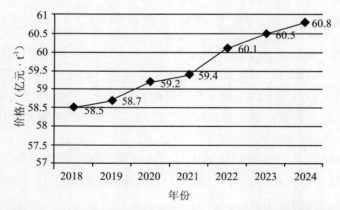

图7.14　2018-2024年中国形状记忆合金行业平均价格走势及预测

近年来，国内外对于形状记忆合金的研究均有所进展。日本东北大学研究人员选用镁合金，在-150℃下产生了4.4%的变形量，经加热后能恢复形状。这种镁合金含轻量级钪，其密度大约是2 g/cm³。为了与现有的镁基形状记忆合金进行比较，研究人员选择了可行的TiNi基、β–Ti基、Cu基、Fe基、Ni基和Co基多晶形状记忆合金（见图7.15）。图中列出了这些合金的合金成分、最大超弹性应变和密度。结果表明，β–Mg–Sc合金是一种低温超弹性合金，表现出大的超弹性和可恢复应变，可恢复应变能到达4.4%。目前β–Mg–Sc超弹性合金的超弹性应变能与β–Ti基形状记忆合金材料相媲美。这种合金可作为轻量级的形状记忆合金材料发展的基础。该项成果为轻量级功能材料的研究提供了新的视角。轻量级Mg–Sc 形状记忆合金材料对于航空航天应用影响巨大，它能使航空航天组件显著减重，从而很大程度提升火箭和宇宙飞船的燃料效率。

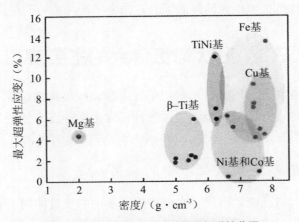

图7.15　不同形状记忆合金及其超弹性范围

　　西安交通大学材料学院微纳中心研究发现，纳米氦泡能激发亚微米形状记忆合金的超弹性。如图7.16所示，研究中纳米氦泡的引入有两重作用：纳米氦泡能阻碍剪切局部化，从而抑制塑性失稳；纳米氦泡能促进马氏体在亚微米样品中的形核，同时纳米氦泡的空腔结构能降低马氏体扩展需克服的表面能。随后的实验证实，在500 nm的镍铁稼形状记忆合金样品中，通过"种植"大量的纳米尺度氦泡，确实能激发其超弹性行为。

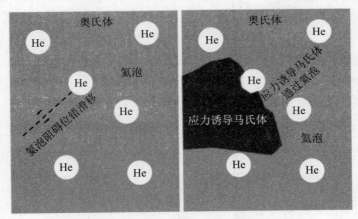

图7.16　纳米氦泡对变形行为的影响

　　在小应变下，亚微米含氦泡镍铁稼样品能实现完全的超弹性；在大应变下，其展现出了稳定的应力–应变响应，在卸载过程中形成了至少2%的弹性回复。以上研究表明，通过合理"种植"纳米氦泡的办法能极大地改善和调控亚微米尺度形状记忆合金的超弹性性能。该发现可能对形状记忆合金在微纳器件领域的应用产生重要影响。

　　形状记忆合金作为一类智能材料，在微电子器件领域有着广阔的应用前景。形状记忆合金的超弹性和形状记忆效应是由其高温奥氏体相和低温马氏体相在温度和应力的驱动下发生可逆相转变来实现的。然而，近期研究表明，形状记忆合金的超弹性行为具有强烈的尺寸效应。随着形状记忆合金样品尺寸的减小，其发生马氏体相变的应力逐渐提高，直至发生不可逆的塑性变形，导致超弹性性能消失。因此，形状记忆合金在微米和亚微米尺度下超弹性的失效极大地限制了其在微电子器件领域的应用。

7.3　形状记忆合金的主要应用

在理论研究不断深入的同时，形状记忆合金的应用研究也取得了长足的进步，其应用范围涉及机械、电子、宇航、能源、医疗和日常生活等许多领域。其中，美国以航空航天为代表，日本以日用产品为代表，而中国以医疗器械为代表。

7.3.1　SMA在航空航天领域中的应用

形状记忆合金具有高能量密度，在航空航天器中的大量使用不会引起质量的显著增加和空间的过度占用，因而倍受航空航天工业的广泛关注，在航空航天器的一些结构中具有良好的应用前景。图7.17所示为形状记忆合金在飞机上的应用部位。

图7.17　形状记忆合金在飞机上的应用

1.SMA在机翼结构中的应用

传统的固定翼飞行器设计要针对特定的飞行任务，每种任务的飞行器有固定的机翼形状，而对于其他任务的要求则无法满足。变体机翼则综合了不同飞行条件下的翼型，通过飞行过程中翼型的变化改变气动性能来完成不同的任务，从而提高飞行性能和任务执行效率，且在减重、降噪、降低能耗方面具有一定的优势。通常认为变体机翼应具有大功率能量密度的均布驱动力、机械化结构、柔性蒙皮及新的控制系统。在变体机翼发展新形势下，传统的结构材料已无法满足变体机翼的发展需求，而智能材料的优势则得到体现。形状记忆合金作为一种新型智能材料，以其独特的形状记忆效应、超弹性效应，以及大的回复力和回复应变引起了科研工作者的重视。

翼型曲面改变的变体机翼主要是通过改变上下蒙皮的弧高实现机翼曲面的改变。通过翼型曲面的变化可以改变零升迎角、翼型效率及气流分离等，从而提高飞行器的性能。美国德克萨斯大学的Strelec J. K.等提出用SMA丝驱动机翼蒙皮的设计理念，避免复杂的机械机构，简化驱动单元，该机翼结构包括翼梁、肋及蒙皮。其设计过程主要是优化SMA丝在机翼中的分布位置，如图7.18所示。该SMA驱动机构采用直径0.59 mm的TiNiCu合金丝，通过训练获得双程记忆效应，其最大位移量为3.5 mm。对SMA丝的激励方式采用电流加热，而冷却回复则通过空气对流实现，这主要是由于其马氏体相变结束温度（39.3℃）比室温高。

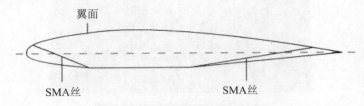

图7.18 SMA丝驱动的变体机翼

图7.19所示为NASA"展向自适应机翼"项目中的变形机翼。智能机翼能实现在飞行中折叠机翼。美国航空航天局和波音公司测试了一架无人机，其机翼可根据飞行需求动态地改变形状和位置。翼尖最多可折叠180°，并能够显著减小飞机质量，使小型飞机达到超声速。

图7.19 NASA"展向自适应机翼"项目中的变形机翼

2.SMA在航空发动机中的应用

形状记忆合金在航空发动机中的应用主要集中在降低民用航空发动机的噪声和实现喷口的变形等方面。在航空发动机齿状喷口结构（见图7.20）上安装形状记忆合金薄片驱动器，在飞机起飞爬升的过程中利用发动机喷出的高速热流对其进行加热，使得形状记忆合金发生相变，恢复到原形状，驱动结构发生变形，使得锯齿结构伸入高速气流中，从而达到降低发动机噪声的目的。当飞机进入巡航的状态时，发动机功率降低，其周围的气流温度下降，形状记忆合金发生逆相变过程，在锯齿状结构本身的约束力作用下又回复到初始状态。基于形状记忆合金的驱动系统被用在调整发动机喷口的变形方面，相比于传统的液压或者马达系统，具有能量密度高、质量轻等优点，同时在变形过程中不再需要滑动元件，从而使机械结构更为简单，提高了系统的可靠性。

图7.20　航空发动机可变性齿状喷口

3.SMA用作紧固件和连接件

美国瑞侃公司首先用Ti-Ni形状记忆合金制造管接头来连接F-14雄猫海军战斗机上的液压系统。这些管接头的内孔直径比连接管道外径小4%左右。将管接头插入液氮溶液中，使它在低温下获得热弹性的马氏体组织，再扩大内孔直径，使其大于连接管道外径的4%。只要接头在其晶体相变温度下保持冷却，它将继续扩张。装配时将管接头从冷却剂中取出，把所要连接的管子插入，由于随温度升高，热弹性马氏体逆转变为母相，接头内孔自然收缩回复到原来的尺寸，从而把管子紧密而牢固地连在一起。用这方法连接管子所需时间短，无渗漏，可以避免由焊接造成的微裂纹，也可以取消焊接或加工螺纹工序，从而方便装卸且安全可靠。自动撑开的Ni-Ti记忆铆钉如图7.21所示。美国海军已在F-14战斗机上进行35万例这种方式的连接，迄今尚未报道过有失效的事例。

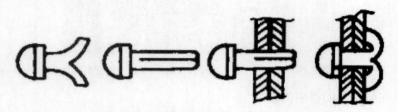

图7.21　自动撑开的Ni-Ti记忆铆钉

4.SMA用作宇宙飞船天线

宇宙飞船登月之后，为了将月球上收集到的各种信息发回地球，必须在月球上架设直径为数米的半月面天线。要把这个庞然大物直接放入宇宙飞船的船舱中几乎是不可能的，但利用形状记忆合金则能使其成为可能。

早在20世纪90年代，美国航空航天局（NASA）就将Ti-Ni形状记忆合金制作的人造卫星天线压缩后放置在卫星内，经太阳辐射升温后，天线即可自动还原到原来的形状。具体方案是：先用镍钛合金在高温下制成半球形的月面天线（这种合金非常强硬，刚度很好），再让天线冷却到28℃以下，这时合金内部发生了结晶构造转变，变得非常柔软，所以很容易把天线折叠成小球似的一团，放进宇宙飞船的船舱里；到达月球后，宇航员把变软的天线放在月面上，借助于阳光照射或其他热源的加热使环境温度超过奥氏体相变温度，这时天线犹如一把折叠伞那样自动张开，成为原先定形的抛物状天线，迅速投入正常的工作。图7.22所示是折叠式卫星天线。

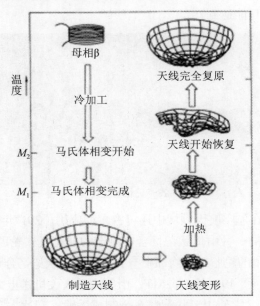

图7.22 折叠式卫星天线

5.SMA用作温控百叶窗

温控百叶窗与我们生活中常用来遮挡阳光的百叶窗不同。由天津冶金材料研究所和某工业部科研人员共同开发研制的温控百叶窗是由镍钛记忆合金元件驱动的智能百叶窗。它不用人们去触动开关，而是依靠环境自然温度的变化来启动。只要温度降到3℃，它的叶片就会自动转动90°，从而关闭百叶窗。而环境气温上升到16℃时，叶片向相反的方向转动，从而打开百叶窗。

在宇宙飞船中有许多高级精密仪器，为了保证它们的工作性能，温度必须得到有效的控制。百叶窗是各种宇宙飞行器中有效的温度控制手段。传统百叶窗开关的驱动元件有很多种，可以用双金属的热敏元件，也可以用充满氟利昂制冷剂的波纹管或热管。在形状记忆合金出现之前，人造卫星上各种形式的温控百叶窗大多是用双金属热敏元件来驱动的，但其较为笨重，效率低。形状记忆合金的出现使这个问题得到较好的解决。这种新型合金的形状记忆功能，以及它在变形后回复原来形状时产生的强大回复力，使它在各个领域的应用得到迅速发展。

形状记忆合金取代双金属元件，用作宇宙飞行器温控百叶窗的驱动装置，主要具有以下优点。

（1）动作灵敏。用形状记忆合金制作的驱动元件，能随温度变化相应地转动一定角度。它对温度的反应更加灵敏、更加可靠，并具有良好的尺寸稳定性。

（2）质量轻，体积小。一个形状记忆合金元件的质量大概只有双金属元件的1/7，可以节省85%左右的能源。此外，它的外径尺寸只有双金属元件的72.5%，如果按长度相同来计算，它在宇宙飞行器中所占的空间大概可以节省1/4。记忆合金弹簧如图7.23所示。

（3）驱动力大。它在形状变化过程中产生的回复力，远远大于双金属元件产生的驱动力。因此，用形状记忆合金元件驱动的百叶窗，全开时叶片的角度可以达到90°，而用传统的双金属元件只能达到70°。

图7.23　记忆合金弹簧

此外形状记忆合金在航空航天领域中还可有多种应用。2017年12月，NASA发布了其与固特异公司共同开发的一种由形状记忆合金制造的非充气式轮胎。图7.24（a）所示为可应用在火星探测任务中的轮胎，其内部中空，表面由形状记忆合金制成，能很好地适应火星表面凹凸起伏的地面。1990年4月25日，由美国航天飞机送上太空轨道的"哈勃"望远镜［见图7.24（b）］。它使用形状记忆合金制成手臂，到达太空后，太阳的温度将形状记忆臂加热到临界温度以上，使它们恢复到原来的形状，自动释放太阳能电池板。

此外，形状记忆合金有望用于宇航服。传统宇航服较为笨重，不易穿戴，而采用形状记忆合金的宇航服［见图7.24（c）］更为轻便且贴合人体。其中采用了形状记忆合金线圈，它本质上是加热时能够返回到原来未伸缩时形状的弹簧。使用这些串联在袖口的形状记忆合金线圈而产生的压力，要与维持人类在太空中所需的压力相匹配。由形状记忆合金制成的宇航服的另一个独特的性质是：当它加热时，会压紧在宇航员身体周围，当冷却它时，将使其伸展，让宇航员出来。

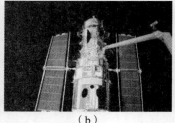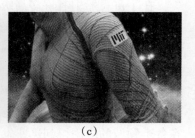

（a）　　　　　　（b）　　　　　　（c）

图7.24　形状记忆合金在航空航天领域的应用

（a）非充气式轮胎；（b）"哈勃"望远镜；（c）添加形状记忆合金线圈的宇航服

6.SMA用作智能机械手

形状记忆元件具有感温和驱动双重功能，因此可制作用于航天空间探索的智能机械手。手指和手腕靠NiTi合金螺旋弹簧的伸缩实现开闭和弯曲动作，肘和肩靠直线状NiTi合金丝的伸缩实现弯曲动作。各个形状记忆合金元件都由直接通上的脉宽可调电流加以控制。这种机械手的最大特点是小型化，非常适于航天的无人操作活动。其另一个重要特征是动作柔软，非常接近人手的动作，可完成许多细腻的工作，如取出鸡蛋等。图7.25所示为智能机械手。

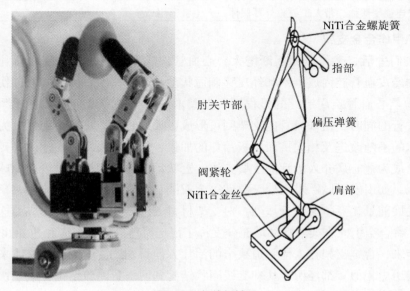

图7.25　智能机械手

7.3.2　在生物医疗领域的应用

我国是一个具有14亿人口的发展中大国，经济底子薄，医疗保健服务人口基数大。利用现代高科技加速生物医学材料制品的开发，尤其是对现有的人体医学材料进行优化处理，解除千百万患者的痛苦，降低医疗费用负担，无疑是非常有意义的工作，也是现代社会发展的要求。

医用形状记忆合金的研究始于20世纪70年代。目前临床上应用最为广泛的形状记忆合金主要是镍钛形状记忆合金。NiTi合金应用于医学领域大部分是作为异物器械植入人体。此种形状记忆合金的形状恢复温度为36℃±2℃，与人体温度十分接近。作为植入体的器件要具备两种性能：生物相容性和生物功能性。NiTi形状记忆合金作为一种生物医用材料，不但具有优良的生物相容性、耐蚀耐磨性、高抗疲劳性，以及与人体骨头相近的弹性模量，同时还具有奇特的形状记忆特性和相变伪弹性。因此，NiTi形状记忆合金是医学领域一种理想的生物医用材料，目前已经广泛地应用在口腔科、骨科、神经外科、心血管科、胸外科、肝胆科、泌尿外科及妇科等领域（见表7.3）。随着介入医学的发展，NiTi形状记忆合金所涉及的医学领域将更加广泛，具有更为广阔的应用前景。

表7.3　NiTi合金的医学应用

应用领域	举例
整形外科	脊椎侧弯症矫形器械、人工颈椎椎间关节、加压骑缝钉、人工关节、髌骨整复器、颅骨板、颅骨铆钉、接骨板、髓内钉、髓内鞘、接骨超弹性丝、关节接头等
口腔科	齿列矫正用唇弓丝、齿冠、托环、牙髓针、凿根固定器、颌骨固定、齿根种植体、正畸用拉簧和推簧等
心血管	血栓过滤器、血管扩张支架、血管成型架、封堵架、脑动脉瘤夹、血管栓塞器、人工心脏等
其他方面	前列腺扩张固定支架、气管支架、食道支架、尿道支架、节育环、结扎装置、听小骨连锁用假体、带人工鼓膜外耳假体、人工脏器用微泵等

1.SMA用作合金支架

随着人们生活、工作压力逐渐增大，心血管疾病发病率及死亡率逐渐升高，相应发展起来的经皮血管腔内成型术和经皮穿刺冠状动脉内成型术，因对病人创伤小、费用低，被认为是心血管疾病治疗的里程碑，但其术后的再狭窄发生率极高，严重影响疗效。若在进行的同时，植入血管内支架则可形成更大的管径，再狭窄率也大为下降。随着支架技术的不断改进及相关抗血小板治疗的加强，支架植入术的治疗优势日益显现出来，目前已成为冠心病介入治疗的主要方法。冠状动脉内支架植入术可避免球囊扩张术应用的缺点，如引发冠脉严重夹层、急性完全或濒临完全血管闭塞、高再狭窄率等。此领域极具发展前景，竞争又十分激烈，对支架材料的选择和结构设计都成为这一领域的竞争焦点。将合金引入支架治疗领域充分发挥了记忆材料的记忆效应和超弹性性能。

近十年来，合金支架在人体腔道狭窄的治疗方面得到广泛的应用。总体来说，各种支架的发展历史相似，都经历了从螺旋线圈状结构到网络状编织结构、激光切割管状结构，从裸支架到聚合物涂覆或聚合物覆膜，从形状记忆效应型到超弹性自膨胀型，从长期植入到短期植入并能回收等众多方面的改进。

较早期的支架产品为螺旋线圈状结构，由合金圆丝、扁丝或细长薄片绕制而成，属形状记忆型热膨胀支架。其相变温度A_f在30~38℃，高温定型成所需的直径后，在低温（0℃）压缩成收缩状态，附于球囊上外加保护鞘，把它输入目标血管内，感受血液温度即发生形状恢复，撤销保护鞘起到对狭窄病变区的支撑作用。这类支架的优点在于：容易取出，适合暂时性植入；且密绕式结构能防止肿瘤向内生长造成再狭窄。缺点是螺旋线圈无法绕得太细，导致其输入装置的口径较大，回复时径向收缩较大，各部分形状恢复不同步，易导致线圈闭合不完整，打弯或扭转，且柔顺性较差，操作烦琐等。

随后发展起来的支架产品为合金丝编织网格状支架，多为单丝编织而成，属自膨胀型。与合金螺旋线圈支架相比，编织网格支架富有弹性和柔顺性，易通过狭窄段，能制造大管径尺寸，并保证足够的支撑强度，植入时支撑物口径变小，系统操作简单，扩张率高。缺点是植入后无法阻止肿瘤生长，造成腔道再狭窄、变形不均匀等。目前新型的合金血管内支架多为激光雕刻管状支架（见图7.26）。这类支架的支撑筋之间是一体的，与腔道管壁之间的接触是面接触，能够提供较高的径向强

扫描二维码，了解形状记忆合金医用支架作用过程

度，且与其他类型支架相比，在提供相同强度的情况下，管状支架的壁厚较薄，有利于病变部位的腔道畅通，还可通过花样设计实现较大的管径尺寸变化，同时轴向尺寸不发生缩小。缺点是需要专用的激光雕刻机，加工时需要专业的设计软件，技术较复杂，成本较高。

图7.26 激光雕刻管状支架

2.SMA应用于牙科和骨科

NiTi合金在医学领域的应用始于牙科和骨科。传统牙齿矫形用的金属有不锈钢丝和CoCr合金丝，1978年，美国Andreasen等人利用NiTi合金加工硬化后所具有的特性开发了形状记忆合金的超弹性及医学应用研究镍钛诺丝，用来取代不锈钢丝，并获得成功。1982年，中国、日本等国家利用NiTi合金特点，开发出相变超弹性NiTi合金丝，用于齿科以代替传统合金丝，这种材料在口腔正畸中的应用是正畸材料学的重大进展。

钛镍合金丝具有两种与不锈钢不同的特性：一是形状记忆特性，即在经过形状记忆处理后，当达到形状转变温度范围时就恢复到原来制作时所记忆的形状；二是超弹性特性，对其施加一定的外力，使之形成一定的形状，当取消外力时又回到原始状态。如即使对钛镍合金施加10%的变形也不会产生塑性变形；即使产生很大的变形，矫正力的增加也是很小的。因此，不会给牙齿造成损伤，并能保持适当的矫正力。在美国，利用形状记忆合金的超弹性已制成钛镍合金丝唇弓供正畸临床使用，国内亦有研究并应用于临床，取得了较好的效果（见图7.27）。钛镍形状记忆合金与不锈钢丝制作的矫正器相比具有以下优点。

（1）缩短疗程：矫治牙齿扭转、拥挤等疗程缩短50%~60%；

（2）复诊次数减少：由于钛镍丝弹性好，又有记忆特性，因此矫正器不需经常调整，使复诊间隔时间延长1~2倍；

（3）钛镍丝力量柔和、持续，牙齿能在生理范围内以最快速移动，达到矫治目的，对牙周组织无任何不良影响，且无不舒适感。

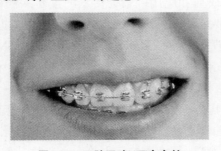

图7.27 口腔正畸NiTi合金丝

此外，由于NiTi合金与生物体具有很好的相容性，可以在人体内做成接骨板，不仅将断骨固定，而且在恢复原形状的过程中产生压缩力，迫使断骨结合在一起，如图7.28所示。这种应用主要是利用NiTi合金的形状记忆效应。植入前，先将植入物放置于消毒冰盐水中，然后取出，按传统处理方法处理骨折部位，处理完毕后用温水热敷植入部位，使NiTi合金接骨板恢复原状，从而对骨折部位起到连续加压固定的作用。

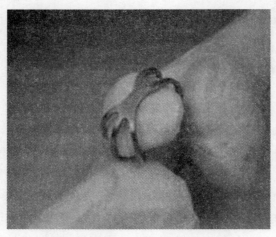

图7.28　SMA用于骨骼固定

3.其他医学应用

（1）药物释放器。研究人员发明了可置入人体内的药物释放器，解决了需长期注射而给病人带来的各种痛苦与麻烦。其中药物释放器上的微型阀是用NiTi 形状记忆合金元件作驱动器的，通过加热或冷却NiTi记忆合金元件控制微型阀的开闭。

（2）毛细管。用NiTi形状记忆合金做成的毛细管非常柔软，易弯曲，能在血管壁的导向作用下深入到人体各部位去，从而可对人体某个特定部位进行注射等治疗。此功能利用了NiTi形状记忆合金超弹性和低弹性模量的特点。

（3）人工脏器用微型泵。需不断注入抗凝剂、中和剂等药物的携带式人工肾脏系统，要求药物注入泵流量极其微小可靠，用NiTi形状记忆合金制成的这种泵不仅结构简单小巧、控制方便，而且非常可靠。

7.3.3　在机械领域的应用

机械工程是有关SMA研究和应用中较为活跃的重要工程领域之一。SMA用于机械结构主被动控制的基础主要是SMA的形状记忆效应、伪弹效应和电阻特性。这些特性使SMA既具有感知、驱动的双重功效，又具有阻尼功能，因而SMA在机械工程中常用作力敏、热敏驱动元件和阻尼元件，且基本都作为体材料（如丝、板、棒等）被使用。

1.SMA在机器人上的应用

形状记忆合金弹簧与其合金丝可装配成小型机器人，控制合金的收缩可操纵机器人手指的张开、闭合以及屈伸等动作。合金元件靠直接通入脉冲变频电流控制机器人的位置、动作及动作速度。因其回复力受控于电流大小，故动作起来很像生物体的肌肉动作。拥有形状记忆合金四肢的机器蝙蝠如图7.29所示，其他机械系列如图7.30所示，机械手如图7.31所示。

图7.29　拥有形状记忆合金四肢的机器蝙蝠

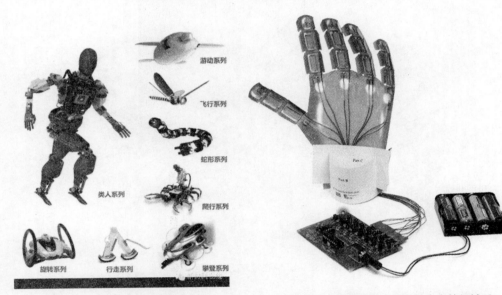

图7.30　应用形状记忆合金的机械系列　　　　图7.31　利用电脉冲的记忆合金的机械手

2.SMA在汽车上的应用

汽车运行的舒适性、稳定性与安全性是评价汽车性能的一项重要指标，是汽车产业竞争的一个极其重要的方面。传统的设计与开发方法在解决这些问题时，往往都会使问题向矛盾的另一方面发展。如通过使用较大阻尼的材料、利用隔声隔振技术，甚至重新进行结构设计来减振降噪，以便提高舒适性，结果往往与汽车轻量化的目标相矛盾。而形状记忆合金的出现，为解决这些问题提供了新的途径。

另外，形状记忆合金具有温度传感器的功能，同时其外形恢复时做功，又有执行元件的功能，因此应用于温度传感器及执行元件上，其自动控制非常灵敏。使用形状记忆合金最多的是制动器。目前，在汽车工业上使用的形状记忆制动器已达一百多种，主要用于控制引擎、传送、悬吊等，以提高安全性、可靠性及舒适性。形状记忆合金在汽车手动传动系统的防噪装置以及发动机燃料气体控制装置上也得到应用。

汽车温控器多利用石蜡的热膨冷缩控制，动作滞后，加工易熔化而利用记忆合金弹簧来实现温控器的开启和闭合，所有的问题就能迎刃而解，非常方便。在汽车制动器上安装由形状记忆合金做成的储能装置，回收能源，用于下一次的加速，有效地降低了油耗，保护环境，减少废气排放和噪声。丰田汽车采用钛镍系形状记忆合金制成散热器面罩活门。根据温度变化，形状记忆合金弹簧压缩或伸长，使得活门关闭或打开。在水冷式发动机上，为避免风扇带来的负面问题，通常都需要配套风扇离合器。由于形状记忆合金具有感温、驱动两种功能，同时又可以从工作环境吸收热能，所以可用其取代离合器中的自动系统。这样使整个系统的结构简化，成本大幅度降低。此外，形状记忆合金还具有非常好的耐腐蚀性能，所以不需要设置保护装置。

SMA在汽车上的应用如图7.32所示。

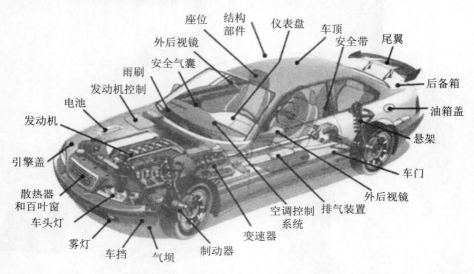

图7.32　SMA在汽车上的应用

7.3.4　在日常生活中的应用

在我国，形状记忆合金的日常生活应用主要集中在眼镜框架、移动电话天线、文胸支架等方面。目前，该方面的用量占我国形状记忆合金丝材销售量的很大比例。与传统的眼镜框架相比，超弹性NiTi合金眼镜框架具有夹持力小、质量轻、耐腐蚀、生物相容性好、保形好等优点。在眼镜框架用丝方面，中国的丝材质量过关，供货及时，价格优惠，制成的超弹性眼镜框架已批量进入国际市场。使用超弹性NiTi合金丝制作移动电话天线是形状记忆合金的另一个重要应用。过去使用不锈钢天线，常常由于弯曲出现损坏问题。使用NiTi合金丝制作的移动电话天线具有高抗破坏性，受到人们的普遍欢迎。

目前制作文胸支架的形状记忆合金有两种，一种是NiTi记忆合金，另一种是铜基记忆合金。相比较而言，尽管铜基合金价格低，但由于NiTi合金的记忆效应和超弹性优异，且近年来成本大幅度降低，用NiTi合金来制作文胸支架成为主流。

1.眼镜框架

在眼镜框架的鼻梁和耳部装配NiTi合金可使人感到舒适并抗磨损，由于NiTi合金所具有的柔韧性已使它们广泛用于眼镜行业。用NiTi合金丝做眼镜框架，当镜片热膨胀，记忆合金丝靠超弹性的恒定力夹牢镜片。此外，因为记忆合金镜架弹性好，在180°弯曲不变形，遇外力扭转可自动恢复，而且配戴起来服帖感很好，所以在眼镜行业也被广泛使用，例如亿超302记忆合金无框眼镜（见图7.33）。此外，记忆材料可塑性强，轻盈柔软，而且不易损坏，持久耐用，可任意弯曲，不易变形，符合高贵优雅的气质。另外，其可调整性强，能更好地贴合脸型大小，而且无框镜架舒适轻巧，质感突出，所以受到很多人的喜爱。

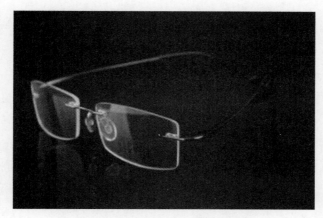

图7.33 亿超302记忆合金无框眼镜

2.防烫伤阀门

家庭生活中，如果淋浴时热水源温度突然升高，可能会发生烫伤事故。利用形状记忆合金的形状记忆效应制作阀门，可用来防止洗涤槽、浴盆和浴室的热水意外烫伤，这些阀门也可用于旅馆和其他适宜的地方。如果水龙头流出的水温达到可能烫伤人的温度（大约48℃）时，形状记忆合金驱动阀门关闭，直到水温降到安全温度，阀门才重新打开。

热水控温阀使用具有双程形状记忆效应的CuZnAl合金，做成螺旋弹簧元件，与阀芯固连，根据具体用途设定动作温度。随着水温的上升和下降，形状记忆合金螺旋弹簧在阀体内作往复运动。在高温相时，弹簧伸长，根据机械结构的不同，可以达到关闭水路、阻止高温水流出的目的，也可以实现打开水路，把高温水送入储存箱。当水温下降时，又可以实现将阀门打开或关闭。

3.移动电话天线和火灾检查阀门

使用超弹性NiTi金属丝做蜂窝状电话天线是形状记忆合金的另一个应用。NiTi形状记忆合金丝移动电话天线具有高抗破坏性，受到人们普遍欢迎。此外，还有NiTi形状记忆合金制作火灾检查阀门，当火灾中局部地方升温时阀门会自动关闭，防止危险气体进入。这种特殊结构设计的优点是，它具有检查阀门的功能，排除异常后又能复位到安全状态。这种火灾检查阀门在半导体制造业中得到使用（在半导体制造的扩散过程中使用了有毒的气体），也可在化学和石油工厂应用。

4.其他生活应用

（1）记忆衣服。用记忆合金丝混合羊毛织成衣服，当人运动后体温上升，衣服就会根据人的体温自动调整，从而使衣服变得宽松、舒适。

（2）记忆车钉。用形状记忆合金制成的钉子安装在汽车外胎上，当气温降低、公路结冰时，钉子会"自动"从外胎里伸出来，起到防止车轮打滑的作用。

（3）记忆照明灯罩。用形状记忆合金制造的城市照明灯有两瓣随着灯的明灭而逐渐张开和闭合的金属叶片。白天路灯熄灭，叶片闭合；傍晚路灯亮起，灯泡发热，从而叶片受热而逐渐张开，使灯泡显露出来。

参 考 文 献

[1] 何东晓. 先进复合材料在航空航天的应用综述[J]. 高科技纤维与应用, 2006, 31（2）：9–11, 19.

[2] 洪桂香. 复合材料产业展望[J]. 化学工业, 2014, 32（12）：7–12.

[3] 肖长发. 纤维复合材料及其应用[J]. 现代化工, 1995（6）：9–13.

[4] 吴艳. 复合材料结构的实用优化设计技术及应用研究[D]. 西安：西北工业大学, 2003.

[5] 宋育. 飞机复合材料无损检测敲击技术的研究和应用[D]. 南京：南京航空航天大学, 2009.

[6] 李桂东. 复合材料构件热压罐成型工装设计关键技术研究[D]. 南京：南京航空航天大学, 2010.

[7] 唐见茂. 航空航天复合材料发展现状及前景[J]. 航天器环境工程, 2013（4）：352–359.

[8] 周国帅. 铁磁形状记忆合金Ni51Mn27Ga22和Ni45Co5Mn36.6In13.4及其复合材料组织和性能的研究[D]. 沈阳：东北大学, 2009.

[9] 蔡浩鹏, 王俊鹏, 赵锡鑫, 等. 复合材料缠绕管弯曲载荷下的力学性能[J]. 玻璃钢/复合材料, 2013（8）：31–34.

[10] 王天成, 葛云浩, 沃西源. 先进复合材料成型工艺过程中的质量控制[J]. 航天制造技术, 2011（1）：42–45.

[11] 葛瑞钧. 波纹型柔性蒙皮基体基本特性研究及其驱动初探[D]. 南京：南京航空航天大学, 2009.

[12] 益小苏, 张明, 安学峰, 等. 先进航空树脂基复合材料研究与应用进展[J]. 工程塑料应用, 2009, 37（10）：72–76.

[13] 沈军, 谢怀勤. 先进复合材料在航空航天领域的研发与应用[J]. 材料科学与工艺, 2008, 16（5）：737–740.

[14] M'SAOUBI R, AXINTE D, SOO S L, et al. High performance cutting of advanced aerospace alloys and composite materials[J]. CIRP Annals–Manufacturing Technology, 2015, 64（2）：557–580.

[15] 赵稼祥. 民用航空和先进复合材料[J]. 高科技纤维与应用, 2007, 32（2）：6–10.

[16] 杜善义. 先进复合材料与航空航天[J]. 复合材料学报, 2007, 24（1）：1–12.

[17] 汪萍. 复合材料在大型民用飞机中的应用[J]. 材料与结构, 2008（3）：11–15.

[18] 李涛, 陈蔚, 成理, 等. 碳纤维复合材料低成本多用途发展展望[J]. 科技资讯, 2009 （22）: 68–69.

[19] 严小雄, 王金龙, 李小兰. 改性聚酰亚胺树脂基复合材料的研究[J]. 纤维复合材料, 2003（4）: 6–7.

[20] 陈祥宝, 张宝艳, 李斌太. 低温固化高性能复合材料技术[J]. 材料工程, 2011, 32（1）: 1–6.

[21] 肖军, 李勇, 文立伟, 等. 树脂基复合材料自动铺放技术进展[J]. 中国材料进展, 2009, 28（6）: 28–32.

[22] 还大军. 复合材料自动铺放CAD/CAM关键技术研究[D]. 南京: 南京航空航天大学, 2010.

[23] 淡蓝, 七丁. 复合材料低成本制造技术调查报告[J]. 航空制造技术, 2009, 14（15）: 75–77.

[24] 杜影. 乙炔封端聚酰亚胺树脂及其碳纤维增强复合材料的研究[D]. 长春: 吉林大学, 2009.

[25] 周宇. 含苯并咪唑基团的聚酰亚胺树脂及其碳纤维复合材料的研究[D]. 长春: 吉林大学, 2014.

[26] 项红. 谈变形铝及铝合金三项国家标准[J]. 杭氧科技, 2004（2）: 38–43.

[27] 范顺科, 张宪铭. 变形铝及铝合金三化的研究[J]. 冶金标准化与质量, 1999（5）: 46–49.

[28] 刘兵, 彭超群, 王日初, 等. 大飞机用铝合金的研究现状及展望[J]. 中国有色金属学报, 2010, 20（9）: 1705–1715.

[29] LIU J, KOLAK M. A new paradigm in the design of Al alloys aerospace application [J]. Mater. Sci. Forum., 2000, 331: 127 –140.

[30] 陈亚莉. 铝合金在航空领域中的应用[J]. 有色金属加工, 2006, 32（2）: 11–14.

[31] 曹景竹, 王祝堂. 铝合金在航空航天器中的应用（2）[J]. 轻合金加工技术, 2013, 41（3）: 1–12.

[32] 黄兰萍, 郑子樵, 李世晨, 等. 铝锂合金的研究与应用[J]. 材料导报, 2002, 16（5）: 20–22.

[33] ZHANG Y H, YIN Z M, ZHANG J. Recrystal lization of Al2Mg2Sc2Zr alloys[J]. Rare Metal Materials and Engineering, 2002, 31（3）: 167–170.

[34] WATERLOO G, HANSEN V, GJONNES J. Effect of predeformation and presaging at room temperature in Al–Zn–Mg–（Cu, Zr）alloys [J]. Materials Science and Engineering A, 2001, 303: 226–229.

[35] SENATOROVA O G, FRINDLYANDER I N. Influence of machining on residual stresses and properties of super high strength B96u thin elements [J]. Mater. Sci. Forum., 2002, 396: 1597–1601.

[36] 刘静安. 研制超高强铝合金材料的新技术及其发展趋势[J]. 铝加工, 2004, 27（1）: 9–13, 19.

[37] 黄光杰, 汪凌云. 铝锂合金的发展、应用和展望[J]. 材料导报, 1997, 11（2）: 21–24.

[38] 高洪林, 吴国元. 铝锂合金的研究进展[J]. 材料导报, 2007, 21（6）: 87–90.

[39] 沈光霁. Al–Li合金的耐蚀性能与阳极氧化处理研究[D]. 天津: 天津大学, 2010.

[40] 胡铁牛. 热处理工艺对2195铝锂合金低温力学性能影响规律研究[D]. 哈尔滨: 哈尔滨工业大学, 2008.

[41] 陈建. 铝锂合金的性能特点及其在飞机中的应用研究[J]. 民用飞机设计与研究, 2010, 14（1）: 39–41.

[42] 曹景竹, 王祝堂. 铝合金在航空航天器中的应用（1）[J]. 轻合金加工技术, 2013, 41（2）: 13–21.

[43] 刘世兴. 变形铝及铝合金牌号、状态新国家标准简介[J]. 材料工程, 1997（10）: 43–47.

[44] 李军. 复合材料在船舶舱口盖中的应用及其多尺度结构研究[D]. 广州: 华南理工大学, 2012.

[45] 李江海, 孙秦. 结构型吸波材料及其结构型式设计研究进展[J]. 机械科学与技术, 2003, 22（z1）: 188–190.

[46] 杨守杰, 戴胜龙. 航空铝合金的发展回顾与展望[J]. 材料导报, 2005, 19（2）: 76–80.

[47] 黄兰萍. 2197铝锂合金组织和性能的研究[D]. 长沙: 中南大学, 2002.

[49] 冯兴国. 钛合金等离子体基离子注入层结构和摩擦学性能研究[D]. 哈尔滨: 哈尔滨工业大学, 2009.

[49] 任蓓蕾. TC4合金等离子体渗Mo与Mo–Cr共渗的腐蚀及高温氧化性能研究[D]. 南京: 南京航空航天大学, 2011.

[50] 李重河, 朱明. 钛合金在飞机上的应用[J]. 稀有金属, 2009, 33（1）: 84–91.

[51] 张高会, 张平则. 钛合金及其表面处理的现状与展望[J]. 世界科技研究与发展, 2003, 25（4）: 62–66.

[52] 黄旭. 航空用钛合金发展概述[J]. 军民两用技术与产品, 2009, 14（5）: 12–17.

[53] BOYER R R. An overview on the use of titanium in aerospace industry [J]. Materials Science and Engineering, 1996, 213（A）: 103–108.

[54] 付艳艳, 宋月清. 航空用钛合金的研究与应用进展[J]. 稀有金属, 2006, 30（6）: 850–856.

[55] 魏东博, 张平则. 钛合金阻燃技术的研究进展[J]. 机械工程材料, 2010, 34（8）: 1–4.

[56] 张平则, 徐重. Ti–Cu表面阻燃钛合金研究[J]. 稀有金属材料与工程, 2005, 34（1）: 162–165.

[57] 张平则. 双层辉光等离子表面合金化阻燃钛合金研究[D]. 太原: 太原理工大学, 2004.

[58] 商国强, 王新南. 紧固件用Ti–45Nb合金丝材的性能评价[J]. 中国有色金属学报, 2010, 20（1）: 70–74.

[59] 韩雅芳, 郑运荣. 航空发动机用高温材料的应用与发展[J]. 世界科技研究与发展, 1998, 20（6）: 672.

[60] 徐强, 张幸红, 韩杰才, 等. 先进高温材料的研究现状和展望[J]. 固体火箭技术, 2002, 25（3）: 51.

[61] 傅恒志. 未来航空发动机材料面临的挑战与发展趋向[J]. 航空材料学报, 1998, 18（4）: 52–61.

[62] 周龙保. 内燃机学[M]. 2版. 北京: 机械工业出版社, 2009.

[63] 邓豪. 内燃机新型功率传输机构的设计与研究[D]. 长沙: 国防科学技术大学, 2008.

[64] 肖苏, 阳勇, 方琳. 航空涡轮喷气发动机整体技术现状及发展趋势简介[J]. 成都航空职业技术学院学报（综合版）, 2011（4）: 37–39.

[65] 季鸣鹤. 纪念航空百年漫话动力变迁（下）之二: 涡轮喷气发动机[J]. 航空知识, 2003（12）: 22–24

[66] 田大山. 涡轮喷气发动机的发明和发展[J]. 自然辩证法通讯, 1988（5）: 58–64.

[67] 单晶叶. 核心机之路: 第四代大推力军用涡轮风扇发动机发展（上）[J]. 航空档案, 2009（8）: 78–87.

[68] 罗安阳, 周辉华, 申余兵. 航空涡轮螺旋桨发动机发展现状与展望[J]. 航空科学技术, 2013（5）: 1–5.

[69] 胡晓煜. 国外大功率航空涡轮轴发动机的发展[J]. 世界直升机信息, 2003（2）: 34–37.

[70] 查理. 涡轮轴发动机技术[J]. 国防科技, 2004（2）: 39–43.

[71] 方昌德. 航空发动机的发展研究[M]. 北京: 航空工业出版社, 2009.

[72] 黄春峰, 唐丽君. 中国大飞机发动机研制任重而道远[J]. 航空制造技术, 2010（14）: 49–52.

[73] 王良. 我国航空发动机制造技术的现状与挑战[J]. 航空制造技术, 2008（25）: 32–47.

[74] 陈炳贻. 航空发动机材料的发展[J]. 航空科学技术, 1998（2）: 13–15.

[75] 李爱兰, 曾燮榕, 曹腊梅, 等. 航空发动机高温材料的研究现状[J]. 材料导报, 2003, 17（2）: 26–28.

[76] 肖宇. 航空发动机高温材料发展趋势[J]. 中国高新技术企业, 2008（14）: 105.

[77] 张玉娣, 周新贵, 张长瑞. Cf/SiC陶瓷基复合材料的发展与应用现状[J]. 材料工程, 2005（4）: 60–63.

[78] 黄旭, 李臻熙, 高帆, 等. 航空发动机用新型高温钛合金研究进展[J]. 航空制造技术, 2014（7）: 70–75.

[79] 朱知寿. 我国航空用钛合金技术研究现状及发展[J]. 航空材料学报, 2014, 34（4）: 44–50.

[80] 毛小南, 赵永庆, 杨冠军. 国外航空发动机用钛合金的发展现状[J]. 稀有金属快报, 2007, 26（5）: 1–7.

[81] 魏寿庸, 何瑜. 俄航空发动机用高温钛合金发展综述[J]. 航空发动机, 2005, 31（1）: 52–57.

[82] 钱九红. 航空航天用新型钛合金的研究发展及应用[J]. 稀有金属, 2000, 24（3）: 218–223.

[83] 李重河, 朱明, 王宁, 等. 钛合金在飞机上的应用[J]. 稀有金属, 2009, 33（1）: 84–91.

[84] 黄张洪, 曲恒磊, 邓超, 等. 航空用钛及钛合金的发展及应用[J]. 材料导报, 2011, 25（1）: 102–107.

[85] ZHU J C, WANG Y, LIU Y, et al. Influence of deformation parameters on microstructure and mechanical properties of TA15 titanium alloy [J]. Transactions of Nonferrous Metals Society of China, 2007, 17（S）: 490–494.

[86] 武宏让. 航空用钛合金[J]. 钛工业进展, 2000, 2（1）: 30–31.

[87] LI J S, LI F H, LEI L, et al. Re–bronzing below beta transoms temperature on TC4 titanium alloy surface [J]. Advanced Materials Research, 2013, 75（3）: 651–654.

[88] 徐媛, 孙坤, 钟卫, 等. α相与β相比例对TC6钛合金力学性能的影响[J]. 云南大学学报（自然科学版）, 2012, 34（3）: 320–323.

[89] ZHOU Y G, ZENG W D, YU H Q. An investigation of a new near–beta forging process for titanium alloys and its application in aviation components [J]. Materials Science and Engineering: A, 2005, 393（1）: 204–212.

[90] 汶建宏, 杨冠军, 葛鹏, 等. β钛合金的研究进展[J]. 钛工业进展, 2008, 25（1）: 33–35.

[91] 宁兴龙. 飞机用钛新数据[J]. 钛工业进展, 2003（6）: 31.

[92] 付艳艳, 宋月清, 惠松骁, 等. β钛合金的强韧化机制分析[J]. 稀有金属, 2009, 33（1）: 92–95.

[93] 谭必恩, 益小苏. 航空发动机用PMR聚酰亚胺树脂基复合材料[J]. 航空材料学报, 2001, 21（1）: 55–62.

[94] 司玉锋, 陈子勇, 孟丽华, 等. Ti3Al基金属间化合物的研究进展[J]. 特种铸造及有色合金, 2003（4）: 33–36.

[95] 张建伟, 李世琼, 梁晓波, 等. Ti3Al和Ti2AlNb基合金的研究与应用[J]. 中国有色金属学报, 2010, 20（1）: 336–341.

[96] 田伟, 钟燕, 梁晓波, 等. Ti–22Al–25Nb合金环形件成型工艺与组织性能关系[J]. 材料热处理学报, 2014, 35（10）: 49–52.

[97] 王会阳, 安云岐, 李承宇, 等. 镍基高温合金材料的研究进展[J]. 材料导报, 2011, 25（18）: 482–486.

[99] 唐中杰, 郭铁明, 付迎, 等. 镍基高温合金材料的研究现状与发展前景[J]. 航空材料, 2014（1）: 36–40.

[99] 李嘉荣, 刘世忠, 史振学, 等. 第三代单晶高温合金DD9[J]. 钢铁研究学报, 2011, 23（2）: 337–340.

[100] 孙晓峰, 金涛, 周亦胄, 等. 镍基单晶高温合金研究进展[J]. 中国材料进展, 2012, 31（12）: 1–3.

[101] ZHANG J, LOU L H. Directional solidification assisted by liquid metal cooling [J]. Journal of Materials Science and Technology, 2007, 23: 289–300.

[102] 张义文, 杨士仲, 李力, 等. 我国粉末高温合金的研究现状[J]. 材料导报, 2002, 16

（5）：1–4.

[103] 张义文, 刘建涛. 粉末高温合金研究进展[J]. 中国材料进展, 2013, 32（1）：1–3.

[104] 郭建亭. 金属间化合物NiAl的研究进展[J]. 中南大学学报（自然科学版）, 2007, 38（6）：1013–1027.

[105] 王敬欣. 镍铝基高温结构材料的研究进展[J]. 稀有金属, 2007, 31（增刊）：83–86.

[106] 袁超, 周兰章, 李谷松, 等. 高性能NiAl共晶合金JJ–3[J]. 金属学报, 2013, 49（3）：1347–1355.

[107] 林万明, 段剑锋, 刘鸿泽, 等. Ni3Al基金属间合金的研究进展[J]. 铸造设备与工艺, 2009（1）：53–56.

[108] 陈金栌, 朱定义, 林登宜. Ni3Al基合金的研究与应用进展[J]. 材料导报, 2006, 20（1）：35–36.

[109] 林均品, 张来启, 宋西平, 等. 轻质γ–TiAl金属间化合物的研究进展[J]. 中国材料进展, 2010, 29（4）：1–7.

[110] 彭超群, 黄伯云, 贺跃辉. TiAl合金设计与成型方法[J]. 粉末冶金技术, 2001, 19（5）：297–302.

[111] 罗国珍. 钛基复合材料的研究与发展[J]. 稀有金属材料与工程, 1997, 26（2）：1–7.

[112] 曾立英, 邓炬, 白保良. 连续纤维增强钛基复合材料研究概况[J]. 稀有金属材料与工程, 2000, 29（3）：211–215.

[113] 黄陆军, 耿林. 非连续增强钛基复合材料研究进展[J]. 航空材料学报, 2014, 34（4）：126–138.

[114] 毛小南, 于兰兰. 非连续增强钛基复合材料研究新进展[J]. 中国材料进展, 2010, 29（5）：18–24.

[115] MAO X N. The relationship between stress and strain in TiC parcicles reinforced Titanium matrix composites[R]. Xi'an: Northwest Institute for Nonferrous Metal Research, 2005.

[116] 高燕, 宋怀河, 陈晓红. C/C复合材料的研究进展[J]. 材料导报, 2002, 16（7）：44–47.

[117] 陈洁, 熊翔, 肖鹏. 高导热C/C复合材料的研究进展[J]. 材料导报, 2006, 20（7）：431–435.

[118] 王俊奎, 周施真. 陶瓷基复合材料的研究进展[J]. 复合材料学报, 1990, 7（4）：1–8.

[119] 李专, 肖鹏, 熊翔. 连续纤维增强陶瓷基复合材料的研究进展[J]. 粉末冶金材料科学与工程, 2007, 12（1）：13–19.

[120] 王福军, 王雪飞. 硼化物陶瓷复合材料的研究进展与前景展望[J]. 材料工程, 2009, 26（5）：28–30.

[121] 贾成科, 张鑫, 彭浩然. 硼化物陶瓷及其复合材料的研究进展[J]. 热喷涂技术, 2011, 3（1）：1–7.

[122] 林锋, 蒋显亮. 热障涂层的研究进展[J]. 功能材料, 2003, 34（3）：254–257, 261.

[123] 吕艳红, 张启富. 新型热障涂层研究现状及发展趋势[J]. 粉末冶金工业, 2015, 25

（1）：8–13.

[124] 张天佑, 吴超, 熊征, 等. 热障涂层材料及其制备技术的研究进展[J]. 激光与光电子学进展, 2014, 51（3）：27–32.

[125] 于海涛, 牟仁德, 谢敏, 等. 热障涂层的研究现状及其制备技术[J]. 稀土, 2010, 31（5）：83–87.

[126] MARICOCCHI A, BARTZ A, WORTMAN D. PVD TBC experience on GE aircraft engines, NASA CP 3312[R]. Kennedy, USA: Thermal barrier coating workshop, 1995: 79–89.

[127] 徐庆泽, 梁春华, 孙广华, 等. 国外航空涡扇发动机涡轮热障涂层技术发展[J]. 航空发动机, 2008, 34（2）：52–56.

[128] ZHU D M, ROBERT A, MILLER D, et al. Thermal and environmental barrier coating development for advanced propulsion engine systems[C] // 48th AIAA / ASME / ASCE / AHS / ASC Structures, Structural Dyna–mics, and Materials Conference. Hawaii, USA: AIAA, 2007: 1–15.

[129] 闫晨强, 杨坤锋, 李红海, 等. 解析航空材料技术的现状与未来发展空间[J]. 稀土, 2010, 31（5）：76–77.

[130] 曾光, 韩志宇, 梁书锦, 等. 金属零件3D打印技术的应用研究[J]. 中国材料进展, 2015（2）：376–382.

[131] 李小丽, 马剑雄, 李萍, 等. 3D打印技术及应用趋势[J]. 自动化仪表, 2015, 35（1）：1–5.

[132] 郭玉明. 复合材料在新一代运载火箭上的应用[C]//第十五届全国复合材料学术会议论文集: 上册. 北京: 中国力学学会, 2008.

[133] 李成功, 傅恒志, 于翘. 航空航天材料[M]. 北京: 国防工业出版社, 2002.

[134] 曾汉民. 高技术新材料要览[M]. 北京: 中国科学技术出版社, 1993.

[135] 王道荫. 迈向21世纪的航空科学技术[M]. 北京: 航空工业出版社, 1994.

[136] 褚桂柏. 航天技术概论[M]. 北京: 中国宇航出版社, 2002.

[137] BILSTEIN R. The illustrated encyclopedia of space technology [J]. Library Journal, 1981, 106（14）：1558.

[138] 刘春飞. 新一代运载火箭箱体材料的选择[J]. 航空制造技术, 2003（2）：22–27.

[139] 龙乐豪. 中国运载火箭技术的成就与展望[J]. 导弹与航天运载技术, 2001（1）：1–8.

[140] 夏德顺. 重复使用运载器贮箱的研制现状[J]. 导弹与航天运载技术, 2001（2）：12–18.

[141] 张起亮. 运载火箭中TC4钛合金高压球形气瓶的TIG焊[J]. 河南科技, 2014（4）：77.

[142] 李东. 长征火箭的现状及展望[J]. 科技导报, 2006, 24（3）：57–63.

[143] 刘方军, 李路明, 李双寿. 微小卫星结构材料选取初探[J]. 航天制造技术, 2003（4）：44–48.

[144] 沃西源, 周宏志. 卫星结构先进复合材料应用发展[J]. 航天返回与遥感, 2002, 23（3）：52–56.

[145] 肖少伯, 刘志雄. 卫星结构轻型化与复合材料应用[J]. 宇航材料工艺, 1993（4）: 1–4.

[146] 于登云, 赖松柏, 陈同祥. 大型空间站整体壁板结构技术进展[J]. 中国空间科学技术, 2011, 31（5）: 31–40.

[147] JORGENSEN C A. International space station evolution data book[R]. Hampton: Langley Research Center, 2000.

[148] LARSON W J, SARAFIN T P. Spacecraft Structures and Mechanisms[M]. Heidelberg: Springer Netherlands, 2009.

[149] 李成功, 巫世杰, 戴圣龙, 等. 先进铝合金在航空航天工业中的应用与发展[J]. 中国有色金属学报, 2002, 12（Al Special）: 14–21.

[150] STEWART T J, TORRES P D, CARATUS A A, et al. Simulated Service and Stress Corrosion Cracking Testing for Friction Stir Welded Spun Formed Domes[R]. Scottsdale: 2010 National Space and Missile. Materials Symposium, 2010.

[151] 胡波, 薛金星, 闫大庆. 空间站结构材料及设计研究[J]. 纤维复合材料, 2004, 21（2）: 60–64.

[152] 林德春, 张德雄, 陈继荣. 固体火箭发动机材料现状和前景展望[J]. 宇航材料工艺, 1999, 29（5）: 1–4.

[153] 邢连群. 神舟飞船烧蚀分析[C]//中国宇航学会飞行器总体专业委员会2004年学术研讨会论文集: 下册. 北京: 中国宇航学会, 2005.

[154] 华英杰, 王崇太. NiTi形状记忆合金在医学领域中的应用[J]. 海南师范学院学报（自然科学版）, 2004, 17（1）: 39–43.

[155] 史玉芳, 刘胜新, 陈永, 等. TiNi形状记忆合金及其在医学中的应用[J]. 河北科技大学学报, 2004, 25（4）: 40–44.

[156] 杨冠军, 杨华斌, 曹继敏. 我国形状记忆合金研究与应用的新进展[J]. 材料导报, 2004, 18（2）: 42–44.

[157] 王辉, 陈再良. 形状记忆合金材料的应用[J]. 机械工程材料, 2002, 26（3）: 5–8.

[158] 曹运红. 形状记忆合金的发展及其在导弹与航空领域的应用[J]. 飞航导弹, 2000（10）: 60–63.

[159] 耿冰. 形状记忆合金的研究现状及应用特点[J]. 辽宁大学学报（自然科学版）, 2007, 34（3）: 225–228.

[160] 高志刚. 形状记忆合金的应用[J]. 现代制造技术与装备, 2007（1）: 44–45.

[161] 曾少鹏, 万小军, 彭文屹. 形状记忆合金及其在航空工业上的应用[J]. 热处理技术与装备, 2011, 32（3）: 1–5.

[162] 刘晓鹏. NiTi形状记忆合金的超弹性及医学应用研究[D]. 大连: 大连理工大学, 2008.

[163] 李杰锋, 沈星, 杨学永. 形状记忆合金在变体机翼中的应用现状[J]. 材料导报, 2014, 28（4）: 104–108.

[164] 吴青云. 铜基形状记忆合金力学弛豫行为的研究[D]. 合肥: 合肥工业大学, 2007.

[165] 赵澎涛. 形状记忆合金在三维自适应变体结构中的应用研究[D]. 南京: 南京航空航天

大学, 2011.

[166] 李琴. 形状记忆合金在星载大型可展开天线上的应用[D]. 西安: 西安电子科技大学, 2006.

[167] 白艳洁, 袁国青. 形状记忆合金研究、应用及未来机遇[J]. 玻璃钢, 2015（4）: 1–8.

[168] 肖恩忠. 形状记忆合金的应用现状与发展趋势[J]. 工具技术, 2005, 39（12）: 10–13.

[169] 孙双双, 董静, 任勇生. 形状记忆合金在机械工程中的研究与应用[J]. 机电产品开发与创新, 2008, 21（1）: 25–27.

[170] 张玉红, 严彪. 形状记忆合金的发展[J]. 上海有色金属, 2012, 33（4）: 192–195.

[171] 李周. 铜基形状记忆合金材料[M]. 长沙: 中南大学出版社, 2010.

[172] 杨杰, 吴月华. 形状记忆合金及其应用[M]. 合肥: 中国科学技术大学出版社, 1993.

[173] 杨大智, 吴明雄. Ni–Ti形状记忆合金在生物医学领域的应用[M]. 北京: 冶金工业出版社, 2003.

[174] 杜纯玉, 苏南海. 奇妙的形状记忆合金[M]. 成都: 四川教育出版社, 1991.